Molekülverbindungen und Koordinationsverbindungen
in Einzeldarstellungen

Herausgegeben von G. Briegleb · F. Cramer · H. Hartmann

H.-H. Perkampus

Wechselwirkung von π-Elektronensystemen mit Metallhalogeniden

Mit 64 Abbildungen

Springer-Verlag
Berlin · Heidelberg · New York 1973

Professor Dr. Heinz-Helmut Perkampus

Direktor des Instituts für Physikalische Chemie
der Universität Düsseldorf

ISBN-13: 978-3-642-48187-1   e-ISBN-13: 978-3-642-48186-4
DOI: 10.1007/978-3-642-48186-4

Das Werk ist urheberrechtlich geschützt. Die dadurch begründeten Rechte, insbesondere die der Übersetzung, des Nachdruckes, der Entnahme von Abbildungen, der Funksendung, der Wiedergabe auf photomechanischem oder ähnlichem Wege und der Speicherung in Datenverarbeitungsanlagen bleiben, auch bei nur auszugsweiser Verwertung, vorbehalten. Bei Vervielfältigungen für gewerbliche Zwecke ist gemäß § 54 UrhG eine Vergütung an den Verlag zu zahlen, deren Höhe mit dem Verlag zu vereinbaren ist. © by Springer Verlag Berlin Heidelberg 1973. Library of Congress Catalog Card Number 73-80610.
Softcover reprint of the hardcover 1st edition 1973

Die Wiedergabe von Gebrauchsnamen, Handelsnamen, Warenbezeichnungen usw. in diesem Werk berechtigt auch ohne besondere Kennzeichnung nicht zu der Annahme, daß solche Namen im Sinne der Warenzeichen- und Markenschutz-Gesetzgebung als frei zu betrachten wären und daher von jedermann benutzt werden dürften.

Meiner lieben Frau

gewidmet

Vorwort

Die vorliegende Monographie behandelt die Wechselwirkung von π-Elektronensystemen mit Lewissäuren (Metallhalogeniden), wobei das binäre System mit der primären Wechselwirkung der Komponenten der Gegenstand dieser Darstellung ist. Aus diesem Grunde wurde bewußt auf die Diskussion kinetischer Untersuchungen verzichtet, da diese in Zusammenhang mit der Interpretation von Reaktionsmechanismen der organischen Chemie an verschiedenen Stellen übersichtlich zusammengestellt zu finden sind.

Da der Primärschritt dieser Wechselwirkung, der bei kinetischen Untersuchungen nicht erfaßt werden kann, stets eine Komplexbildung zwischen einem π-Elektronendonator und einer Lewissäure ist, wurde daher versucht, einen Überblick über die Ergebnisse der Untersuchungen in den letzten Jahrzehnten zu geben, die sich mit dem direkten oder indirekten Nachweis dieser Komplexbildung befaßten. Obwohl in den letzten Jahren in zunehmendem Maße die modernen physikalischen Methoden bei der Untersuchung dieser Systeme eingesetzt worden sind, bleiben eine Reihe von Fragen offen. Dies liegt zu einem großen Teil an den meßtechnischen Schwierigkeiten, die mit der außerordentlichen Luft- und Feuchtigkeitsempfindlichkeit dieser Systeme verbunden sind. Dennoch scheint es gerechtfertigt, den Stand der bisherigen Forschung auf diesem speziellen Gebiet der Molekülverbindungen in einer übersichtlichen Form zusammenhängend darzustellen, um damit gleichzeitig Anregungen für die weitere Forschung auf diesem Gebiet zu geben.

Die Anregung zu der vorliegenden Monographie ging von Herrn Prof. Dr. G. Briegleb aus, dem ich herzlich danken möchte, mich hierzu ermutigt zu haben. Zahlreichen Kollegen danke ich für die Erlaubnis, ihre Ergebnisse in Form von Tabellen und Abbildungen angeben zu können. Besonders herzlich danke ich den Herren Proff. H. C. Brown, Lafayette, I. Eliezer, Tel Aviv, und H. Krauss, Berlin, für die Überlassung von Manuskripten unpublizierter Arbeiten. Herrn Prof. Dr. E. Baumgarten und Dr. H. Hoffmann danke ich für ihre Unterstützung bei der Abfassung des Manuskriptes und bei gemeinsamen Literaturrecherchen sowie beim Lesen der Korrekturen.

Düsseldorf, im September 1973H.-H. Perkampus

Inhaltsverzeichnis

1. Einleitung und Abgrenzung

1.1. Historischer Überblick

Molekülverbindungen sind besonders in der präparativen Chemie schon seit langer Zeit bekannt. Vor etwa 100 Jahren wurde man zunächst auf die Verbindungen des Äthers mit Säuren und Salzen aufmerksam, von denen NICKLÉS [1] im Jahre 1864 das Chlorthalliat des Äthers beschrieb:

$$C_2H_5 \diagdown$$
$$O \cdot HTlCl_4$$
$$C_2H_5 \diagup$$

Von theoretischem Interesse wurden diese Molekülverbindungen (MV), die nur gelegentlich bei organisch-präparativen Arbeiten bemerkt worden waren, erst, als um die Jahrhundertwende drei grundlegende Arbeiten erschienen. COLLIE und TICKLE [2] zeigten 1899, daß organische Sauerstoffverbindungen vom Typ der Äther, Ketone usw. mit den verschiedenartigsten Säuren — wie HCl, HBr, HNO_3, $CH_2Cl \cdot COOH$ — Molekülverbindungen geben. Die Konstitution der Substanzen erklärten sie rein valenzmäßig.

Die zweite Arbeit stammt von BAEYER und VILLIGER [3]. Sie erkannten die Anlagerungsfähigkeit an Sauerstoff in organischen Verbindungen und gaben der Konstitution — nach anfänglichem Schwanken zwischen der Valenz- und Koordinationstheorie — in Übereinstimmung mit COLLIE und TICKLE eine valenzmäßige Deutung. Entgegen dieser Auffassung schrieb A. WERNER [4] den sauerstoffhaltigen Molekülverbindungen eine Konstitution zu, die sich allein auf seine koordinationstheoretischen Anschauungen stützte.

Bereicherungen und neue Anregungen erhielten die Arbeiten über Molekülverbindungen schließlich durch die *Friedel-Crafts-Reaktion*. Im Jahre 1877 fanden FRIEDEL und CRAFTS [5], daß bei der Einwirkung von Aluminiumchlorid auf Alkylchloride unter Chlorwasserstoffentwicklung höhere Kohlenwasserstoffe gebildet werden. Diese Methode setzte sich in abgewandelter Form besonders zur Alkylierung aromatischer Kohlenwasserstoffe durch:

$$C_6H_6 + RCl \xrightarrow{\text{AlCl}_3} C_6H_5-R + HCl \tag{1}$$

In Übertragung dieser Erkenntnisse gelang es FRIEDEL und CRAFTS [6] ferner, in analoger Weise Ketone darzustellen:

$$C_6H_6 + RCOCl \xrightarrow{\text{AlCl}_3} C_6H_5-COR + HCl \tag{2}$$

Beide Reaktionen, die Alkylierung (1) und Acylierung (2), sind für die präparative organische Chemie von außerordentlicher Bedeutung geworden. Dies führte dazu, daß der Frage nach dem Mechanismus dieser Reaktionen nachgegangen wurde. Hierbei ergab sich, daß auch im Verlauf der Reaktion Molekülverbindungen zu berücksichtigen sind, über die die Reaktion abläuft.

Entsprechend den an den vorher erwähnten Molekülverbindungen erhaltenen Erkenntnissen formuliert man z. B. als Primärreaktion bei der Acylierung eine Anlagerung der Lewissäure „Aluminiumchlorid" an das Säurechlorid:

$$RCOCl + AlCl_3 \rightarrow (R \cdot CO \cdot AlCl_4) \tag{3}$$

Diese ungenaue Vorstellung wurde später, nachdem WIELAND [7] und andere die Bildung dieser Stufe im Verlauf der Ketonsynthese durch Isolierung bestätigen konnten, präzisiert. Man hat sich diese Zwischenverbindung teils als Oxonium-Komplex, teils als Ionenpaar vorzustellen [8].

$$\left[\begin{array}{c} R-C\overset{+}{=}\overset{-}{O}\ldots AlX_3 \\ | \\ X \end{array} \right] \rightleftharpoons (RCO)^+ + (AlX_4)^- \tag{4}$$

Nach BADDELEY und VOSS liegen in diesem Gleichgewicht die Ionen nur in Spuren vor und treten in die Reaktion ein, wenn der Oxonium-Komplex an der Reaktion z. B. sterisch gehindert ist [9]. Neuere Untersuchungen von PERKAMPUS und BAUMGARTEN am System $RCOCl/AlBr_3$ zeigten, daß das Acylium-Ion bei höherer Temperatur begünstigt ist [10].

Im Fall der *Friedel-Crafts-Reaktion* liegen nun aber mindestens drei Komponenten vor, so daß es während der Reaktion vorübergehend zur Bildung eines *ternären Komplexes* kommt. Damit unterscheidet sich diese intermolekulare Wechselwirkung grundsätzlich von Assoziationserscheinungen, die zu definierten binären Molekülverbindungen führen. Aus diesem Grunde sind beim Studium derartiger intermolekularer Wechselwirkungen Untersuchungen an binären Systemen, die der Aufklärung der Primärschritte dienen, von denen an ternären oder höheren Systemen zu unterscheiden, die es ermöglichen sollen, den gesamten Reaktionsmechanismus zu erfassen. Es ist wichtig darauf hinzuweisen, daß erst die ge-

naue Kenntnis einer im Primärschritt gebildeten Molekülverbindung
weitere Untersuchungen ermöglicht.

Ähnlich wie die Aluminiumhalogenide verhalten sich die Halogenide des
Bors, Galliums, Titans, Zinns, Eisens, Antimons u. a., die man allgemein
als Lewissäuren bezeichnet. Sie sind wegen ihrer katalytischen Wirksamkeit viel verwendete Stoffe in der präparativen organischen Chemie und
neigen dazu, mit einer Reihe von Molekülen, die als Elektronendonatoren fungieren, Molekülverbindungen zu bilden [11]. Eine direkte Wechselwirkung zwischen BF_3 und Äthylen wurde von HESSE [12] unter Ausbildung eines Dipols diskutiert.

In vielen Fällen wurde bei dieser Art der Wechselwirkung auch eine Beeinflussung der Spektren der Komponenten beobachtet, was in den älteren Arbeiten über derartige Systeme als Farbvertiefung vermerkt wurde
[13]. Besonders ausgeprägte Beispiele sind hierfür die festen Molekülverbindungen zwischen Aromaten und Antimontrichlorid bzw. Antimontribromid [14], die auch als *Menshutkin-Komplexe* bezeichnet werden.

1.2. Zur Klassifizierung intermolekularer Wechselwirkungen

Wie die kurze Übersicht zeigt, ist das Gebiet der hier zu behandelnden
Molekülverbindungen sehr komplex, so daß verständlich ist, daß einer
allgemeinen, einheitlichen und quantitativen theoretischen Darstellung
große Schwierigkeiten entgegenstehen. An Hand des großen vorliegenden Materials läßt sich jedoch erkennen, daß, von Ausnahmen abgesehen,
intermolekulare Wechselwirkungen, die zur Ausbildung von Molekülverbindungen führen, an einige charakteristische Eigenschaften dieser
Moleküle gebunden sind.

Die auffälligste Eigenschaft ist die unterschiedliche Polarität oder Pola-
risierbarkeit der Moleküle, d. h. der π-Elektronensysteme ungesättigter
organischer Verbindungen oder das Vorhandensein von einsamen Elektronenpaaren bzw. von Elektronenlücken. Auf diese Eigenschaften aufbauend entwickelte BRACKMANN [15] 1949 die Vorstellung einer zwischenmolekularen Wechselwirkung nach Art einer Mesomerie zwischen einem
Elektronen-Donator (D) und Elektronen-Acceptor (A).

$$D \cdots A \rightleftarrows D^+ \cdots A^-$$

Kurz darauf wurde von MULLIKEN [16] eine quantenmechanische Theorie
zu diesen Vorstellungen aufgestellt, die die Untersuchungen über die
Molekülverbindungen seither wesentlich beeinflußt hat. Zusammenfassend werden diese Verhältnisse von BRIEGLEB [17], FOSTER [18] sowie
MULLIKEN und PERSON [19] dargestellt.

Die Annahme einer *Elektronen-Donator-Acceptor*-(EDA)-Wechselwirkung war darüber hinaus für eine allgemeine Klassifizierung zwischenmolekularer Wechselwirkungen von Bedeutung, wie MULLIKEN in einer Übersicht zeigte [20]. Für diese Übersicht wird der Begriff Elektronen-Donator-Acceptor-Wechselwirkung zunächst in einem übergeordneten Sinne verwandt, indem davon ausgegangen wird, daß ein großer Teil der zu beschreibenden zwischenmolekularen Assoziationserscheinungen auf das Wechselspiel zwischen Donator und Acceptor zurückzuführen sind. Erst eine genaue Beschreibung der Elektronenstruktur der miteinander in Wechselwirkung tretenden Moleküle gestattet es dann, Aussagen zu machen, welcher Natur die Kräfte sind, die bei der Wechselwirkung auftreten und die die Molekülverbindungen zu stabilisieren vermögen.

Die Donatoren lassen sich in vier Gruppen unterteilen:

        1. Onium- (n und n')-Donator,
        2. σ-Elektronen(σ)-Donator,
        3. π-Elektronen(π)-Donator,
        4. Radikal-(R)-Donator

und entsprechend die Acceptoren:

        1. Elektronenlücken-Acceptor (v und v^+),
        2. π-Acceptor (π),
        3. σ- und σ^+-Acceptor und
        4. Radikal (Q)-Acceptor.

Diese Gruppen können unterteilt werden in weitere Klassen und Typen, wie von MULLIKEN [20] ausführlich diskutiert wurde. Die Unterteilungen sind nicht scharf, da die Struktur einiger Donatoren und Acceptoren teilweise zwei oder mehreren Klassen zugeschrieben werden müßte und da manche Donatoren und Acceptoren auch eine oder mehrere Gruppen oder Substituenten enthalten, die je nach Reaktionspartner und -umständen dem einen oder anderen Typ zuzuordnen wäre.

Eine weitere Kennzeichnung wird dadurch gegeben, daß die an der Elektronen-Donator-Acceptor-Wechselwirkung beteiligten Orbitale einbezogen werden. Ist der Donator ein π-Elektronensystem, so kommt das Elektron aus dem höchsten besetzten, d. h. einem bindenden Molekülorbital (b). Ist auch der Acceptor ein π-Elektronensystem, so kann das Elektron nur in ein freies, d. h. ein antibindendes Molekülorbital (a) eingebaut werden. Man spricht deshalb hier von einem $b\pi$-$a\pi$-Komplex. Ist dagegen der Acceptor z. B. ein Jodmolekül, so kann das Elektron des Donators nur in ein antibindendes Molekülorbital der σ-Elektronen übergehen. Entsprechend liegt dann hier eine $b\pi$-$a\sigma$-Wechselwirkung vor. Tabelle 1 gibt eine Zusammenstellung verschiedener Donatoren und ihrer Komplexe, die bei der Wechselwirkung mit Halogenmolekülen und

Metallhalogeniden zu diskutieren sein werden. Aufgrund der Eigenschaften der Donatoren und Acceptoren ist nach dem vorher Gesagten die Nomenklatur der letzten Spalte verständlich.

Tabelle 1 Verschiedene Komplextypen zwischen organischen Donatoren und Metallhalogeniden als Acceptoren

Donator + Acceptor ⟶ Komplex			Komplex-Typ
1. $R_3N\vert$	J_2	$R_3N \cdot J_2$	$n-a\sigma$
2. $R_3N\vert$	MX_3	$R_3N \cdot MX_3$	$n-v$
3. $R-X$	MX_3	$R-X \cdot MX_3$	$b\sigma-v$
4. $R-COX$	MX_3	$R-COX \cdot MX_3$	$b\sigma-v$
5. ⟨N|	H^+	⟨N^+-H	$n-v^+$
6. ⟨⟩	HMX_4	⟨$\overset{H}{\underset{H}{}}$⟩ $+MX_4^{\ominus}$	$b\pi-v^+$
7. ⟨⟩	MX_3	a) ⟨⟩$-MX_3$	$b\pi-v$
		b) ⟨⟩$-X\cdots M$ (X, X)	$b\pi-a\sigma$
		c) ⟨$\overset{H}{\underset{MX_3^{\ominus}}{}}$⟩	$b\pi-v$
8. ⟨⟩	M_2X_6	a) ⟨⟩$-M_2X_6$	$b\pi-v$
		b) ⟨⟩$-X\cdots M\cdots X\cdots M\cdots X$ (X, X, X)	$b\pi-a\sigma$
9. ⟨⟩	J_2	⟨⟩$-J-J$	$b\pi-a\sigma$

1.3. Allgemeiner Überblick über die Wechselwirkungen von π-Donatoren mit Metallhalogeniden

Bei der Wechselwirkung von π-Donatoren mit Metallhalogeniden, den sog. Lewissäuren, muß grundsätzlich zwischen einer Komplexbildung bei Gegenwart und bei Abwesenheit von Protonen unterschieden werden (vgl. Tabelle 1, Beispiele 6 bis 8). Danach kann man, wie am Beispiel Mesitylen als π-Donator gezeigt sei, zunächst drei Arten von Komplexen unterscheiden, für deren eindeutige Bezeichnung die bisher entwickelte Nomenklatur nicht völlig ausreicht.

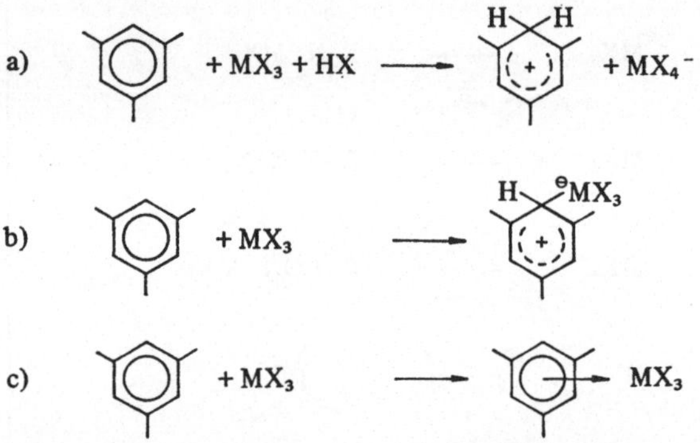

a) Stellt hinsichtlich der neu entstandenen Bindung einen σ-Komplex dar, der nach den Vorschlägen von GOLD und TYE [21] als Proton-Additions-Komplex bezeichnet wird.

b) Stellt ebenfalls einen σ-Komplex dar, in dem eine polare Kohlenstoff-Metallbindung vorliegt.

c) Ist ein Typ mit schwacher Wechselwirkung. Nach den Vorschlägen von DEWAR [22] liegt hier ein sog. π-Komplex vor, der bei zahlreichen chemischen Reaktionen als Zwischenzustand berücksichtigt werden muß [23].

Nach der Klassifikation von MULLIKEN [20] handelt es sich im Fall a) um einen $b\pi - v^+$-Komplex (vgl. Tabelle 1, Beispiel 6), im Fall b) und c) um einen $b\pi - v$-Komplex. In Verbindung mit Tabelle 1 ist sofort ersichtlich, daß im Fall c) zwei Komplextypen unterschieden werden müssen, nämlich der $b\pi - v$- und der $b\pi - a\sigma$-Komplex, da nicht von vornherein eindeutig entschieden werden kann, wodurch die Acceptoreigenschaft des Metallhalogenids bestimmt wird. Entsprechendes gilt natürlich erst recht für die dimeren Metallhalogenide, wo durch die Brückenbindung der Halogenatome, die Fähigkeit als v-Acceptor zu fungieren, stark beeinflußt wird. Hinzu kommt ferner ein sterischer Effekt für diese Wechselwirkung, der durch die Abschirmung des Metallatoms durch die Halogenatome hervorgerufen wird. Sowohl für die monomeren als auch die dimeren Metallhalogenide müssen vorerst beide Komplextypen, $b\pi$—v und $b\pi$—$a\sigma$, berücksichtigt werden.

Um daher bei der Wechselwirkung nach a), b) und c) eine einfache Unterscheidung treffen zu können, soll im folgenden stets von einem Proton-Additions-Komplex im Fall a), von einem σ-Komplex bei b) und von einem π-Komplex im Falle der schwachen Wechselwirkung nach c) gesprochen werden.

Allen drei Typen liegt die Eigenschaft des Donators zugrunde, π-Elektronen für einen Acceptor zur Verfügung zu stellen. Als Maß für diese Eigenschaft kann die Basizität der π-Elektronensysteme [24] angesehen werden.

Für die Ausbildung eines Proton-Additions-Komplexes ist neben der Basizität des π-Donators die Acidität des sauren Systems bestimmend. Die hier verwandten Säuren sind neben Schwefelsäure und Perchlorsäure, Flußsäure sowie die komplexen Säuren HMX_4, die sich entsprechend dem Gleichgewicht

$$HX + MX_3 \rightleftharpoons HMX_4 \rightleftharpoons H^+ + MX_4^-$$

bilden. Besonders das System HF/NaF und HF/BF_3 ist ein sehr häufig benutztes Lösungsmittel, da sich die Acidität der Flußsäure durch Lösen von NaF oder BF_3 bzw. $NaBF_4$ in weiten Grenzen variieren läßt [25].

Für den σ-Komplex ist von seiten des π-Donators ebenfalls die Basizität entscheidend. Hinzu kommt jedoch, daß die Struktur und Acceptorstärke der Lewissäuren von außerordentlicher Bedeutung ist. Ferner sind auch sterische Effekte des π-Donators hierbei zu berücksichtigen.

Für die π-Komplexe sind ebenfalls die Basizität der π-Donatoren sowie die Struktur und Acceptorstärke der Lewissäure entscheidend.

Zur Beurteilung, welche der drei genannten Wechselwirkungen in einem System π-Donator/MX_3 vorliegt, muß man berücksichtigen, daß gerade die am häufigsten untersuchten Metallhalogenide sehr leicht hydrolysieren und dabei Halogenwasserstoff bilden. Das bedeutet, daß die Systeme völlig wasserfrei sein müssen, wenn ein σ-Komplex oder ein π-Komplex nachgewiesen werden soll. Mit den geringen Spuren von Feuchtigkeit, die in den meisten organischen Lösungsmitteln auch noch nach Anwendung der konventionellen Trocknungsmethoden enthalten sind, bilden sich sehr leicht komplexe Säuren, die mit den π-Donatoren Proton-Additions-Komplexe eingehen können. Aus diesem Grunde sind die Untersuchungen über π-Komplexe und insbesondere die Interpretation der erhaltenen physikalischen Daten mit äußerster Kritik zu beurteilen. Es hängt allerdings weitgehend von der benutzten Methode ab, wie weit die Wasserfreiheit getrieben werden muß. Besonders kritisch ist die Anwesenheit geringster Spuren von Wasser bei der Ermittlung der Elektronenanregungsspektren. Da die Extinktionskoeffizienten der langwelligen Absorptionsbanden der Proton-Additions-Komplexe zwischen $\varepsilon = 10\,000$ und $40\,000$ $\mathrm{Mol}^{-1} \cdot \mathrm{cm}^2$ liegen [24], genügen geringe Mengen von Proton-Additions-Komplexen, um eine Farbigkeit hervorzurufen. Auf diesen Effekt dürfte die Farbangabe zurückzuführen sein, die für die Systeme Aromat/$\mathrm{Al_2Br_6}$ in der Literatur häufig zu finden ist. Bei völlig trockenem Benzol, Toluol und Mesitylen erhält man beim Lösen von $\mathrm{Al_2Br_6}$ farblose Lösungen [26].

Derartige Systeme bieten daher eine Möglichkeit, geringe Mengen von Feuchtigkeit in Benzolkohlenwasserstoffen nachzuweisen. Bei Anthracen mißt man z. B. für den Proton-Additions-Komplex einen Extinktionskoeffizienten von $\varepsilon = 40\,000$ $\mathrm{Mol}^{-1} \cdot \mathrm{cm}^2$ [24]. Bei einer Schichtdicke von 10 cm und einer im Maximum der Absorptionsbande des Komplexes ($23\,000$ cm^{-1}) noch relativ sicher zu messenden Extinktion von $E = 0,1$ würde sich ein Wassergehalt von $2,5 \cdot 10^{-7}$ Mol/l noch erfassen lassen. Durch sorgfältige Differenzmessungen ließe sich die Grenze noch weiter nach unten verschieben. π-Donatoren bzw. Lösungsmittel, die bei einer π-Wechselwirkung keine Farbeffekte vortäuschen sollen, müssen deshalb weniger als 10^{-7} Mol $\mathrm{H_2O}$/l enthalten, d. h. also weniger als $2 \cdot 10^{-6}$ g [$\mathrm{H_2O}$/l].

Ähnlich empfindlich gegen Spuren von Feuchtigkeit sind Leitfähigkeits- und DK-Messungen. Bei der Anwendung dieser Methoden sind deshalb besondere Trocknungsmethoden anzuwenden, die es gestatten, die oben angegebene Grenze zu erreichen.

Für die Untersuchung der IR-Spektren ist die Wasserfreiheit nicht so kritisch, da hier im allgemeinen höhere Konzentrationen an π-Donatoren und Lewissäuren vorliegen. In diesen Systemen kommt es daher zu einer sog. *Selbstreinigung* der Systeme. Das gleiche gilt auch bei der Anwendung der NMR-Spektroskopie.

Die Komplexbildung nach a) und b) unterscheidet sich charakteristisch von der schwachen Wechselwirkung eines π-Komplexes.

Sowohl im Fall a) als auch b) wird eine π-Bindung aufgehoben und eine σ-Bindung gebildet. Damit sind drei Effekte verbunden, die mit speziellen spektroskopischen Methoden eine Untersuchung des Proton-Additions-Komplexes und σ-Komplexes, besonders bezüglich ihrer Struktur, gestatten [24].

1. Durch die Addition des Protons oder der Lewissäure geht ein sp^2-hybridisiertes C-Atom in ein sp^3-hybridisiertes C-Atom über. Damit ändert sich die Elektronendichte an diesem C-Atom und gibt die Möglichkeit, mittels der NMR-Spektroskopie aus der chemischen Verschiebung der Protonensignale auf die Struktur der Proton-Additions-Komplexe zu schließen [27, 28].

2. Die Addition bewirkt ferner, daß im allgemeinen die Symmetrie des π-Donators erniedrigt wird. Aus diesem Grunde sind im IR-Spektrum Änderungen zu erwarten, die ebenfalls Rückschlüsse auf die Struktur der Komplexe gestattet [29].

3. Wie die Beispiele a) und b) deutlich erkennen lassen, ändert sich die gesamte π-Elektronenverteilung, so daß starke Änderungen der π-Elektronenzustände im Grund- und Anregungszustand zu erwarten sind. Eine Deutung dieser Effekte kann jedoch nur durch die Kombination theoretischer Berechnungen mit den spektroskopischen Daten erfolgen [30, 31].

Beim π-Komplex liegt dagegen nur eine schwache Beeinflussung des π-Elektronensystems der Donatoren vor, die im allgemeinen nur zu einer geringen Veränderung der spektroskopischen Eigenschaften der Komponenten Veranlassung gibt. Aus diesem Grunde ist gerade bei dieser Art von Wechselwirkung die Wasserfreiheit der Systeme sehr sorgfältig zu beachten.

Zusammenfassend läßt sich somit sagen, daß wir bei der Wechselwirkung, die hier näher beschrieben werden soll, drei Arten von Komplexen zu berücksichtigen haben. Für die Bildung dieser Komplexe ist einmal die Basizität der π-Donatoren und zum anderen die Struktur der Metallhalogenide und ihre Acceptorstärke entscheidend. Vor der Behandlung der drei möglichen Komplexe sollen daher diese Eigenschaften kurz zusammengestellt werden.

1.4. Literatur

1. NICKLÉS, I.: Jahresbericht über die Fortschritte der Chemie **1864**, 252.
2. COLLIE, J. N., TICKLE, TH.: J. Chem. Soc. **75**, 710 (1899).
3. BAEYER, A., VILLIGER, V.: Chem. Ber. **34**, 2979, 3612 (1901).
4. WERNER, A.: Ann. Chem. **322**, 296 (1902).
5. FRIEDEL, CH., CRAFTS, J. M.: Ann. Chim. (Paris) (6) **1**, *449* (1884).
6. FRIEDEL, CH., CRAFTS, J. M.: Compt. Rend. **84**, 1393 (1877).
7. WIELAND, H.: Chem. Ber. **55**, 2246 (1922).
8. GORE, P. H.: Chem. Rev. **55**, 229 (1955).
9. BADDELEY, G., VOSS, D.: J. Chem. Soc. *418*, (1954).

10. PERKAMPUS, H.-H., BAUMGARTEN, E.: Ber. Bunsen-Ges. Physik. Chem. **68**, 496 (1964).
11. LINDQVIST, J.: Inorg. adduct moleculs of oxo-compounds. Berlin-Göttingen-Heidelberg: Springer 1963.
12. HESSE, G.: Angew. Chem. **62**, 237 (1950).
13. PFEIFFER, P.: Organische Molekülverbindungen, 2. Aufl. 1927, S. 66ff. Stuttgart: Enke 1922.
14. MENSHUTKIN, B. N.: Zhur. Russ. Fiz. Khim Obsheh. **43**, 1928 (1911).
15. BRACKMAN, W.: Rec. Trav. Chim. **68**, 147 (1949).
16. MULLIKEN, R. S.: J. Am. Chem. Soc. **72**, 600 (1950); — J. Chem. Phys. **19**, 514 (1951); — J. Am. Chem. Soc. **74**, 811 (1952).
17. BRIEGLEB, G.: Elektronen-Donator-Acceptor-Komplexe. Berlin-Göttingen-Heidelberg: Springer 1961.
18. FOSTER, R.: Organic-charge-transfer-complexes. London-New York: Academic Press 1969.
19. MULLIKEN, R. S., PERSON, W. B.: Molecular complexes. Sidney-Toronto-New York-London: Wiley Interscience 1969.
20. MULLIKEN, R. S.: J. Phys. Chem. **56**, 801 (1952).
21. GOLD, V., TYE, F. L.: J. Chem. Soc. 2173, 2181, 2184 (1952).
22. DEWAR, M. J. S.: J. Chem. Soc. 406, 777 (1946).
23. BANTHORPE, D. V.: Chem. Rev. **70**, 295 (1970).
24. PERKAMPUS, H.-H.: The basicity of unsaturated compounds. In: Advances in physical organic chemistry (ed. V. GOLD), vol. IV, S. 195—304. New York-London: Academic Press 1966.
25. FREDENHAGEN, K., CADENBACH, G.: Z. Physik. Chem. **146**, 245 (1930). FREDENHAGEN, K.: Z. Anorg. Allgem. Chem. **242**, 23 (1939).
26. PERKAMPUS, H.-H., ORTH, G.: Angew. Chemie **78**, 908 (1966).
27. MacLEAN, C., WAALS, J. H. VAN DER, MACKOR, E. L.: Mol. Phys. **1**, 247 (1958).
28. BROUWER, D. M., MACKOR, E. L., MacLEAN, C.: Arenonium ions. Report from the Koninklijke Shell Laboratorium, Amsterdam, 1965.
29. PERKAMPUS, H.-H., BAUMGARTEN, E.: Angew. Chem. **76**, 965 (1964); — Intern. Edit. **3**, 776 (1964).
30. DALLINGA, G., MACKOR, E. L., VERRIJN STUART, A. A.: Molec. Phys. **1**, 123 (1958).
31. COLPA, J. P., MacLEAN, C., MACKOR, E. L.: Tetrahedron **19**, Suppl. 2, **65** (1963).

2. Eigenschaften der Donatoren und Acceptoren

2.1. Basizität von π-Elektronen-Bindungssystemen

Bei Verbindungen, die Heteroatome mit einsamen Elektronenpaaren enthalten und dadurch als „Basen" gekennzeichnet sind, ist eine Wechselwirkung mit Elektronen-Acceptoren als eine Base-Säure-Beziehung ohne Schwierigkeiten formulierbar. Daneben gibt es analoge Wechselwirkungen mit Molekülen, die von vornherein keine basischen Eigenschaften erkennen lassen. Aus der Chemie der ungesättigten Verbindungen, insbesondere der Aromaten, ist z. B. bekannt, daß Lösungen derartiger Verbindungen in konzentrierter Schwefelsäure eine tiefe Farbe aufweisen, selbst dann, wenn die reine Verbindung farblos ist [1].

Untersuchungen von GOLD u. Mitarb. [2] über die Abhängigkeit dieser Farberscheinungen von der Säurekonzentration ließen ohne Zweifel erkennen, daß hierfür die Protonen-Konzentration verantwortlich zu machen ist. Die Art dieser Wechselwirkung wurde nach DEWAR [3] lange Zeit als sog. π-Komplex beschrieben und als Wechselwirkung der π-Elektronen mit dem Proton gedeutet. Die konsequente Anwendung der Säure-Base-Definition nach LEWIS bedeutet, daß diese Wechselwirkung einen „basischen Charakter" der ungesättigten Verbindung verlangt. Als Träger der basischen Eigenschaften sind die leicht beweglichen π-Elektronen anzusehen. Da die π-Elektronenenergien und die π-Elektronendichten aber eine starke Abhängigkeit von der Konstitution der ungesättigten Verbindungen aufweisen, ist folglich zu erwarten, daß auch die Basizität ungesättigter Verbindungen von ihrer Konstitution abhängen wird.

Genauere Untersuchungen zeigten nun, daß eine Wechselwirkung nach Art eines π-Komplexes allein zur Deutung der Farberscheinungen nicht herangezogen werden kann. Es ist vielmehr zwischen einer schwachen Wechselwirkung, die nur eine Deformation der π-Elektronenwolke hervorruft, und einer starken Wechselwirkung, die eine Veränderung der π-Elektronenverteilung bewirkt, zu unterscheiden [4].

Wie BROWN u. Mitarb. [4] zeigten, liegt der erste Fall in Lösungen von Halogenwasserstoffen in Benzol und Methylbenzolen vor, wo aufgrund thermodynamischer und IR-spektroskopischer Messungen auf eine zwischenmolekulare Wechselwirkung zwischen den Lösungsmittelmolekülen

und den gelösten Halogenwasserstoffmolekeln geschlossen werden muß.
Hiervon unterscheidet sich deutlich die Wechselwirkung in starken Säuren, wie konz. Schwefelsäure und Flußsäure, wo starke Farbänderungen
zu beobachten sind. Diese Farbeffekte sind außerdem ähnlich denen, die
auch im ternären System Aromat/Lewissäure/Halogenwasserstoff schon
seit langem beobachtet worden waren [5]. Nachdem von NORRISH und
RUBINSTEIN [6] in derartigen Systemen die Existenz von Carbonium-
Ionen gefordert worden war, schlugen GOLD und TYE [7–9] für die Deutung dieser Wechselwirkung die Ausbildung eines *Proton-Additions-
Komplexes* vor. Die Bildung eines derartigen Komplexes ist durch das
folgende Bildungsgleichgewicht zu beschreiben:

$$\bigcirc + HX \rightleftharpoons \left[\bigcirc \overset{H \diagdown H}{(\,+\,)}\right] + X^- \tag{1}$$

Ein Vergleich mit der allgemeinen Reaktionsgleichung für eine proto-
lytische Reaktion zeigt, daß diese Gleichung der von BRÖNSTED angegebenen Definition entspricht, wenn dem Aromaten eine basische Eigenschaft zugeordnet wird. Der durch die Anlagerung des Protons entstan-
dene „Proton-Additions-Komplex" stellt eine *Kationssäure* (ArH_2^+) dar
und wird auch als *konjugierte Säure* bezeichnet.

Für das ternäre System Aromat (ArH)/Lewissäure (MX_3)/Halogenwas-
serstoff (HX) kann das Bildungsgleichgewicht für einen Proton-Additions-
Komplex folgendermaßen formuliert werden:

$$ArH + HX + MX_3 \rightleftharpoons ArH_2^+ + MX_4^- \tag{2}$$

Die Gleichgewichtskonstante der Reaktion (1) ergibt sich zu:

$$K_B = \frac{a_{ArH_2^+} \cdot a_{X^-}}{a_{ArH}} = \frac{c_{ArH_2^+} \cdot c_{X^-}}{c_{ArH}} \cdot \frac{f_\pm^2}{f_{ArH}} \tag{3}$$

Da die Säure HX als Lösungsmittel dient, kann ihre Aktivität als konstant angesehen und in die Gleichgewichtskonstante einbezogen werden.
$f_\pm$ ist der mittlere Aktivitätskoeffizient der beiden Ionenarten der Kationsäure und des stabilisierenden Anions X^-. Die Schreibweise der Reaktionsgleichung (1) bzw. (2) definiert die zugehörige *Gleichgewichtskonstante* als *Basizitätskonstante* K_B. Ihr Kehrwert würde der Aciditätskon-
stanten K_A entsprechen und somit die Säurestärke der gebildeten konjugierten Säure ArH_2^+ angeben.

Für Gl. (2) ergibt sich die Basizitätskonstante wieder für den Fall, daß
HX als Lösungsmittel dient, zu:

$$K'_B = \frac{a_{\text{ArH}_2^+} \cdot a_{\text{MX}_4^-}}{a_{\text{ArH}} \cdot a_{\text{MX}_3}} = \frac{c_{\text{ArH}_2^+} \cdot c_{\text{MX}_4^-}}{c_{\text{ArH}} \cdot c_{\text{MX}_3}} \cdot \frac{f\pm^2}{f_{\text{ArH}} \cdot f_{\text{MX}_3}} \tag{4}$$

Hierin bedeuten:

$f\pm$ den mittleren Aktivitätskoeffizienten der Kationsäure ArH_2^+ und des MX_4^--Ions,

f_{ArH} den Aktivitätskoeffizienten des Aromaten und

f_{MX_3} den Aktivitätskoeffizienten der Lewissäure in der Lösung von HX.

Die Tatsache, daß die Gln. (3) und (4) auf das Lösungsmittel bezogen sind, und zwar auf die Säure als Lösungsmittel selbst, bedeutet, daß die K_B-Werte oder K'_B-Werte systemgebunden sind, d. h., daß die K_B-Werte nur für dieses Lösungsmittel gelten. Man kann daher von vornherein nicht erwarten, daß eine durch diese Werte gegebene Basizitätsskala ungesättigter Kohlenwasserstoffe auf ein anderes System ohne weiteres übertragbar ist.

Der Zusammenhang zwischen den Konstanten K_B und K'_B ist durch das vorgelagerte Bildungsgleichgewicht (5) gegeben:

$$\text{MX}_3 + \text{X}^- \rightleftharpoons \text{MX}_4^- \tag{5}$$

Für diese Gleichgewichtskonstante gilt:

$$K = \frac{a_{\text{MX}_4^-}}{a_{\text{MX}_3} \cdot a_{\text{X}^-}}. \tag{5a}$$

Aus (3), (4) und (5a) folgt:

$$K = \frac{K'_B}{K_B} \tag{6}$$

bzw.

$$\log K = \log K'_B - \log K_B. \tag{6a}$$

Mit Hilfe von (6) kann die nach (4) ermittelte Konstante K'_B in K_B umgerechnet werden.

Die Gleichungen (3, 4, 5a) gestatten es, bei Kenntnis der Konzentrationen und Aktivitätskoeffizienten der in Lösung vorliegenden Ionen und Neutralmolekeln die Basizitätskonstanten zu ermitteln.

Hierfür haben sich im wesentlichen drei Methoden bewährt [10]:

1. Bestimmung mit Hilfe von Verteilungsgleichgewichten [8, 11, 12, 13].
2. Bestimmung mit Hilfe von Dampfdruckmessungen [13, 14].
3. Bestimmung mit Hilfe von Leitfähigkeitsmessungen [15].

Neben diesen Methoden sind in der Literatur eine große Zahl von Methoden zur Ermittlung der Basizität diskutiert worden, mit deren Hilfe es jedoch nur möglich ist, eine Basizitätsabstufung anzugeben. Außerdem erfassen diese Methoden z. T. nur die „schwache" π-Wechselwirkung, während die obengenannten Methoden die Dissoziationsgleichgewichte der Proton-Additions-Komplexe zu bestimmen gestatten. Die wichtigsten Methoden seien kurz genannt: Dampfdruckmessungen [16], Untersuchungen über die Donatorstärke in EDA-Komplexen [17], spektroskopische Untersuchungen [18, 19, 20], kinetische Studien [21] sowie Bestimmung von Mischungswärmen [22]. Eine Zusammenfassung dieser Methoden und ihrer Ergebnisse ist von PERKAMPUS [10] gegeben worden. In Tabelle 2 sind die Basizitätskonstanten einer Reihe von Benzolkohlenwasserstoffen und kondensierten Aromaten zusammengestellt.

Tabelle 2 Basizitätskonstanten von Benzolkohlenwasserstoffen und einigen kondensierten Aromaten nach MACKOR u. Mitarb. [23, 24]

Aromat (ArH)	pK'_B	pK_B
Benzol	9,2	10,0
Toluol	6,3	6,9
o-Xylol	5,3	6,0
p-Xylol	5,7	6,3
m-Xylol	3,2	3,8
1,2,4-Trimethylbenzol	2,9	3,3
1,2,3-Trimethylbenzol	2,8	3,1
1,2,4,5-Tetramethylbenzol	2,2	2,5
1,2,3,4-Tetramethylbenzol	1,9	2,2
1,3,5-Trimethylbenzol	0,4	0,9
1,2,3,5-Tetramethylbenzol	—0,1	0,2
Pentamethylbenzol	—0,8	—0,8
Hexamethylbenzol	—1,4	—0,6
Hexaäthylbenzol	—2,0	—1,2
Diphenyl	5,5	6,3
Naphthalin	4,0	4,6
1-Methylnaphthalin	1,7	1,7
2-Methylnaphthalin	1,4	1,4
Anthracen	—3,8	—3,5
2-Methylanthracen	—4,7	—4,7
9-Methylanthracen	—5,7	—5,7
9-Äthylanthracen	—5,4	—5,4
9,10-Dimethylanthracen	—6,4	—6,1
Tetracen	—5,8	—5,2
Pentacen[a]	—7,6	—7,3

Tabelle 2 (Fortsetzung)

Aromat (ArH)	pK'_B	pK_B
Phenanthren	3,5	4,1
Triphenylen	4,6	5,4
Chrysen	1,7	2,0
1,2-Benzanthracen	—2,3	—2,0
1,2-5,6-Dibenzanthracen	—2,2	—1,9
Pyren	—2,1	—1,5
3,4-Benzpyren	—6,5	—6,5
Perylen	—4,4	—3,8

[a] Dieser Wert wurde extrapoliert [10, 25].

Die in dieser Tabelle zusammengestellten Werte gelten für das System Aromat/HF/BF$_3$. Ihre Abstufung ist auf andere Systeme übertragbar, jedoch gelten die Absolutbeträge der pK'_B-Werte nur für dieses System. Der pK'_B-Wert stellt in dieser Tabelle den experimentell gewonnenen Wert dar. Im pK_B-Wert ist die Zahl der Stellen im Molekül berücksichtigt, an denen die Anlagerung eines Protons erfolgen kann. Diese Korrektur kann als Entropieeffekt gedeutet werden [13]. Von MACKOR u. Mitarb. [14] sowie DALLINGA u. Mitarb. [26] sind entsprechende pK'_B-Werte für die 12 isomeren monomethylsubstituierten 1,2-Benzanthracene bestimmt worden [10]. Werte für Azulen und Methylazulene sind von HEILBRON-NER angegeben worden [12]. Diese Werte wurden aus Verteilungsunter-suchungen an den Systemen

H_2SO_4/Petroläther   // H_2SO_4/Toluol   und

H_3PO_4/Petroläther   // H_3PO_4/Toluol   gewonnen [11].

Die Werte in Tabelle 2 lassen deutlich erkennen, daß die Basizität mit der Zahl der Methylgruppen und mit wachsendem linearem Annelierungs-grad stark zunimmt.

Auch theoretisch ist bei den Methylbenzolen der Einfluß der Methyl-gruppe untersucht worden [27 bis 30]. Hierbei stellte sich heraus, daß im wesentlichen der induktive Effekt die Zunahme der Basizität mit wach-sender Zahl der Methylgruppen richtig wiederzugeben vermag. Die von FLURRY und LYKOSZ [29] berechnete Basizitätsabstufung stimmt mit den Werten der Tabelle 2 ausgezeichnet überein [10].

2.2. Metallhalogenide

2.2.1. Überblick über die Acceptoren in π-Komplexen

Bei der Beschreibung einer π-Wechselwirkung ist der Charakter des Do-nators von vornherein festgelegt. Wir haben es daher immer mit $b\pi$-

Elektronen-Donatoren zu tun. Das heißt, die in Wechselwirkung tretenden Elektronen werden im allgemeinen aus den höchsten besetzten π-Orbitalen den betreffenden ungesättigten Verbindungen zur Verfügung gestellt.

Bei den Acceptoren liegen jedoch wesentlich kompliziertere Verhältnisse vor. Bedingung für die Wirksamkeit als v-Acceptor ist die Elektronenlücke, die im Falle der monomeren Halogenide der 3. Hauptgruppe ohne weiteres verständlich ist und durch das freie p_z-Orbital des sp²-hybridisierten Valenzzustandes des Zentralatoms gegeben ist.

Bei anderen Acceptoren mit Zentralatomen aus der 4. oder 5. Hauptgruppe oder der Gruppe der Übergangsmetalle mit d-Lücken kann man die Acceptoreigenschaft im allgemeinen nicht aus der Elektronenkonfiguration des Grundzustandes des betreffenden Zentralatoms herleiten, sondern aus dem Valenzzustand bzw. aus der Elektronenkonfiguration, die in einem koordinierten Zustand eingenommen werden kann. In Tabelle 3 sind für die wichtigsten Metallhalogenide die Elektronenkonfigurationen im Grundzustand, im Valenzzustand und im koordinierten Zustand zusammengestellt. In allen Fällen ist der Valenzzustand bereits ein hybridisierter Zustand und der koordinierte Zustand ein nächst höherer Hybridzustand. Für diese koordinativen Zustände kann man die Elektronenkonfigurationen angeben, wie sie sich aus den Komplexen dieser Elemente ergeben [31], d. h., aufgrund ihrer maximalen Koordinationszahl. Man erkennt, daß aufgrund der möglichen Hybridorbitale freie n-Orbitale zur Verfügung stehen, die die Elektronen eines Donators aufnehmen können.

Die in dieser Tabelle angegebenen Elektronenkonfigurationen der Valenzzustände beziehen sich auf freie und monomere Moleküle. Dies ist nicht immer korrekt, da eine große Zahl der Metallhalogenide im festen, gelösten und auch dampfförmigen Zustand als Dimere vorliegen. Bei diesen Metallhalogeniden ist somit für die Dimeren bereits eine andere Elektronenkonfiguration des Zentralatoms zu berücksichtigen.

Formal sind daher gerade die am häufigsten untersuchten Lewissäuren Al_2X_6 und Ga_2X_6 als koordinativ gesättigt anzusehen. Soweit in Lösung keine Dissoziation in die Monomeren erfolgt, ist eine $b\pi$—v-Wechselwirkung außerordentlich erschwert. Die Folge davon ist, daß wir es dann nur mit außerordentlich schwachen Effekten zu tun haben, die auch als $b\pi$—$a\,\sigma$-Wechselwirkungen diskutiert werden können, entsprechend der Zusammenstellung in Tabelle 1. Der Nachweis wird durch Störeffekte sehr stark beeinträchtigt und gab daher Veranlassung zu zahlreichen Fehlinterpretationen.

Tabelle 3 Elektronenkonfiguration der Zentralatome einiger Metallhalogenide;
X = Halogen (F, Cl, Br, J)

Metallhalogenid	Elektronenkonfiguration		
	Grundzustand	Valenzzustand	Komplex
BeX_2	$2s^2$	sp	sp^2 oder sp^3
MgX_2	$3s^2$	sp	sp^2 oder sp^3
ZnX_2	$3d^{10}\ 4s^2$	sp	sp^2 oder sp^3
CdX_2	$4d^{10}\ 5s^2$	sp	sp^2 oder sp^3
HgX_2	$5d^{10}\ 6s^2$	sp	sp^2 oder sp^3
BX_3	$2s^2\ 2p^1$	sp^2	sp^3
AlX_3	$3s^2\ 3p^1$	sp^2	sp^3
GaX_3	$4s^2\ 4p^1$	sp^2	sp^3
TlX_3	$6s^2\ 6p^1$	sp^2	sp^3
SiX_4	$3s^2\ 3p^2$	sp^3	sp^3d^2
GeX_4	$4s^2\ 4p^2$	sp^3	sp^3d^2
SnX_4	$5s^2\ 5p^2$	sp^3	sp^3d^2
TiX_4	$3d^2\ 4s^2$	d^3s	d^2sp^3
ZrX_4	$4d^2\ 5s^2$	d^3s	d^2sp^3
PX_5	$3s^2\ 3p^3$	sp^3d oder spd^3	sp^3d^2
SbX_5	$5s^2\ 5p^3$	sp^3d oder spd^3	sp^3d^2
SbX_3	$5s^2\ 5p^3$	p^3	sp^3d oder sp^3d^2
FeX_3	$3d^6\ 4s^2$	d^2s	d^3s oder d^2sp^3

2.2.2. Die Struktur der Metallhalogenide

Die am häufigsten untersuchten Metallhalogenide bzw. Lewissäuren sind
neben Bortrifluorid die Halogenide des Aluminiums, Galliums und Antimons. Wie bereits im vorhergehenden Abschnitt kurz erwähnt, liegen aber
gerade die erstgenannten Metallhalogenide im flüssigen und gelösten Zustand in den meisten organischen Lösungsmitteln als Dimere vor. Aus
diesem Grunde sollen einige Eigenschaften und die Struktur der wichtigsten Metallhalogenide besprochen werden.

2.2.2.1. Borhalogenide.

Diesen Verbindungen liegt die sp^2-Hybridisie-
rung des Boratoms zugrunde. Folglich sind sie eben gebaut und besitzen
die Symmetriegruppe D_{3h}. Für Bortrifluorid ist durch Elektronenbeugung
am Dampf [32] und durch Messung der Infrarot- und Ramanspektren
die planare Struktur auch experimentell nachgewiesen worden [33, 34].
Eine ausführliche Analyse der Schwingungsspektren der Borhalogenide
wurde von HESLOP und LINNETT [35] durchgeführt. Die planare Struktur
von BCl_3 und BBr_3 wurde ferner durch Röntgenstrukturuntersuchungen
gesichert [36, 37]. Die Untersuchungen zeigten außerdem, daß die Halogenide in allen drei Aggregatzuständen monomer vorliegen. Die Bindun-

gen sind kovalent, jedoch verstärkt sich der π-Bindungsanteil der Bor-Halogen-Bindung in der Reihe $BCl_3 < BBr_3 < BJ_3$, wie aus Untersuchungen der Kernquadrupol-Resonanz abgeleitet wurde [38, 39].

Im festen, flüssigen und dampfförmigen Zustand sowie in organischen Lösungsmitteln liegen die Borhalogenide monomer vor. Mit Lösungsmitteln, die als n-Donatoren fungieren, wie Äther, Alkohol, Amine, Ketone u. a., bilden sie Assoziationsverbindungen vom Typ der n-v-Komplexe [40]. In diesen Komplexen besitzt Bor die Koordinationszahl 4, und es liegt somit eine tetraedrische Anordnung des Boratoms vor, wie aufgrund des sp^3-hybridisierten Bindungszustandes für die Koordinationszahl 4 zu erwarten ist. Mit Hilfe von Röntgenstrukturuntersuchungen an derartigen stabilen n-v-Komplexen konnte die tetraedrische Anordnung unmittelbar bewiesen werden [41].

Die Elektronenstruktur des BF_3 wurde mittels einer SCF-MO-Methode von ARMSTRONG und PERKINS [42, 43] berechnet. Die Autoren berechneten auch die Nullpunktsenergie und fanden eine gute Übereinstimmung mit dem experimentellen Wert [43].

2.2.2.2. Aluminiumhalogenide. Unter den Aluminiumhalogeniden nimmt das AlF_3 eine Sonderstellung ein, da es als Festkörper in einem Ionengitter vorliegt [44]. Daraus erklärt sich auch der relativ hohe Schmelzpunkt und Siedepunkt dieser Verbindung. Auch für Aluminiumchlorid liegt im festen Zustand ein Ionengitter vor, wie nach BILTZ u. Mitarb. aus der Leitfähigkeit geschlossen werden muß [44]. Aus Quadrupolresonanzmessungen an ^{27}Al im festen Aluminiumchlorid leiteten CASABELLA und MILLER [45] ab, daß der Kristall zu $^2/_3$ ionisch und zu $^1/_3$ kovalent aufgebaut ist. Aluminiumbromid und -jodid liegen dagegen im festen Zustand als Dimere mit überwiegend kovalenten Bindungen vor. Im flüssigen und dampfförmigen Zustand sind die Aluminiumhalogenide dimer, wie mittels Elektronenbeugung [46] und Ramanmessungen [47 bis 52] bewiesen wurde.

Die Dimerenstruktur des freien Moleküls Al_2Br_6 ist in Abb. 1 wiedergegeben. Die Bindungsabstände und Winkel sind eingetragen [53]. Der Zustand der Aluminiumhalogenide in Lösung hängt weitgehend von der Art des Lösungsmittels ab. In Benzol liegen über einen weiten Konzentrationsbereich Dimere vor, in Äther dagegen Monomere. Diese Angaben beziehen sich auf Aluminiumbromid, das wegen seiner ausgezeichneten Löslichkeit in organischen Lösungsmitteln die am häufigsten untersuchte Lewissäure ist.

Das Lösungsmittel spielt also eine entscheidende Rolle, bei der Untersuchung über die Wirksamkeit der Aluminiumhalogenide als Lewissäure zu fungieren. Lösungsmittel, die als n-Donatoren wirken, wie z. B. die

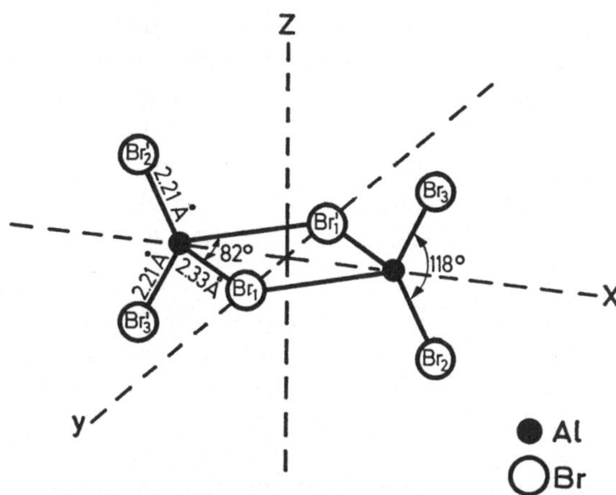

Abb. 1. Dimerenstruktur des gasförmigen Al_2Br_6-Moleküls

Alkohole, Äther, Ketone, Amine und ähnliche, bilden n-v-Komplexe mit den monomeren Molekeln, deren Bindungsenergien 27 Kcal/Mol und mehr betragen können [54]. Da die Dissoziationsenergien der Dimeren von 29 auf 22 Kcal/Mol in der Reihenfolge $Al_2Cl_6 > Al_2Br_6 > Al_2J_6$ abnehmen [55], kann die Bildungsenthalpie der n-v-Komplexe die erforderliche Energie zur Dissoziation der Dimeren aufbringen. Für diese n-v-Komplexe ist das Verhältnis $1:1$ zwischen n-Donator und monomerem Aluminiumhalogenid von verschiedenen Autoren nachgewiesen worden [56, 57, 58]. In diesen 1:1 Komplexen liegt eine sp^3-Hybridisierung des Aluminiumatoms vor.

Die entsprechende Energie bei der schwachen Wechselwirkung mit Benzol liegt nach WALKER [54] unterhalb 15 Kcal/Mol, so daß verständlich ist, daß in Benzol als Lösungsmittel die Aluminiumhalogenide dimer gelöst sind.

Die Elektronenstruktur der monomeren Aluminiumhalogenide wurde von WALSH [59] und ARMSTRONG und PERKINS [42] berechnet und diskutiert.

2.2.2.3. Galliumhalogenide. Die Halogenide des Galliums ähneln in ihren Eigenschaften denen des Aluminiums weitgehend. So bilden die Chloride, Bromide und Jodide im flüssigen, gelösten und gasförmigen Zustand Dimere mit kovalenten Bindungen. Nach GERDING u. Mitarb. [60] bildet Galliumchlorid auch im festen Zustand Doppelmoleküle. Durch neuere IR- und Ramanmessungen von BALLS u. Mitarb. [61] wurde dies bestätigt und zugleich für den flüssigen Zustand ebenfalls bewiesen. Leitfähigkeitsmessungen weisen jedoch darauf hin, daß die Galliumhalogenide im festen Zustand ein Ionengitter aufweisen und im geschmolzenen Zustand als Dimere vorliegen [62]. Der Bindungszustand im Dimeren ist ein sp^3-Hybrid. In Lösungsmitteln, die als *n*-Donatoren wirken, bilden die monomeren Galliumhalogenide 1:1-Komplexe [63, 64], die wahrscheinlich tetraedrische Struktur besitzen. Die Art des Lösungsmittels ist bei den Galliumhalogeniden von gleicher Bedeutung wie bei den Aluminiumhalogeniden.

Die Elektronenstruktur der *monomeren* Galliumhalogenide wurde gemeinsam mit der der Bor- und Aluminiumhalogenide mit Hilfe einer SCF-MO-Rechnung ermittelt und bezüglich der Acceptorstärke der „monomeren" Halogenide diskutiert [42].

2.2.2.4. Indiumhalogenide. Die Eigenschaften entsprechen weitgehend denen der Aluminiumhalogenide. Für den Dampfzustand ist mittels Elektronenbeugung auch hier die Dimerenstruktur für In_2Cl_6, In_2Br_6 und In_2J_6 nachgewiesen worden, die ebenfalls für den geschmolzenen Zustand angenommen werden kann [28, 29, 65, 66]. In den Dimeren und in den *n*-v-Komplexen mit Monomeren liegt wieder ein sp^3-hybridisierter Bindungszustand vor.

2.2.2.5. Thalliumhalogenide. Bei den Thalliumverbindungen steht die leichte Reduzierbarkeit des Thallium-III zum Thallium-I einer allgemeinen Verwendung als Lewissäure entgegen. Von dieser Schwierigkeit abgesehen, ähneln die Thallium-III-Halogenide bezüglich ihrer Eigenschaft, als Lewissäure zu wirken, den anderen Halogeniden dieser Gruppe weitgehend.

2.2.2.6. Halogenide der 4. Hauptgruppe. Wie aus der Tabelle 3 hervorgeht, liegt diesen Verbindungen ein sp^3-hybridisierter Bindungszustand des Zentralatoms zugrunde. Sie sind mit der Koordinationszahl 4 gesättigt und bilden reguläre Tetraeder. Streng gilt die Koordinationszahl 4 nur für den Kohlenstoff. Bei den Halogeniden des Siliciums, Germaniums und Zinns kann unter Beteiligung der *d*-Orbitale das Zentralatom in einen sp^3d^2-Zustand mit der Koordinationszahl 6 übergehen. Diese Halogenide können deshalb als Lewissäuren fungieren, was z. B. durch Bestimmung ihrer katalytischen Aktivität bei *Friedel-Crafts-Reaktionen* nachgewiesen wurde [67 bis 71].

Aufgrund der sp^3d^2-Hybridisierung können zwei Elektronenpaare aufgenommen werden, so daß z. B. $SnCl_4$ mit einfachen *n*-Donatoren wie $POCl_3$, Diäthyläther und Dimethylsulfoxid stabile 1:2-Komplexe bildet [72, 73, 74]. Die oktaedrische Koordination ist in einigen Fällen durch Röntgenstrukturuntersuchungen nachgewiesen worden [75].

2.2.2.7. Halogenide der 5. Hauptgruppe. Von den Halogeniden des Phosphors, Arsens, Antimons und Wismuths haben als Lewissäuren nur die Halogenide des Antimons eine gewisse Bedeutung. Diese sind auch hinsichtlich ihrer Acceptoreigenschaften am meisten untersucht worden. Arsentrihalogenide besitzen eine pyramidale Struktur, wie durch Ramanmessungen [76] bestätigt wurde. Die katalytische Wirksamkeit bei *Friedel-Crafts-Reaktionen* ist schwach.

Die Antimonhalogenide sind dagegen Verbindungen mit den ausgeprägten Eigenschaften einer Lewissäure. Das Pentachlorid liegt in Dampf und in Lösung monomer als eine trigonale Bipyramide vor, entsprechend dem sp^3d bzw. spd^3-Bindungszustand [77]. Der Übergang in einen sp^3d^2-Zustand erlaubt die Anlagerung zur Koordinationszahl 6, wie durch zahlreiche 1:1-Addukte mit n-Donatoren bewiesen wurde [78 bis 82]. Durch Röntgenstrukturuntersuchungen an 1:1-Komplexen des Antimonpentachlorids mit Donormolekülen wie $POCl_3$ oder Dimethylsulfoxid konnte die zu erwartende oktaedrische Anordnung nachgewiesen werden [83].

Die Antimontrihalogenide sind mit Ausnahme des Antimontrifluorids weitgehend kovalent. Durch Elektronenbeugung wurde nachgewiesen, daß die freien Moleküle eine pyramidale Struktur besitzen [84]. Mit Hilfe von Röntgenstrukturuntersuchungen am festen $SbBr_3$ wurde auch für den Festkörper die gleiche Struktur der $SbBr_3$-Moleküle nachgewiesen [85]. Aus Kernquadrupolmessungen am ^{81}Br wurde von OGAWA [86] für $SbBr_3$ gezeigt, daß offensichtlich zwei Kristallformen zwischen 77 K und Raumtemperatur existieren. Ferner kann man aus der Größe des Asymmetrieparameters, der durch die Kernquadrupolmessungen zugänglich ist, ableiten, daß die reguläre Pyramide im festen $SbCl_3$ und $SbBr_3$ stark gestört ist [87, 88]. Mit aromatischen Kohlenwasserstoffen bilden $SbCl_3$ und $SbBr_3$ Molekülverbindungen, die ein oder zwei Moleküle SbX_3 pro Aromat enthalten und zum größten Teil kristallisiert erhalten werden können [89, 89a]. Nach dem ersten Forscher, der sich mit diesen Systemen eingehend beschäftigte, werden diese Molekülverbindungen auch oft als *Menshutkin-Komplexe* bezeichnet.

Bei den Wismuth-Halogeniden liegt eine geringere Neigung vor, als Lewissäuren zu fungieren. Die Phosphor(V)-Halogenide weisen zwar bezüglich der *Friedel-Crafts-Reaktionen* katalytische Aktivität auf, jedoch treten nebenbei Halogenierungsreaktionen auf [89b]. Über die Phosphor(III)-Halogenide ist hinsichtlich ihrer Eigenschaft, als Lewissäuren zu wirken, wenig bekannt.

2.2.2.8. Halogenide der 2. Gruppe. In dieser Gruppe sollen die Halogenide der Haupt- und Nebengruppenelemente zusammen besprochen werden.

Beryllium-, Magnesium- und Calciumhalogenide sind nur schwache Lewissäuren. Sie sind linear gebaut entsprechend einer sp-Hybridisierung. Im Dampfzustand treten bei den Berylliumhalogeniden Dimere auf [90, 91], während im kristallinen Zustand Polymere vorliegen [92]. Von den Beryllium- und Magnesiumhalogeniden sind Addukte bekannt, die ein stöchiometrisches Verhältnis von 1:2 aufweisen [93, 94] und für einen sp^3-hybridisierten Zustand der Koordinationszahl 4 sprechen. Beim Magnesium ist jedoch eine oktaedrische Anordnung offensichtlich begünstigter als die tetraedrische [95].

Über die Additionsverbindungen der Calciumhalogenide ist sehr wenig bekannt.

Dagegen liegen über die komplexbildenden Eigenschaften der Zink-, Cadmium- und Quecksilberhalogenide zahlreiche Untersuchungen vor. Diese Halogenide sind linear gebaut und im Gaszustand monomer, wie für die Quecksilberhalogenide IR-spektroskopisch [96] und mittels anderer Methoden nachgewiesen wurde [97, 98, 99]. Die Fluoride sind Verbindungen mit ausgeprägtem ionischem Charakter, während die Bindungen in den Chloriden, Bromiden und Jodiden zunehmend kovalenten Charakter aufweisen. Auf diesem Grunde nimmt die Löslichkeit von den Chloriden zu den Jodiden zu.

Da die inneren Schalen mit der Konfiguration $3d^{10}$, $4d^{10}$ und $5d^{10}$ voll aufgefüllt sind, ist der bei der Koordination auftretende Bindungszustand ein sp^3-Hybrid, so daß eine tetraedrische Anordnung der Donormoleküle zu erwarten ist. Röntgenstrukturuntersuchungen an Addukten aus Donormolekülen und Zink-, Cadmium- bzw. Quecksilberhalogeniden zeigen jedoch, daß neben der zu erwartenden tetraedrischen auch eine oktaedrische Koordination vorliegt [95].

Die Art der Koordination hängt weitgehend von der Art des Donors ab, wie von ORGEL [100] für die Zink-Addukte diskutiert wurde. Im allgemeinen ist die Stereochemie der Komplexe mit diesen Metallen sehr kompliziert. Sie zeigt jedoch eindeutig, daß die Halogenide des Zinks, Cadmiums und Quecksilbers zahlreiche Additionsverbindungen eingehen können [75].

2.2.2.9. Halogenide von Übergangsmetallen. Von den meisten Übergangsmetallen ist bekannt, daß sie eine außerordentlich große Neigung besitzen, Komplexverbindungen einzugehen. Diese Neigung erstreckt sich nicht nur auf die rein anorganischen Komplexe, sondern auch auf die sog. Metall-π-Komplexe, die in letzter Zeit eine außerordentlich große Bedeutung als Katalysatoren erlangt haben. Eine Zusammenstellung dieser Komplexe und ihrer Eigenschaften geben FISCHER und WERNER [101] sowie Tsutsui u. a. [102]. Auch diese Komplexe können allgemein als vom π-v- bzw. π-v$^+$-Typ aufgefaßt werden.

Für die Diskussion unserer Betrachtungen interessieren jedoch nur die Übergangsmetalle, deren Halogenide die typischen Eigenschaften einer Lewissäure aufweisen. Im Zusammenhang mit der *Friedel-Crafts-Reaktion* sind fast alle Halogenide der Übergangsmetalle bezüglich ihrer katalytischen Aktivität getestet worden [103].

Als wichtigste Halogenide sind besonders die Titan- und Eisen-(III)-Halogenide zu berücksichtigen, die hinsichtlich ihrer Acceptoreigenschaften wiederholt untersucht worden sind.

Die Titanhalogenide sind im Dampf- und geschmolzenem Zustand monomer und besitzen eine tetraedrische Struktur [104]. $TiBr_4$ und TiJ_4 bilden im festen Zustand ein Molekülgitter mit tetraedrischer Strukter [105]. Für Titantetrachlorid zeigten Brand und Sackmann [106]. daß die Symmetrie im Festkörper geringer ist, als T_d entspricht. Zu dem gleichen Ergebnis kamen andere Autoren aufgrund von IR- und Ramanmessungen am flüssigen $TiCl_4$ [107].

Griffiths [108] konnte dann mittels der Ramanspektroskopie zeigen, daß im flüssigen Zustand eine Dimeren-Struktur zu berücksichtigen ist, um die Abweichungen und Unstimmigkeiten im Raman- und IR-Spektrum deuten zu können. Die von Griffiths diskutierten Dimerenstrukturen sind in Abb. 2 dargestellt. Sie unterscheiden sich durch Hybridisierung am Titan-Atom und dadurch auch in der Symmetriegruppe. Aufgrund von Dampfdichtemessungen ist nach Griffiths [108] auch im gasförmigen Zustand eine Dimerisierung zu einem gewissen Prozentsatz nicht auszuschließen. Durch Übergang vom d^3s-hybridisierten Zustand

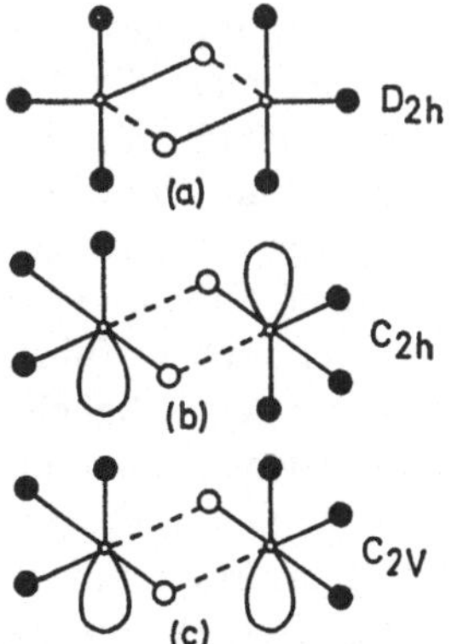

Abb. 2. Dimerenstrukturen des $TiCl_4$ nach Griffith [108]

in einen d^2sp^3-Zustand sind die Titanhalogenide befähigt, zwei weitere Liganden, die als n-Donatoren fungieren, anzulagern.

Die oktaedrische Anordnung ist für den n-v-Komplex $TiCl_4 \cdot 2\ POCl_3$ mittels Röntgenstrukturanalyse nachgewiesen worden [109]. Die hinsichtlich der Elektronenstruktur homologen Zirkon-, Hafnium- und Thorium-tetrahalogenide bilden ebenfalls Addukte der Koordinationszahl 6 mit n-Donatoren [110 bis 113].

Eisen(III)-chlorid und -bromid liegen im Dampfzustand als Dimere vor [114]. Sie bilden einen Doppeltetraeder ähnlich wie die dimeren Aluminiumhalogenide (vgl. Abb. 1). Die Kristallstruktur von $FeCl_3$ und $FeBr_3$ wurde von verschiedenen Autoren untersucht [115, 116, 117]. In organischen Lösungsmitteln mit n-Donoreigenschaften bilden sich 1:1-Addukte mit monomeren FeX_3. Der Hybridisierungszustand in den Dimeren und den 1:1-Addukten ist der d^3s-Zustand. Der begünstigte Zustand ist jedoch der d^2sp^3-Zustand mit der Koordinationszahl 6, der in den meisten Komplexen eingenommen wird und namentlich in wäßrigen Lösungen die Komplexbildung bestimmt.

Ähnliche Eigenschaften wie Eisen(III)-chlorid und -bromid weisen auch Gold(III)chlorid und Gold(III)-bromid auf. Im Dampfzustand sind diese Goldhalogenide dimer, wie FISCHER [118] und andere Autoren [119] durch Dampfdruckmessungen bewiesen haben. Im Gegensatz zu den dimeren Halogeniden des Aluminiums, Galliums und Eisens besitzen die dimeren Goldhalogenide eine ebene Struktur [120]. Von FORNERIS u. Mitarb. [121] wurde das Raman- und Infrarotspektrum des Au_2Cl_6 ausführlich diskutiert.

2.2.3. Acceptorstärke der Metallhalogenide

Für die Fähigkeit eines Metallhalogenids, als Acceptor zu wirken, ist nicht nur die Elektronenkonfiguration des Metallatoms im komplexierten Zustand verbindlich, sondern auch die Acceptorstärke, d. h. praktisch die Elektronenaffinität des Metallhalogenids. Während die Donatorstärke über die Basizität einer relativ einfachen Bestimmung zugänglich ist, treten bei der Ermittlung der Acceptorstärke oft große Schwierigkeiten auf. Abgesehen von einigen Fällen, in denen die Elektronenaffinität ermittelt wurde und die später noch ausführlicher besprochen werden, sind mittels verschiedener Methoden lediglich qualitative Abstufungen der Acceptorstärke erhalten worden. In allen bisherigen Fällen, in denen derartige Aussagen abgeleitet worden sind, wurden diese über Komplexbildungskonstanten in Lösung ermittelt. Einen Überblick über frühere Untersuchungen geben BAAZ und GUTMANN [122]. Nach diesen Autoren ergibt sich die folgende Abstufung für die Lewissäuren-Acidität:

$$FeCl_3 > SbCl_5 > SnCl_4 > BCl_3 > TiCl_4 > ZnCl_2 > HgCl_2 > AlCl_3 >$$
$$SbCl_3 > PCl_5$$

Die Abstufung wurde spektroskopisch bestimmt, indem bei der Reaktion mit Triphenylmethylchlorid die Bildung des gefärbten Triphenylmethyl-carbonium-Ions verfolgt wurde. Als Lösungsmittel wurde hierbei Essigsäure oder Phosphoroxychlorid benutzt. Die Abstufungen sind vom Lösungsmittel abhängig, so daß ihnen nur ein qualitativer Charakter zukommt. Die Reihenfolge zeigt zudem, daß einige Metallhalogenide unerwartet schwache Lewissäuren darstellen und andere, wie BF_3, $AlBr_3$ und die Galliumhalogenide, überhaupt nicht in dieser Zusammenstellung erscheinen. Während die Basizität der π-Donatoren im direkten Zusammenhang mit der Ionisierungsenergie steht, ist für die Abstufung der Lewissäure-Acidität der Metallhalogenide kein eindeutiger Zusammenhang mit der Elektronenaffinität dieser Verbindungen zu erkennen. Bei der Ermittlung dieser Abstufung wurde das Gleichgewicht

$$(Ph)_3 \equiv C-Cl + MX_n \rightleftharpoons (Ph)_3 \equiv C^+ + MX_{n+1}^-$$

zugrunde gelegt, so daß die Abstufung einer „relativen Chlorid-Ionen-Affinität" entspricht.

Für die hier zu diskutierende Wechselwirkung sollte eine Komplexbildung vom Typ eines n-v-Komplexes besser geeignet sein, um die Abstufung der Acceptorstärke zu charakterisieren. Von SATCHELL u. Mitarb. [123, 124] wurden derartige Untersuchungen durchgeführt, bei denen als n-Donator Anilinderivate verwandt wurden. Eine ausführliche Zusammenstellung und Diskussion eigener Ergebnisse und der Ergebnisse anderer Autoren geben SATCHELL u. Mitarb. [125]. Die Autoren stellen fest, daß die Komplexbildungskonstanten in einem linearen Zusammenhang mit den pK_a-Werten der Anilinderivate stehen [125]. Für die Halogenide der 3. Gruppe ergibt sich die Abstufung

$$MJ_3 > MBr_3 > MCl_3 \, .$$

Allgemein ergibt sich die Reihenfolge zu:

$$BF_3 \geqslant GaBr_3 \sim GaCl_3 \sim SnCl_4 > SnBr_4 > ZnCl_2 \sim ZnBr_2$$
$$\sim ZnJ_2 > SbCl_3$$

Von DETERS, McCURKER u. a. [126] wurden NMR-spektroskopische Untersuchungen durchgeführt, um eine relative Skala der Lewissäure-Acidität festzulegen. Als n-Donator wurde Äther verwandt und die Niederfeldverschiebungen der Signale der α-Protonen bei der Komplexbildung gegenüber der Lage im reinen Äther bestimmt. Die Größe dieser Verschiebung wurde als Maß für die relative Lewissäure-Acidität genommen. Danach ergibt sich die folgende Abstufung:

$$BCl_3 > AlCl_3 > i\text{-}C_4H_9 \cdot BCl_2 > BiCl_3 > TiCl_4 > InCl_3 > BF_3 >$$
$$SnCl_4 > SnBr_4 > (i\text{-}C_4H_9)_2BCl > AsCl_3 > SnJ_4 \sim SiCl_4$$
$$\sim GeCl_4 \sim PCl_3$$

Kombiniert man diese Abstufungen, so sind die Galliumhalogenide zwischen BF_3 und $SnCl_4$ einzufügen. Ein Vergleich mit der zuerst angegebenen Abstufung über die relative Chloridionen-Affinität zeigt unmittelbar, daß die Abstufungen in sich nicht konsistent sind und außerordentlich stark vom System abhängen, in dem sie ermittelt sind und für das sie diskutiert werden. Für das System π-Donator/Metallhalogenid scheint die Abstufung deshalb nur bedingt übertragbar, da gerade der nach dieser Abstufung schwächste Acceptor $SbCl_3$ hier den am besten definierten Komplex bildet, der sich zudem noch durch eine intensive Farbe auszeichnet.

2.2.4. Zusammenfassung

Der kurze Überblick über die Halogenide der Elemente, die als Lewissäuren und somit als v-Acceptoren anzusehen sind, zeigt, daß die Struktur dieser Verbindungen in einigen Fällen sehr entscheidend vom Lösungsmittel abhängt. Dies ist gerade für die wichtigsten Lewissäuren, nämlich Al_2X_6, Ga_2X_6, In_2X_6 und Fe_2X_6 der Fall. Die weitgehend kovalenten Bindungen in diesen Molekülen erklären die gute Löslichkeit in organischen Lösungsmitteln. In allen Fällen ist die Acceptoreigenschaft durch einen hybridisierten Bindungszustand gegeben, der in den meisten Fällen den Koordinationszahlen 4 und 6 entspricht, wie aus Tabelle 3 hervorgeht.

Für die Acceptorstärke der Metallhalogenide läßt sich keine eindeutige Abstufung angeben, da hier Fragen des Lösungsmittels und des untersuchten Systems selbst sehr entscheidend eingehen.

2.3. Literatur

1. GABRIEL, S., LEUPOLD, E.: Chem. Ber. **31**, 1279 (1898).
2. GOLD, V., HAWES, B. W. V., TYE, F. L.: J. Chem. Soc. 2167 (1952).
3. DEWAR, M. J. S.: J. Chem. Soc. 406, 777 (1946).
4. BROWN, H. C., PEARSHALL, H. W.: J. Amer. Chem. Soc. **74**, 191 (1952).
5. GUSTAVSON, G. G.: Ber. Deut. Chem. Ges. **11**, 1841 (1878); **11**, 2151 (1878); — J. Prakt. Chem. **42**, 250 (1890); — **68**, 209 (1903); — **72**, 57 (1905).
6. NORRISH, J. F., RUBINSTEIN, P.: J. Am. Chem. Soc. **61**, 1163 (1939).
7. GOLD, V., TYE, F. L.: J. Chem. Soc. 2173 (1952).

8. GOLD, V., TYE, F. L.: J. Chem. Soc. 2181 (1952).
9. GOLD, V., TYE, F. L.: J. Chem. Soc. 2184 (1952).
10. PERKAMPUS, H.-H.: Advances in physical organic chemistry (ed. V. GOLD), vol. IV, pp. 195—304. New York-London: Academic Press 1966.
11. PLATTNER, PL. A., HEILBRONNER, E., WEBER, S.: Helv. Chim. Acta 32, 574 (1949).
12. HEILBRONNER, E., GINSBURG, D., ed.: Nonbenzenoid aromatic compounds, p. 171 ff. New York-London: Interscience Publ. John Wiley and Sons 1959.
13. MACKOR, E. L., HOFSTRA, A., VAN DER WAALS, J. H.: Trans. Faraday Soc. 54, 66 (1958); 54, 186 (1958).
14. MACKOR, E. L., DALLINGA, G., KRUIZINGA, J. H., HOFSTRA, A.: Rec. Trav. Chim. 75, 836 (1956).
15. KILPATRICK, M., LUBORSKY, F. E.: J. Am. Chem. Soc. 75, 577 (1953).
16. BROWN, H. C., BRADY, J. D.: J. Am. Chem. Soc. 74, 3570 (1952).
17. BRIEGLEB, G.: Elektronen-Donator-Acceptor-Komplexe, S. 144 ff. Berlin-Göttingen-Heidelberg: Springer 1961.
18. ANDREWS, L. J., KEEFER, R. M.: Molecular complexes in organic chemistry, p. 15 ff. San Francisco-London-Amsterdam: Holden-Day Inc. 1964.
19. COOK, D.: J. Chem. Phys. 25, 788 (1956).
20. PERKAMPUS, H.-H., KRÜGER, U.: Z. Physik. Chem., N. F. 48 379 (1966).
21. MARE, P. B. D. DE LA, ROBERTSON, P. W.: J. Chem. Soc. 279 (1943).
22. TAMRES, M.: J. Am. Chem. Soc. 74, 3375 (1952).
23. BROUWER, D. M., MACLEAN, C., MACKOR, E. L.: In: Discussion on proton-transfer-reactions, p. 121 ff. Disc. Farad. Soc. 1965.
24. BROUWER, D. M., MACKOR, E. L., MACLEAN, C.: In: Arenonium-Ions, Bericht aus dem Koninklijke Shell Laboratorium, Amsterdam 1965.
25. PERKAMPUS, H.-H., BAUMGARTEN, E.: Z. Physik. Chem., N. F. 40, 144 (1964).
26. DALLINGA, G., SMIT, P. J., MACKOR, E. L., in: Steric effects in conjugated systems (ed. G. W. GRAY). London: Butterworths Scientific Publications 1958.
27. EHRENSON, S.: J. Am. Chem. Soc. 83, 4493 (1961).
28. EHRENSON, S.: J. Am. Chem. Soc. 48, 2681 (1962).
29. FLURRY, R. L., LYKOSZ, P. G.: J. Am. Chem. Soc. 85, 1033 (1963).
30. DEWAR, M. J. S.: Tetrahedron 19, Suppl. 2, 89 (1963).
31. PAULING, L.: Die Natur der chemischen Bindung (übersetzt von H. NOLLER), S. 141 ff., Weinheim: Verlag Chemie 1962.
32. FISCHER, W., WEIDEMANN, W.: Z. Anorg. Allgem. Chem. 213, 106 (1933).
33. GAGE, D. H., BARKER, E. F.: J. Chem. Phys. 7, 445 (1939).
34. YOST, D. M., VOULT, D. DE, ANDERSON, T. F., LARRETTRE, E. N.: J. Chem. Phys. 6, 424 (1938).
35. HESLOP, W. R., LINNETT, J. W.: Trans. Faraday Soc. 49, 1262 (1953).
36. ATOJE, M., LIPSCOMB, W. H.: J. Chem. Phys. 27, 195 (1957); 28, 335 (1958).
37. RING, M. A. J., DOMAY, D. H., KOSKI, W. S.: J. Inorg. Chem. 1, 109 (1962).
38. CHIBA, T.: J. Phys. Soc. Japan 13, 860 (1958).
39. LAURITZ, W. G., KOSKI, W. S.: J. Am. Chem. Soc. 81, 3179 (1959).
40. GREENWOOD, N. N., MARTIN, R. L.: Quart. Rev. (London) 8, 1 (1954).
41. HOARD, J. L., GELLER, S., OWEN, T. B.: Acta Chryst. 3, 121 (1950); 4, 396, 399, 405 (1951).
42. ARMSTRONG, D. R., PERKINS, P. G.: J. Chem. Soc. A 1218 (1967).
43. ARMSTRONG, D. R., PERKINS, P. G.: Chem. Communic. 15, 856 (1969).
44. BILTZ, W., VOIGT, A.: Z. Anorg. Allgem. Chem. 126, 838 (1923).
BILTZ, W., KLEMM, W.: Z. Anorg. Allgem. Chem. 152, 267 (1936).
45. CASABELLA, P. A., MILLER, N. C.: J. chem. Phys. 40, 1363 (1964).
46. PAULING, L., DALMER, J., ELLIOT, N.: J. Am. Chem. Soc. 60, 1852 (1938).

47. GERDING, H., SMIT, E.: Z. Physik. Chem. B **50**, 171 (1941); B **51**, 217 (1942).
48. PERSHINA, E. V., RASKIN, SH. SH.: Opt. Spectrosc. **13**, 488 (1962).
49. KLEMPERER, W.: J. Chem. Phys. **24**, 353 (1956).
50. OUISHI, T., SHIMANONCHI, T.: Spectrochim. Acta **20**, 325 (1964).
51. MARONI, V. A., GRUEN, D. M., MCBETH, R. L., CAIRNS, E. J.: Spectrochim. Acta **26A**, 418 (1970).
52. KOHLRAUSCH, H. W. F., WAGNER, J.: Z. Physik. Chem. B **52**, 185 (1942).
53. PALMER, K. J., ELLIOTT, N.: J. Am. Chem. Soc. **60**, 1852 (1938).
54. WALKER, D. G.: J. Chem. Phys. **63**, 939 (1960); **65**, 1367 (1961).
55. FISCHER, W., RAHLFS, D.: Z. Anorg. Allgem. Chemie **205**, 32 (1932).
56. SUSZ, B. P., CHALANDON, P.: Helv. Chim. Acta **41**, 1332 (1958).
    SUSZ, B. P., CASSIMALIS, D.: Helv. Chim. Acta **44**, 395 (1961).
57. GAGHAUX, P., SUSZ, B. P.: Helv. Chim. Acta **44**, 1128 (1961).
58. GROENEVELD, W. L., ZUUR, A. P.: Rec. Trav. Chim. **76**, 1085 (1957).
59. WALSH, A. D.: J. Chem. Soc. 2301 (1953).
60. GERDING, H., HARING, H. G., RENES, P. A.: Rec. Trav. Chim. **72**, 78 (1953).
61. BALLS, A., DOWNS, A. J., GREENWOOD, N. N., STRAUGHAN, B. P.: Trans. Faraday Soc. **62**, 521 (1966).
62. GREENWOOD, N. N., WORRALL, J.: J. Inorg. Nucl. Chem. **3**, 357 (1957).
63. GREENWOOD, N. N.: J. Inorg. Nucl. Chem. **8**, 234 (1958).
    GREENWOOD, N. N., PERKINS, P. G.: J. Chem. Soc. 356 (1960).
64. GREENWOOD, N. N.: Pure and Appl. Chem. **6**, 85 (1963).
65. BRODE, H.: Ann. Phys. **37**, 344 (1940).
66. STEVENSON, D. P., SHOEMAKER, V.: J. Am. Chem. Soc. **62**, 2514 (1942).
67. OLAH, G. A., KUHN, S. J., MLINKO, S.: J. Chem. Soc. 4257 (1956).
68. STADENKOPP, G., BANYSCHEWA, A.: Chem. Ber. **61**, 1996 (1928).
69. GILMAN, H., CALLOWAY, N. N.: J. Am. Chem. Soc. **55**, 4197 (1933).
70. BRUSON, A. H., STAUDINGER, A.: Ind. Eng. Chem. **18**, 382 (1962).
71. NORRISH, R. G. W., RUSSELL, K. E.: Trans. Faraday Soc. **48**, 91 (1952); — Nature **160**, 543 (1947).
72. CASSELMANN, W.: Liebigs Ann. Chem. **98**, 213 (1856).
73. COTTON, F. A., FRANCIS, R.: J. Am. Chem. Soc. **82**, 2986 (1960).
74. SHELDON, J. C., TYREE, S. V.: J. Am. Chem. Soc. **80**, 4775 (1958).
75. LINDQUIST, J.: Inorg. adduct molecules of oxo-compounds, p. 63 ff. Berlin-Göttingen-Heidelberg: Springer 1963.
76. ADAMS, R., EILAR, K. R.: J. Amer. Chem. Soc. **73**, 1149 (1951).
77. WILMSHURST, J. K.: J. Mol. Spectr. **5**, 343 (1960).
78. AGERMANN, M. L., ANDERSON, L. H., LINDQUIST, J., ZACKRISSON, M.: Acta Chem. Scand. **12**, 477 (1958).
79. MEERWEIN, H., BATTENBERG, E., GOLD, H. G., WILFERT, G.: J. Prakt. Chem. **154**, 83 (1949).
80. MEERWEIN, H., MAIER-HÜLSER, H.: J. Prakt. Chem. **134**, 51 (1934).
81. SEEL, F.: Z. Anorg. Chem. **252**, 24 (1944).
82. KLAGES, F., TRÄGER, H., MÜHLBAUER, G.: Ber. Deut. Chem. Ges. **92**, 1819 (1959).
83. LINDQUIST, J., BRÄNDIN, C. J.: Acta Chem. Scand. **12**, 134 (1958), **12**, 642 (1959).
84. GREGG, A. H., HAMPSON, G. C., JENKINS, G. J., JONES, P. L. F., SUTTON, L. E.: Trans. Faraday Soc. **33**, 852 (1937).
85. BRAECKEN, H., zit.: Chem. Abstr. **31**, 6076 (1937).
86. OGAWA, S.: J. Phys. Soc. Japan **13**, 618 (1958).
87. DAS, T. P., HAHN, E. L., in: Solid state physics, Suppl. 1, p. 202 ff. New York-London: Academic Press 1958.
88. WANG, T. C.: Phys. Rev. **99**, 506 (1955).

89. s. hierzu Pfeiffer, P.: Organische Molekülverbindungen, 2. Aufl., S. 211—212. Stuttgart: Enke 1927.

89a. Olah, G. A., Meyer, M. W.: Friedel-crafts and related reactions (ed. G. A. Olah), vol. I, pp. 724—725. New York-London: Interscience Publ. John Wiley & Sons 1963.

89b. s. 89a., S. 267—268

90. Rahlfs, O., Fischer, W.: Z. Anorg. Allgem. Chem. **211**, 349 (1933).

91. Büchler, A., Klemperer, W.: J. Chem. Phys. **29**, 121 (1958).

92. Rundle, R. E., Lewis, P. H.: J. Chem. Phys. **20**, 132 (1952).

93. Fricke, R., Röbke, F.: Z. Anorg. Chem. **170**, 25 (1928).

94. McBee, E. T., Pierce, O. R., Meyer, D.D.: J. Am. Chem. Soc. **77**, 83 (1955).

95. loc. cit. [75].

96. Klemperer, W., Lindemann, L.: J. Chem. Phys. **25**, 397 (1956).
Klemperer, W.: J. Chem. Phys. **25**, 1966 (1956).

97. Braune, H., Knoke, S.: Z. Physik. Chem. B **23**, 163 (1933).

98. Gregg, A. H., Hampson, G. C., Jenkins, G. J., Jones, P. L. F., Sutton, L. E.: Trans. Faraday Soc. **33**, 852 (1937).

99. Scholten, W., Vijvoet, J. N.: Z. Kryst. **193**, 415 (1941).

100. Orgel, L. E.: An introduction to transition metal chemistry. London: Methuen 1960.

101. Fischer, E. O., Werner, H.: Metall-π-Komplexe mit di- und oligo-olefinischen Liganden. Weinheim: Verlag Chemie 1963.

102. Tsutsui, M., Levy, M. N., Nakamura, A., Ichikawa, M., Mori, K.: Introduction to metal-π complex chemistry. New York-London: Plenum Press 1970.

103. Olah, G. A., in: Friedel-crafts and related reactions, vol. I, p. 261. New York-London: Interscience Publ. John Wiley & Sons 1963.

104. Lister, M. W., Sutton, L. E.: Trans. Faraday Soc. **97**, 393 (1941).
Delwaulle, M. L., Francois, F.: Compt. Rend. **220**, 173 (1945). — J. Phys. radium **7**, 15, 53 (1946).
Miller, F. A., Carlson, G. L.: Spectrochim. Acta **16**, 6 (1960).
Dove, M. F. A., Creighton, Woodward, L. A.: Spectrochim. Acta **18**, 267 (1962).

105. Hassel, O., Kringstad, H.: Z. Physikal. Chem. B **15**, 274 (1931).

106. Brand, P., Sackmann, H.: Z. Anorg. Allgem. Chem. **321**, 262 (1963).

107. Moszynka, B.: Compt. Rend. **256**, 1261 (1963).
Moszynka, B., Szezepaniak, K.: Bull. Acad. Polon. Sci. **8**, 195 (1960).

108. Griffiths, J. E.: J. Chem. Phys. **49**, 642 (1968).

109. Brändin, C. J., Lindquist, J.: Acta Chem. Scand. **14**, 726 (1960).

110. Hummers, W. S., Tyree, S. V., Yolles, S.: J. Am. Chem. Soc. **74**, 139 (1952).
Moore, R. V., Tyree, S. V.: J. Am. Chem. Soc. **76**, 5253 (1954).

111. Gutmann, V., Himmel, R.: Z. Anorg. Chem. **287**, 199 (1956).

112. Muetterties, E. L.: J. Am. Chem. Soc. **82**, 1082 (1960).

113. Larsen, E. M., Howaston, J., Gamill, A. M.: J. Am. Chem. Soc. **74**, 3489 (1952).

114. Zasorin, E. Z., Rampidi, N. G., Askishin, P.: J. Strukt. Khim. **4**, 910 (1963).
Wilmhurst, J. K.: J. Mol. Spectry. **5**, 343 (1960).

115. Wooster, N.: Z. Krist. **83**, 35 (1932).

116. Geierberger, H.: Z. Anorg. Chem. **258**, 361 (1949).

117. Gregory, N. W.: J. Am. Chem. Soc. **73**, 472 (1951).

118. Fischer, W.: Z. Anorg. Allgem. Chem. **184**, 333 (1929).

119. Buroway, A., Gibson, C. S.: J. Chem. Soc. **217** (1935).

120. Clark, E. S., Templeton, D. H., MacGillary, C. H.: Acta Cryst. **11**, 284 (1958).

121. FORNERIS, R., HIRAISHI, J., MILLER, F. A., UEHARA, M.: Spectrochim. Acta **26** A, 581 (1970).
122. BAAZ, M., GUTMANN, V.: In: Friedel-crafts and related reactions, vol. I, p. 367ff. ed. G. A. OLAH. New York-London: Interscience Publ. John Wiley & Sons 1963.
123. SATCHELL, R. S., SATCHELL, D. P. N.: J. Chem. Soc. B **36** (1967).
124. MOHAMMAD, A., SATCHELL, D. P. N.: J. Chem. Soc. B **403** (1967).
125. SATCHELL, D. P. N., SATCHELL, R. S.: Chem. Rev. **69**, 251 (1969).
126. DETERS, J. F., McCURKER, P. A., PILGER, R. C.: J. Am. Chem. Soc. **90**, 4583 (1968).

3. Proton-Additions-Komplexe

3.1. Präparative Untersuchungen

Die Ausbildung eines Proton-Additions-Komplexes unter Mitwirkung einer Lewissäure läßt sich formal durch eine einfache Reaktionsgleichung beschreiben:

$$\text{C}_6\text{H}_6 + \text{HX} + \text{MX}_3 \rightleftharpoons [\text{C}_6\text{H}_7]^+ + \text{MX}_4^- \tag{1}$$

wobei MX_3 für BF_3, $AlCl_3$, $AlBr_3$, $GaCl_3$, $GaBr_3$ u. a. gilt. Diese Gleichung ist idealisiert, da die Lewissäuren in vielen Lösungsmitteln dimer vorliegen, wie aus sorgfältigen Untersuchungen über die Löslichkeit der Lewissäuren in organischen Lösungsmitteln [1, 2, 3] und aus Untersuchungen über die Ramanspektren geschmolzener Lewissäuren ($AlCl_3$, $AlBr_3$, AlJ_3, $GaCl_3$) von Gerding u. Mitarb. [4, 5] hervorgeht, vgl. hierzu Kapitel 2.2. Dies bedeutet, daß das Gegen-Anion in (1) auch als $Me_2X_7^{\ominus}$ formuliert werden kann. Die dimere Natur der Lewissäuren ist daher der Grund, warum neben der durch die obige Reaktionsgleichung (1) gegebenen Zusammensetzung des Komplexes 1 Benzol:1 HX:1 MeX$_3$ aufgrund analytischer Untersuchungen auch die Zusammensetzung $1:1:2$ für diese Komplexe angegeben wird [6].

Bezüglich der aromatischen Komponente sind die Angaben wesentlich schwankender. So geben Norrish u. Mitarb. [7] z. B. für isolierte kristallisierte Komplexe des ternären Systems Mesitylen/HBr/AlBr$_3$ die Zusammensetzung $2:1:2$ und $1:1:2$ an.

Baddely, Holt und Voss [8] isolierten Xylolkomplexe der Brutto-Zusammensetzung $(ArH)_x \cdot Al_2Br_6 \cdot HBr$ mit $x = 2$.

Lien, Shoemaker und McCaulay [9] formulierten dagegen für das System Aromat/HF/BF$_3$ die Bildung eines 1:1:1-Komplexes. Olah u. Mitarb. [10] bestätigen die obige Formulierung, indem sie bei tiefer Temperatur Komplexe von verschiedenen Methylbenzolen mit $HF + BF_3$ isolierten und die Zusammensetzung sowie einige physikalische Daten der Komplexe bestimmten. Tabelle 4 gibt einen Überblick über die Ergebnisse dieser Untersuchungen und läßt erkennen, daß die Analysenergebnisse sehr gut mit dem formulierten 1:1:1-Komplex übereinstimmen.

Von OLAH und KUHN [13] wurde aus 1-Methylcyclohexadien-1,4 der entsprechende Proton-Additions-Komplex des Toluols auch synthetisch dargestellt. Für den Proton-Additions-Komplex im System Aromat/HF/ BF_3 ist durch diese Untersuchungen daher sowohl analytisch als auch synthetisch ein 1:1:1-Komplex sichergestellt.

Tabelle 4 Zusammenstellung physikalischer Daten einiger $ArH_2^+ \cdot BF_4$-Komplexe nach G. A. OLAH und S. J. KUHN [10]. pK-Werte der Methylbenzole nach MACKOR, HOFSTRA und VAN DER WAALS [11]

Aromat	pK-Wert [11]	Schmelz-punkt [°C]	Leitfähig-keit $[\Omega^{-1} \cdot cm^{-1}]$	Farbe	Brutto-Formel	$BF_4^{\ominus}\%$	
						ber.	gefun-den
Toluol	—6,3	—65	$0,8 \cdot 10^{-2}$	gelb-grün	$C_7H_9BF_4$	48,3	47,5
m-Xylol	—3,2	—55	$2,0 \cdot 10^{-2}$	gelb	$C_8H_{11}BF_4$	44,6	43,2
Mesitylen	—0,4	—15	$1,6 \cdot 10^{-2}$	gelb	$C_9H_{13}BF_4$	41,8	40,9
1,2,3,4-Tetra-methylbenzol[a]	—2,0	—10	$0,6 \cdot 10^{-2}$	orange	$C_{10}H_{15}BF_4$	39,1	38,6

[a] Näherungsweise berechnet [12].

Anders liegen die Verhältnisse bei den Systemen mit $AlCl_3$, $AlBr_3$ u.a. Lewissäuren. Um die Verhältnisse hier zu klären, wurde von LIESER und PFLUGER die Phasenbildung in den ternären Systemen $AlCl_3$/HCl/Toluol [14] und $AlCl_3$/HCl/Mesitylen [15] ausführlich untersucht. Aufgrund von Dampfdruckmessungen an den ternären Systemen läßt sich auf das Vorhandensein mehrerer Phasen mit größeren Homogenitätsbereichen schließen. Von diesen ist im System mit Toluol offensichtlich die Phase der Zusammensetzung Toluol:HCl:$AlCl_3$ = 6:1:2 begünstigt.

Beim Mesitylen ergibt sich unter Zuhilfenahme von Leitfähigkeitsmessungen die Zusammensetzung der Phase, die die für den Proton-Additions-Komplex typische orange Farbe aufweist, zu 4 Mesitylen:1 HCl:2 $AlCl_3$. Hier, wie auch bei anderen Untersuchungen, zeigt sich, daß im Komplex im allgemeinen mehr Aromatenmoleküle festgelegt sind, als für die Bildung eines Proton-Additions-Komplexes erforderlich sind. Von LIESER und PFLUGER [14, 15] wird deshalb angenommen, daß die überzähligen Moleküle in einer Solvathülle gebunden sind. Daß diese zusätzlich im Komplex vorhandenen Moleküle relativ „frei" vorliegen, also nicht an der Wechselwirkung maßgeblich beteiligt sind, diskutierten bereits LUTHER und POCKELS [16] an Hand von UV-spektroskopischen Untersuchungen an den Systemen Benzol/$AlCl_3$($AlBr_3$)/HCl(HBr) und Toluol/$AlCl_3$($AlBr_3$)/HCl(HBr). Diese Betrachtungen weisen darauf hin, daß die „überzähligen" Aromaten-Moleküle offenbar keinen Einfluß auf die molekülphysikalischen Eigenschaften der reinen Proton-Additions-Komplexe ausüben.

Alle Eigenschaften, die nicht an das „gelöste" System gebunden sind, sollten daher in erster Linie durch den Proton-Additions-Komplex allein bestimmt sein. Dies wird z. B. auch durch IR-Messungen bestätigt. PERKAMPUS und BAUMGARTEN [17] zeigten, daß die mit der Ausbildung des Proton-Additions-Komplexes verbundenen Änderungen im IR-Spektrum des Benzols praktisch unabhängig von der Art der Lewissäure sind. Um dies deutlich zu machen, sind in Abb. 3 die IR-Spektren einiger Systeme Benzol/MX_3/HX schematisch dargestellt. Die Spektren sind von dem des reinen Benzols stark verschieden, aber untereinander völlig identisch, so daß hiermit der geringe Einfluß des Gegen-Anions auf die Schwingungsanregung deutlich wird.

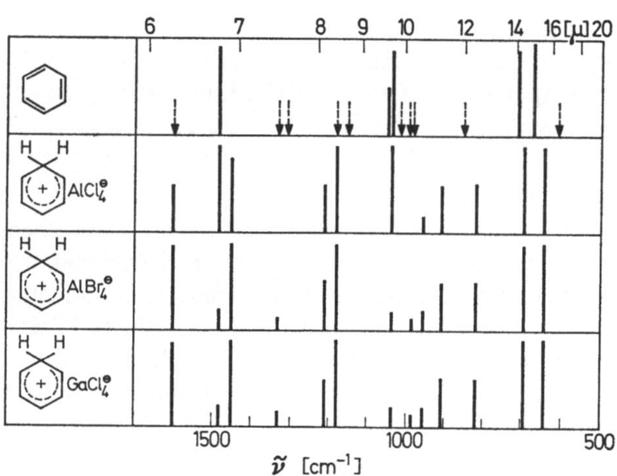

Abb. 3. IR-Spektren der Systeme Benzol/MX_3/HX [17]

Diese Ausführungen zeigen daher, daß die Struktur und die molekülphysikalischen Eigenschaften der Proton-Additions-Komplexe mittels Methoden, die nur Brutto-Effekte erfassen, nicht studiert werden können, da eine saubere Abtrennung der Überlagerungseffekte nur in wenigen Fällen möglich sein wird.

3.2. Spektroskopische Methoden

An Hand des Strukturvorschlages von GOLD und TYE [18] läßt sich sofort
übersehen, welche physikalisch-chemischen Methoden zum Nachweis
dieses Komplexes herangezogen werden können.

Nehmen wir Benzol als Beispiel:

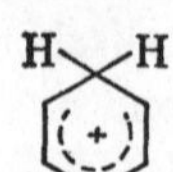

1. Die Anlagerung des Protons bewirkt die Aufhebung des sp^2-hybridi-
   sierten Bindungszustandes eines C-Atoms, das hierbei in einen sp^3-
   hybridisierten tetragonalen Bindungszustand übergeht. Im Proton-
   Additions-Komplex tritt somit eine $>CH_2$-Gruppe benachbart zu
   einem konjugierten System neu auf. Da Wasserstoffatome an trigonalen und tetragonalen C-Atomen, also an C-Atomen unterschiedlicher Elektronendichte gebunden sind, läßt sich dieser Effekt mit
   Hilfe des NMR-Spektrums nachweisen.

2. Neben der Änderung des Bindungszustandes des einen C-Atoms bewirkt die Anlagerung des Protons in vielen Fällen eine Symmetrieerniedrigung des zugrunde liegenden Moleküls. Im Falle des Benzols
   wird aus der Symmetriegruppe D_{6h} die Gruppe C_{2v} mit wesentlich
   geringerer Symmetrie. Dies hat zur Folge, daß Übergangsverbote für
   IR-inaktive Normalschwingungen aufgehoben werden können, so
   daß das IR-Spektrum eines Proton-Additions-Komplexes starke Änderungen gegenüber dem des freien Aromaten aufweisen wird. Außerdem erhöht sich die Zahl der Normalschwingungen durch das zusätzliche Proton um drei.

3. Als weiterer Effekt ist die Beeinflussung der Elektronenverteilung
   (EVT) bei der Anlagerung des Protons zu diskutieren. Der visuelle
   Effekt ist hierbei die bei der Protonenanlagerung auftretende Farbvertiefung, die auf die geänderte EVT des zugrunde liegenden Moleküls hinweist. Zur Deutung dieses Effektes müssen quantenchemische
   Berechnungen mit der experimentellen Ermittlung der Elektronenanregungsspektren kombiniert werden.

4. Als wichtiges Merkmal bei der Bildung eines Proton-Additions-Komplexes kann auch die auftretende positive Ladung angesehen werden.
   Methoden, die hierauf ansprechen, stehen jedoch in direktem Zusammenhang mit den thermodynamischen Beziehungen und dienen folglich zur Analyse der in Lösung vorliegenden Systeme. Sie können deshalb, wie alle thermodynamischen Größen, keine Auskunft über die
   Struktur eines einzelnen Molekül-Ions vermitteln und sollen als „makroskopische Größen" von den unter 1. bis 3. genannten, die man als
   „mikroskopische" bezeichnen kann, unterschieden werden.

3.2.1. NMR-Spektren von Proton-Additions-Komplexen

Wie bereits gesagt, beruht die Nachweismöglichkeit für einen Proton-Additions-Komplex mit Hilfe der NMR-Spektroskopie auf der Ausbildung einer aliphatischen CH_2-Gruppe bei der Anlagerung eines Protons. Im Gegensatz zur freien nicht umgesetzten Verbindung liegt somit nach der Proton-Addition eine Gruppe mit anderen Bindungsverhältnissen im Molekül vor. Da die relative Lage der Protonensignale, bezogen auf einen Standard, außerordentlich stark durch die chemische Umgebung der Protonen beeinflußt wird, lassen sich unterschiedliche Bindungsverhältnisse an der chemischen Verschiebung, d. h. an der Lage der Protonen-Resonanzsignale erkennen. Die chemische Verschiebung der Proto-

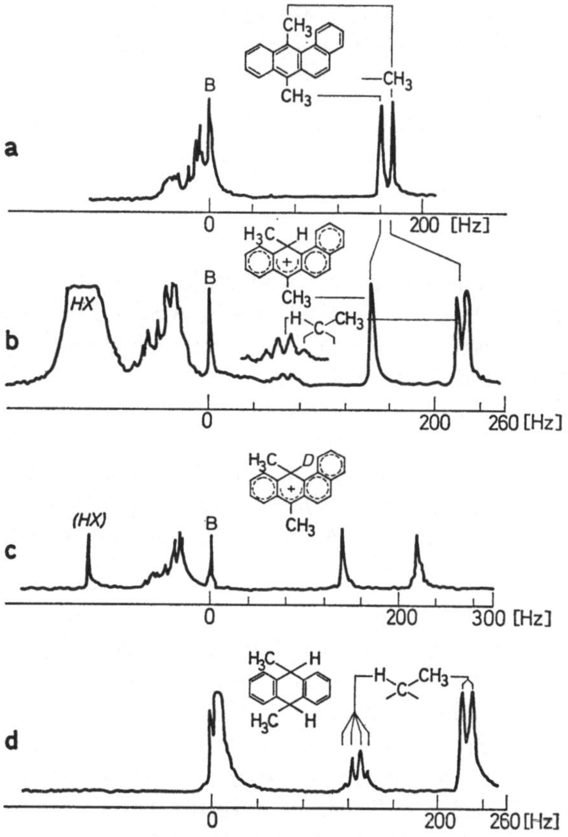

Abb. 4 a—d. Protonen-Resonanzspektren des 9,10-Dimethyl-1,2-benzanthracens nach MagLean u. a. [19]. a Reine Verbindung in CCl_4. b Proton-Additions-Komplex in $CF_3COOH + 22$ Mol% $H_2O—BF_3$. c Deuteron-Additions-Komplex in $CF_3COOD + 24$ Mol% $D_2O — BF_3$. d 9,10-Dihydro-9,10-dimethyl-anthracen in CCl_4. Die Einteilung der Abzisse mit 40 Hz entspricht 1 ppm

nen-Resonanzsignale ist folglich die Kenngröße, die für die Proton-Additions-Komplexe zu diskutieren ist. Wird z. B. an Benzol, einem Methylderivat des Benzols oder einem mehrkernigen aromatischen Kohlenwasserstoff ein Proton addiert, so kann das Auftreten eines neuen Signals im Bereich zwischen $\delta = 4$ bis 6 ppm erwartet werden.

McLean u. Mitarb. [19] haben an mehreren Benzolderivaten und einigen einfachen kondensierten Aromaten in der Tat in diesem Bereich ein zusätzliches NMR-Signal für den Proton-Additions-Komplex nachweisen können. Als Beispiel ist in Abb. 4 das NMR-Spektrum des 9,10-Dimethyl-1,2-benzanthracens und seines Proton-Additions-Komplexes dargestellt. Abb. 4a zeigt zunächst zwei Signale für die CH_3-Protonen dieses Aromaten. Das bedeutet, daß die beiden CH_3-Gruppen nicht äquivalent sind. Sobald sich in stark saurer Lösung der Proton-Additions-Komplex bildet, also die Konfiguration $>CH-CH_3$ entsteht, wird eines dieser beiden Signale stark verschoben, wie Abb. 4b erkennen läßt.

Die beiden CH_3-Gruppen können leicht unterschieden werden, da für die eine CH_3-Gruppe das benachbarte einzelne Proton das CH_3-Signal als Dublett und umgekehrt die drei Protonen der Methylgruppe das Signal des einzelnen Protons als Quartett erscheinen lassen. Gleichzeitig kann man erkennen, welches CH_3-Signal der Methylgruppe der 9-Stellung zukommt. Im entsprechenden Deuteron-Additions-Komplex (vgl. Abb. 4c) verschwindet das Quartett. Schließlich gibt Abb. 4d mit 9,10-Dihydro-9,10-dimethylanthracen ein Beispiel für eine eindeutige $CH-CH_3$-Konfiguration. Hier sind beide CH_3-Gruppen äquivalent, so daß nur ein Dublett für die CH_3-Protonen und das Quartett für die CH-Protonen auftritt. Ähnliche Ergebnisse wurden für Mesitylen, Pentamethylbenzol, Hexamethylbenzol, Hexaäthylbenzol, 9,10-Dimethylanthracen, Pyren und 3,4-Benzpyren gefunden. In Tabelle 5 sind die auf δ-Werte umgerechneten Ergebnisse von McLean u. Mitarb. [19] zusammengestellt.

Eine genaue Betrachtung der NMR-Spektren zeigt außerdem, daß der „aliphatische Charakter" der CH-Bindung besonders gut an den Signalen der CH_3-Protonen zu erkennen ist. Das Signal einer Methylgruppe, die an einen Benzolkern gebunden ist, ist gegenüber einer aliphatischen Methylgruppe zu kleineren Feldern, größeren δ-Werten verschoben. Bei der Addition des Protons bedingt daher der dadurch erhaltene aliphatische Charakter eine Verschiebung dieses Methylgruppensignals zu größeren Feldern. Von den in Tabelle 5 aufgeführten Verbindungen zeigen diese Effekte sehr deutlich die beiden Methylanthracen-Derivate, wie aus Tabelle 6 hervorgeht.

Der Vergleich mit dem ebenfalls aufgeführten 9,10-Dihydro-9,10-dimethyl-anthracen läßt den aliphatischen Charakter des protonierten C-

Tabelle 5 Chemische Verschiebung der Signale der nach der Proton-Addition vorliegenden aliphatischen —CH_2- bzw. —CH-Gruppen für einige Aromaten nach McLean u. a. [19]; δ(TMS) = 0 ppm

Aromat	Lösungsmittel	δ —CH_2- bzw. δ —CH—CH_3[ppm]
Mesitylen	$HF + BF_3$	4,34
Pentamethylbenzol	$HF + BF_3$	4,62
Hexamethylbenzol	$HF + BF_3$	3,99
Hexaäthylbenzol	$HF + BF_3$	4,27
9,10-Dimethylanthracen	$CF_3COOH + H_2O \cdot BF_3$ (17 mol-%)	4,62
Pyren	$HF + BF_3$	4,22
3,4-Benzpyren	$CF_3COOH + H_2O \cdot BF_3$ (19 mol-%)	3,27
9,10-Dimethyl-1,2-Benzanthracen	$CF_3COOH + H_2O \cdot BF_3$ (22 mol-%)	5,54

Tabelle 6 Chemische Verschiebung der Lage der —CH_3-Protonensignale nach der Proton-Addition für einige Anthracenderivate [19] δ (TMS) = 0 ppm

Aromat	Lösungsmittel	δ—CH_3 [ppm]	
9,10-Dimethylanthracen (CH_3/CH_3)	CCl_4	3,12	
	$CF_3COOH + H_2O \cdot BF_3$ (17 mol%)	3,57	1,70 1,50
9,10-Dimethyl-1,2-benzanthracen (CH_3/CH_3)	CCl_4	3,32	3,00
	$CF_3COOH + H_2O \cdot BF_3$ (27 mol%)	3,62	1,87 1,70
9,10-Dihydro-9,10-dimethylanthracen (H,CH_3/H,CH_3)	CCl_4		1,69 1,44

Atoms eindeutig erkennen. Während eines der Methylgruppensignale praktisch bei 3,7 bis 3,4 ppm liegenbleibt, wird das der zweiten Methylgruppe zu größeren Feldern verschoben und nähert sich damit der Lage einer aliphatischen Methylgruppe an.

Auch an Azulen und einigen Derivaten konnten die nach der Proton-Addition vorliegenden Methylgruppen im NMR-Spektrum eindeutig zugeordnet werden (SCHULZE u. a. [20]).

Die Tatsache, daß wir es bei den Aromaten mit relativ schwachen Basen zu tun haben, bedingt stets die Verwendung starker Säuren, die gleichzeitig als Lösungsmittel dienen. In derartigen Systemen finden aber Protonenaustauschvorgänge statt, die im Gegensatz zu anderen spektroskopischen Methoden bei dieser Meßmethode störend wirken können.

Bei den Proton-Additions-Komplexen liegen ganz ähnliche Verhältnisse vor, wie bei den Alkoholen und anderen Systemen mit austauschfähigen Wasserstoffbrücken [21, 22, 23]. Die Verhältnisse sind hier zum Teil noch komplizierter, da, wie McLEAN u. Mitarb. [24] zeigen konnten, sowohl ein inter- als auch ein intramolekularer Protonenaustausch vorliegt. Demnach sind zu berücksichtigen:

a) Intermolekularer Protonenaustausch mit dem Lösungsmittel:

$$\text{ArH}_2^+ + \text{X}^- \rightleftharpoons \text{ArH} + \text{HX}$$

b) Intramolekularer Protonenaustausch:

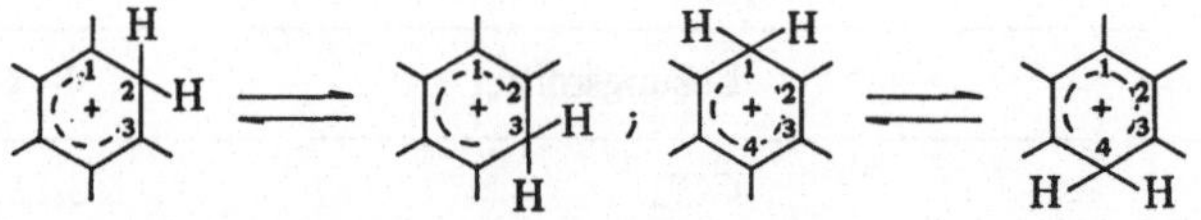

Hierbei ist das Proton aus der 2-Stellung in die 3-Stellung bzw. aus der 1- in die 4-Stellung gewandert.

c) Intermolekularer Protonenaustausch:

$$\text{AH}^+ + \text{B} \rightleftharpoons \text{A} + \text{BH}^+$$

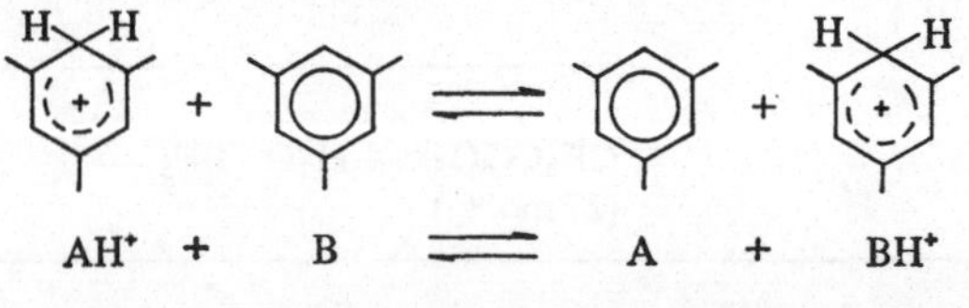

Für die Fälle (a) und (c) können die Bedingungen derart gewählt werden, daß nur noch einer von beiden Austauschvorgängen verbleibt. Bei einer starken Base und einer starken Säure ist nach Untersuchungen von MACKOR u. Mitarb. [25] die Reaktion (a) endotherm, so daß die Austauschgeschwindigkeit von zwei Faktoren abhängt: Einmal wird sie bei Erhöhung der Protonenkonzentration des Lösungsmittels und zum anderen beim Übergang zu einem basischeren Kohlenwasserstoff abnehmen. Als Beispiel für einen basischen Kohlenwasserstoff kann bereits das in Abb. 4 dargestellte NMR-Spektrum des 9,10-Dimethyl-1,2-benzanthracens angesehen werden. Das Signal der CH_3-Gruppe am C-Atom, an dem das Proton addiert wurde, zeigt ein scharf ausgeprägtes Dublett mit einer Aufspaltung von $J = 7$ Hz. Dies bedeutet, daß in diesem System kein merklicher Austausch stattgefunden hat und die Austauschreaktion deshalb sicher langsamer als 7 Hz ist.

Die Abhängigkeit der Austauschreaktion (a) von der Protonenkonzentration allein, d. h. von der Acidität des Lösungsmittels, wurde von McLean u. Mitarb. [19] am System Pentamethylbenzol/CF_3COOH/$H_2O \cdot BF_3$ eingehend untersucht.

In stark sauren Lösungen ($HF + BF_3$), wo die Austauschreaktion (a) weitgehend unterdrückt ist, beobachtet man drei Protonensignale, die den drei unterschiedlichen Methylgruppen zuzuordnen sind. In mäßig sauren Lösungen tritt dagegen nur ein verbreitertes Signal auf.

Diese Verbindung ist zum Studium der Austauschreaktion (a) deshalb besonders gut geeignet, weil im Pentamethylbenzol die eine ausgezeichnete Stelle hoher Protonenaffinität einen „intramolekularen Austausch" weitgehend verhindert. Wenn diese Voraussetzung, wie z. B. bei anderen Methylbenzolen, nicht gegeben ist, sind in zunehmendem Maße die Austauschreaktionen (b) und (c) für das System entscheidend. In stark sauren Lösungen, in denen die Reaktion (a) praktisch völlig unterdrückt ist, können dann dieses Austauschreaktionen in den NMR-Spektren der Proton-Additions-Komplexe Veranlassung zu verbreiterten Signalen geben.

Als Beispiel für eine intramolekulare Austauschreaktion (b) wurde von McLean und Mackor [26, 27] der Proton-Additions-Komplex des Hexamethylbenzols ausführlich zwischen 160 K und 240 K untersucht. Den beiden Temperaturendpunkten entsprechen ganz bestimmte Austauschgeschwindigkeiten. Bei 160 K erfolgen die Austauschreaktionen sehr langsam. Man beobachtet bei dieser Temperatur ein NMR-Spektrum, das aus vier strukturierten Signalen für die vier verschiedenen Methylgruppen im Proton-Additions-Komplex des Hexamethylbenzols besteht [24].

Wird die Temperatur erhöht, so kann das Proton, da alle Ringatome die gleiche Protonenaffinität besitzen, nacheinander verschiedene Stellen am Ring einnehmen, so daß wir den nach (b) beschriebenen intramolekularen Austausch vor uns haben. Die NMR-Spektren zeigen in diesen Temperaturbereichen breite und verwaschene Signale. Ist die Temperatur genügend hoch, so erfolgt diese Austauschreaktion außerordentlich schnell. Das hierfür resultierende NMR-Spektrum zeigt dann ein Dublett für die Methylgruppen und eine Multiplettstruktur für das Proton der CH-Gruppe, die theoretisch durch die 19 Spinzustände der 18 äquivalenten Protonen der 6 Methylgruppen erklärt werden kann.

Während die intramolekulare Austauschreaktion (b) praktisch nicht von der Konzentration der Reaktionspartner abhängt und infolgedessen von nullter Ordnung ist, muß eine intermolekulare Austauschreaktion gemäß (c) konzentrationsabhängig sein. In der Tat findet man bei Mesitylen, m-Xylol und Anisol, daß die Austauschgeschwindigkeit von 1. Ordnung hinsichtlich der Konzentration dieser Moleküle ist [27]. Beim Mesitylen zeigt eine genaue Untersuchung der NMR-Spektren in Abhängigkeit von der Temperatur, daß außerdem auch die Austauschreaktion (a) zu berücksichtigen ist.

Diese Art der Temperaturabhängigkeit der NMR-Spektren ist ein überzeugender Beweis für die in einem derartigen System vorliegende intramolekulare Austauschreaktion gemäß (b). Ähnliche Verhältnisse liegen beim Durol (1,2,4,5-) und Prehnitol (1,2,3,4-tetramethylbenzol) vor [27, 28].

Nach diesen Ausführungen sind die NMR-Spektren von Proton-Additions-Komplexen nur dann eindeutig zu beobachten, wenn die schnellen intra- oder intermolekularen Austauschvorgänge ausgeschaltet worden sind.

Um dies zu erreichen, sind folglich zwei Faktoren zu variieren: die Temperatur und die Säurestärke. Unter Beachtung dieser beiden Möglichkeiten haben BROUWER und MACKOR [28, 29] für eine größere Zahl von Methylbenzolen die chemische Verschiebung der zugehörigen Proton-Additions-Komplexe zusammengestellt. Tabelle 7 gibt die Ergebnisse wieder.

Tabelle 7 Chemische Verschiebung der Protonsignale für die Proton-Additions-Komplexe einiger Methylbenzole nach Messungen von BROUWER u. a. [28]. Die Angaben o-, m- und p- beziehen sich jeweils auf die Stellung der Ringprotonen bzw. der Methylgruppen zum addierten Proton.
δ(TMS) = 0 ppm

Proton Additions-komplexe	T [K]	Lösungsmittel	$\delta_{C\text{-}H}$-(Ring) [ppm]			δ_{CH_2} [ppm]	δ_{CH_3}-(Methylgruppen) [ppm]		
			p-	o-	m-		p-	o-	m-
(Struktur)	148	HF + BF$_3$	—	8,8	8,18	4,96	3,1	—	2,6
(Struktur)	153	HF + BF$_3$	9,2	8,8	8,06	4,92	—	3,0	2,60

Tabelle 7 (Fortsetzung)

Proton Additions-komplexe	T [K]	Lösungs-mittel	$\delta_{C\text{-}H}$-(Ring) [ppm]			δ_{HC2} [ppm]	δ_{CH_3}-(Methyl-gruppen) [ppm]		
			p-	o-	m-		p-	o-	m-
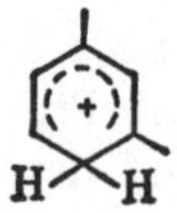 (H H)	228	HF + SbF$_5$	—	8,68	7,83 7,93	4,77	3,0	2,88	—
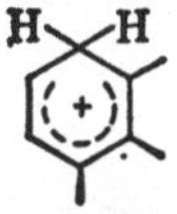 (H H)	183	HF + BF$_3$	—	8,57	8,87	4,66	2,99	2,85	2,47
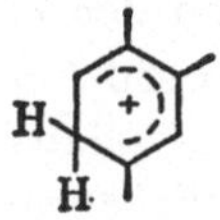 (H H)	243	HF + SbF$_5$	—	8,43	8,87	4,67	2,92	2,84	2,47
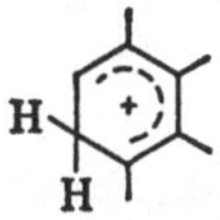 (H H)	189	HF + BF$_3$	—	8,35	—	4,59	2,95	2,83	2,52
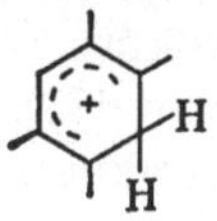 (H H)	176	HF + BF$_3$	8,6	—	—	4,95	—	2,75	2,47
(H H)	253	HF + SbF$_5$	—	—	7,63	4,49	2,87	2,74	—
	213	HF + SbF$_5$	—	—	7,63	4,43	2,89	2,74	—
	213	HF + BF$_3$	—	—	7,64	4,43	2,91	2,76	—
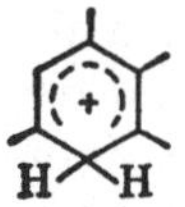 (H H)	253	HF + SbF$_5$	—	—	7,67	4,46	2,86	2,70	2,37
 (H H)	293	HF + SbF$_5$	—	—	—	4,49	2,84	2,68	2,39
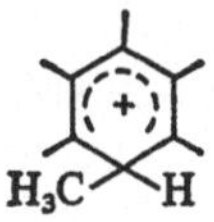 (H$_3$C H)	190	HF + BF$_3$	—	—	—	4,08	2,83	2,67	2,39

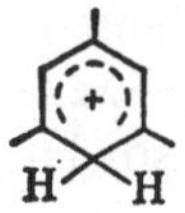

Die NMR-Spektroskopie liefert somit einen der eingangs geforderten
Beweise für das Vorliegen von Proton-Additions-Komplexen. In der Methode selbst begründet liegt die Möglichkeit, Protonen-Austauschvor-
gänge zu erfassen.

Die Anwendung dieser Methode setzt jedoch eine nicht zu geringe Protonenaffinität der Aromaten voraus, Benzol und Toluol z. B. besitzen
eine derart geringe Protonenaffinität, vgl. die pK_B-Werte in Tabelle 2,
S. 14, daß auch bei 160 K mit Hilfe der NMR-Spektroskopie kein Proton-Additions-Komplex nachgewiesen werden konnte. Es bedarf deshalb weiterer Methoden, um auch in diesen Fällen einen Proton-Additions-Komplex nachzuweisen.

3.2.2. Die IR-Spektren von Proton-Additions-Komplexen

Im Vergleich zu den in 3.2.1 besprochenen NMR-Spektren und den in
3.2.3 zu besprechenden Elektronenanregungsspektren der Proton-Additions-Komplexe sind die IR-Spektren dieser Komplexe bisher relativ
wenig untersucht worden. Der Grund hierfür dürfte im wesentlichen in
der Küvettentechnik zu suchen sein, die den Anforderungen an absolute
Wasserfreiheit nicht immer in ausreichendem Maße genügte. Um die
Schwierigkeiten zu umgehen, wurden von PERKAMPUS und BAUMGARTEN
[30, 31, 32] die IR-Spektren dieser und ähnlicher Komplexe im festen
Zustand gemessen. Neben einer in Anlehnung für UV-Messungen kon-
struierten Festkörperküvette [30] wurde eine evakuierbare Festkörperküvette benutzt, mit der bis 60 K herab gemessen werden konnte [33].
Mit Hilfe dieser Technik lassen sich sublimierbare und im Hochvakuum
leicht verdampfbare Substanzen in Form dünner Filme untersuchen, wobei besonders der in vielen Fällen störende Einfluß von Lösungsmitteln
ausgeschaltet werden kann. Diese Technik gestattet es ferner, eine zweite
und dritte Komponente auf diese Filme einwirken zu lassen, so daß
Wechselwirkungen im festen Zustand verfolgt werden können.

Für die Untersuchung von Proton-Additions-Komplexen wurden die
Systeme Aromat/HX/MX$_3$ ausgewählt, bei denen es entsprechend der
Formulierung in Kapitel 1.3 auf S. 6 zur Bildung eines Proton-Additions-Komplexes kommt. Wie weiter oben bereits gesagt, ist zu erwarten,
daß die Bildung dieses Komplexes sich in einer starken Änderung des
IR-Spektrums der aromatischen Komponente zu erkennen gibt, da die
Addition eines Protons in den meisten Fällen eine Symmetrieänderung
des Aromaten bedingt. Am stärksten ist dies beim Benzol mit der Symmetrie D_{6h} selbst ausgeprägt. Neben der Vermehrung der Normalschwingungen um drei durch das addierte Proton sollten außerdem Banden auftreten, die beim Benzol selbst verboten sind. Obwohl somit die Ausbildung des Proton-Additions-Komplexes des Benzols eine starke Verän-

derung des Molekülgerüstes bedingt, ist es erst in letzter Zeit gelungen, diesen Komplex IR-spektroskopisch nachzuweisen.

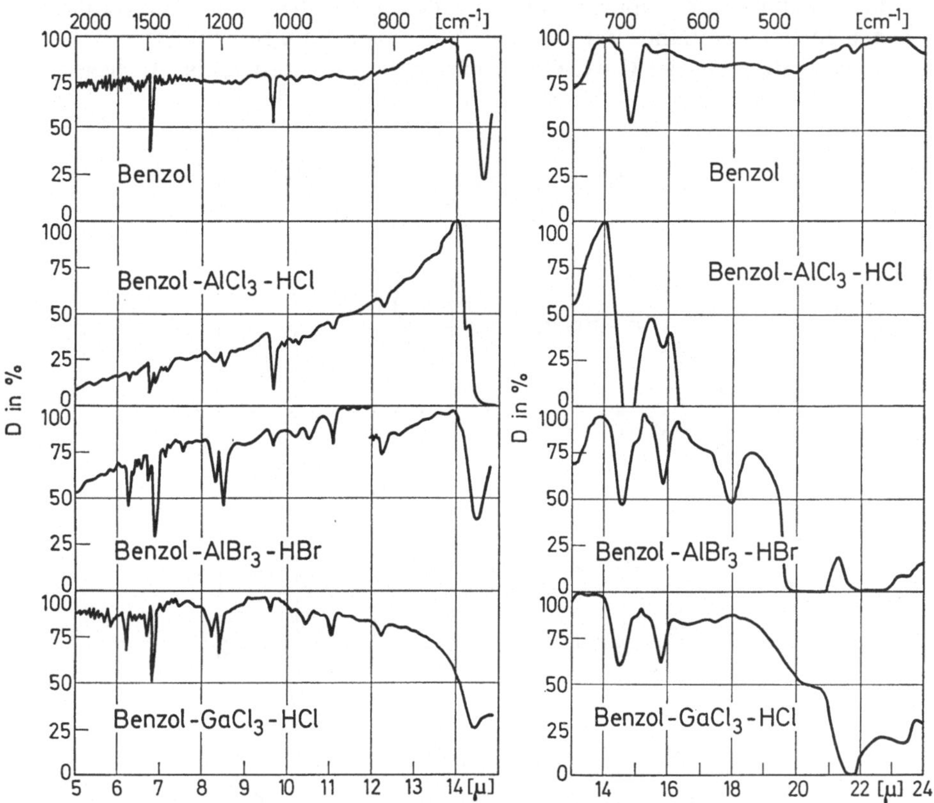

Abb. 5. IR-Spektren der Systeme: Benzol; Benzol/AlCl₃/HCl; Benzol/AlBr₃/HBr; Benzol/GaCl₃/HCl [31]

In Abb. 5 sind die IR-Spektren wiedergegeben, die an den ternären Systemen Benzol/HCl/AlCl₃, Benzol/HBr/AlBr₃ und Benzol/HCl/GaCl₃ im festen Zustand bei 77 K aufgenommen worden sind [31] und die in Abb. 3 bereits schematisch dargestellt worden waren. Die in diesen Spektren scheinbar auftretenden Unterschiede sind auf den unterschiedlichen Umsetzungsgrad der ternären Systeme zurückzuführen. Aus Abb. 5 geht deutlich hervor, daß infolge der Wechselwirkung mehrere neue Banden auftreten und daß die Natur der Lewissäure ohne nennenswerten Einfluß auf das IR-Spektrum des ternären Komplexes ist. Dies ist dann ganz zwanglos zu erklären, wenn die Ausbildung eines Proton-Additions-Komplexes angenommen wird, bei dem das stabilisierende Gegen-Anion nur von geringem Einfluß ist. Aufgrund der Proton-Addition entsteht ein Komplex, der der Symmetriegruppe C_{2v} zugehört. Damit können Schwingungen, die aufgrund der Symmetriegruppe D_{6h} im Benzol IR-inaktiv sind, im Komplex IR-aktiv werden. Dies ist z. B. der Fall für die neu auftretende Bande bei 1595 cm^{-1}, die auch beim substituierten Benzol auftritt und einer C=C-Gerüstschwingung zuzuordnen ist. Es liegen

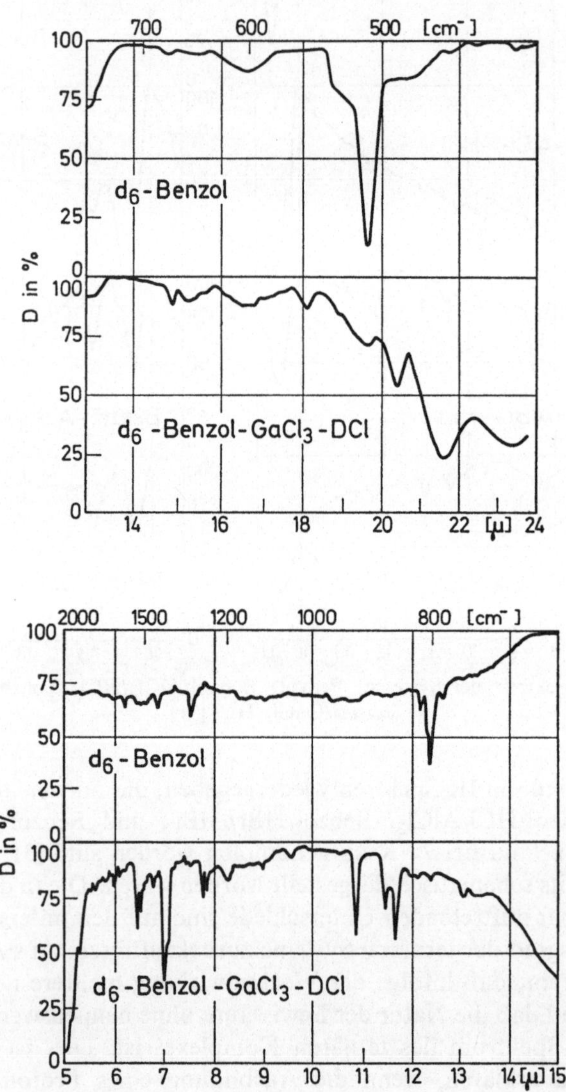

Abb. 6. IR-Spektrum des Benzol-d$_6$ und des Systems Benzol-d$_6$/GaCl$_3$/DCl [31]

also ähnliche Verhältnisse vor, wie bei einem Vergleich zwischen Benzol und Toluol.

Eine Unterscheidung zwischen den C=C-Schwingungen kann mit Hilfe des Isotopieeffektes des perdeuterierten Benzols getroffen werden. Die Wechselwirkung führt im ternären Komplex Benzol-d_6/GaCl$_3$/DCl ebenfalls zu charakteristischen Änderungen im IR-Spektrum, wie Abb. 6 erkennen läßt. Der bloße Vergleich der Spektren beider Komplexe in Abb. 5 und 6 gibt zu erkennen, daß einige Banden in ihrer Lage nahezu erhalten bleiben, andere dagegen stark langwellig verschoben werden. So sind z. B. die Banden bei 1595 und 1445 cm^{-1} im Benzolkomplex Gerüstschwingungen, da der Isotopieeffekt der entsprechenden Banden im Komplex mit C_6H_6 sehr klein ist. Der neu auftretenden Bande bei 640 cm^{-1} im Benzolkomplex, vgl. Tabelle 8, entspricht im d_6-Komplex eine Bande bei 490 cm^{-1}. Der relativ große Isotopieeffekt weist sie demnach als C—H-Schwingung aus.

Als Grundlage für die weitere Zuordnung der Banden zu bestimmten Schwingungen dient die Zuordnung der Benzolbanden, wie sie von WHIFFEN [34] aufgrund einer genauen Molekülmodellberechnung gegeben wurde. Danach ist das Verhältnis $\tilde{v}_H/\tilde{v}_D$ ein Kriterium für die Art der Schwingungen. Das Ergebnis dieser Analyse ist in Tabelle 8 dargestellt [31, 34]. Die Übertragung der Erwartungsbereiche vom Benzol auf den Proton-Additions-Komplex wird dadurch gerechtfertigt, daß sich auch bei anderen Benzolderivaten und z. B. dem Pyridin ein analoges Vorgehen als möglich erwiesen hat [35, 36].

Tabelle 8 Zuordnung der IR-Spektren des Proton- bzw. Deuteron-Additions-Komplexes des Benzols und Benzol-d_6 [31]

H-Komplex [cm^{-1}] I	D-Komplex [cm^{-1}] I	$\tilde{v}_H/\tilde{v}_D$ Komplex	$\tilde{v}_H/\tilde{v}_D$ Benzol	Schwingung Typ	Nr.
1595 s	1541 s	1,035		ω	8a, b
1580 vw	1527 w	1,035	1,028	ω	
1445 vs	1425 vs	1,015	1,110	ω	19
1328 vw	1047 vw	1,270	1,228	δ	3
1205 m	818 s	1,314	1,358	δ	9
1178 s	856 s	1,376	1,389	δ	15
983 vw	822 vw	1,195	1,203	γ	5
953 w	768 vw	1,243	1,224	γ	17
901 m	872 m	1,034	1,053	ω	1
814 m					
690 vs	510 m	1,352	1,352	γ	11
640 vs	490 s	1,306	—	γ	
581 w	553 w	1,052	1,051	ω	6

Die Übertragung der Erwartungsbereiche ist besonders gut bei den Gerüstschwingungen möglich, während sie bei den C—H-Schwingungen weniger genau sein dürfte, da die Schwingungen der H-Atome durch das neu eintretende Proton stärker beeinflußt werden und da auch drei zusätzliche Grundschwingungen neu auftreten. Aus diesem Grunde ist die Zuordnung der C—H-Schwingungen im mittleren Wellenzahlbereich weniger sicher als die der übrigen Banden.

Wie diese Untersuchungen zeigen, ist der Proton-Additions-Komplex des Benzols nur bis ca. 220 K stabil. Dies dürfte der Hauptgrund sein, weshalb dieser Komplex relativ spät nachgewiesen wurde. In Verbindung mit den in Lösung zu berücksichtigenden Austauschvorgängen (s. 3.2.1, S. 38) dürfte diese Instabilität auch der Grund sein, weshalb es nicht möglich ist, diesen Komplex mit Hilfe der NMR-Spektroskopie nachzuweisen. Daß auch im festen Zustand bei 190 K Austauschvorgänge ablaufen, kann man IR-spektroskopisch nachweisen. Im IR-Spektrum des ternären Systems Benzol/GaCl$_3$/DCl liegen die IR-Spektren des Proton- und der verschiedenen Deuteron-Additions-Komplexe nebeneinander vor [31].

Beim Übergang zu methylsubstituierten Benzolderivaten lassen sich die beim Benzol beobachteten Effekte noch stärker ausgeprägt beobachten [32]. Bereits beim Übergang zum Toluol zeigt sich z. B., daß die Stabilität des ternären Komplexes zugenommen hat, da dieser erst oberhalb 250 K in seine Komponenten zerfällt. Ab Xylol sind sämtliche Komplexe im festen Zustand auch bei Zimmertemperatur stabil. Hierin macht sich die mit der Zahl der Methylgruppen zunehmende Basizität der Benzolderivate bemerkbar (vgl. Tabelle 2, S. 14).

Eine ausführliche Diskussion der Proton-Additions-Komplexe von Toluol, o-, m- und p-Xylol, Mesitylen, Hemellitol, Pseudocumol, Durol und Hexamethylbenzol zeigt, daß die zahlreichen neu auftretenden Banden Schwingungen zugeordnet werden können, die im nicht protonierten Methylbenzol IR-inaktiv sind [32].

Starke und für die Struktur der Komplexe charakteristische Änderungen treten besonders im Bereich von 670—900 cm^{-1} auf. In diesem Bereich hängen Zahl und Lage der Banden von der Zahl einander benachbarter H-Atome am Ring ab [37]. Tabelle 9 gibt eine Zusammenstellung der intensivsten Banden der Proton-Additions-Komplexe in diesem Bereich und ihrer Zuordnung zu den entsprechenden Erwartungsbereichen.

Es zeigt sich, daß die Banden diesen Erwartungsbereichen verhältnismäßig gut zugeordnet werden können, wenn man die 2 H-Atome, die nach der Proton-Addition an einem C-Atom gebunden sind, als Substi-

Tabelle 9 Zuordnung der auftretenden Banden im Bereich 670—900 cm^{-1} zur Anzahl freier benachbarter H-Atome im ternären Komplex Aromat/GaCl$_3$/HCl

| | „benachbarte H-Atome" | | | | |
	5 Erwartungsbereich	4	3	2	1	nicht zugeordnet
Aromat	730 bis 770 vs 690 bis 715 s	735 bis 770 vs	750 bis 810 vs 660 bis 725 m	800 bis 860 vs 700 bis 750 m	860 bis 900 m	
Benzol	690 vs					
Toluol		742 vs		848 vs (709 vs)		898 vs
o-Xylol			797 m (710 s)			(839 m)
m-Xylol				829 s (732 s)	875 s	697 m
p-Xylol				857 vs (720 s)	873 m	779 s 830 m
Mesitylen					867 m	
Hemellitol				784 vs (729 s)		712 m
Pseudocumol				824 s (734 s)	876 m 888 m	743 m
Durol					889 m	

tuenten auffaßt und sie beim Abzählen der benachbarten H-Atome nicht berücksichtigt.

Aufgrund dieser Betrachtungen lassen sich die Strukturen der verschiedenen Proton-Additions-Komplexe angeben, die in Abb. 7 zusammengestellt sind. Die Diskussion dieses Bereiches unterstützt die theoretisch geforderten isomeren Proton-Additions-Komplexe, bei denen eine Proton-Addition sowohl in o- als auch in p-Stellung zu einer Methylgruppe erfolgt [38]. Eine Reaktion in m-Stellung sowie am Kohlenstoffatom, das die Methylgruppe trägt, ist somit gegenüber den anderen Möglichkeiten weniger begünstigt. Dies steht in guter Übereinstimmung mit den Ergebnissen von MACKOR u. Mitarb. [39], die den D—H-Austausch an Methylbenzolen genauer studierten.

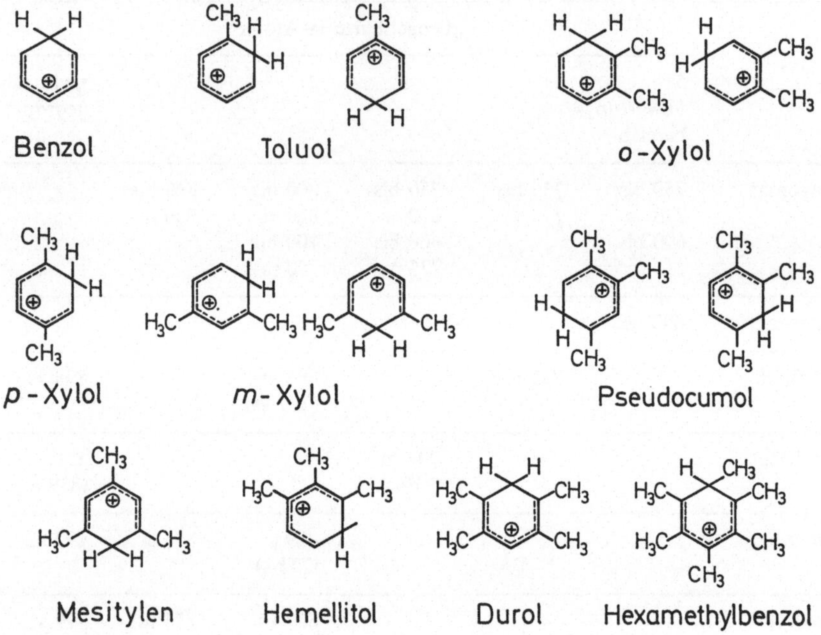

Benzol   Toluol   o-Xylol

p-Xylol   m-Xylol   Pseudocumol

Mesitylen   Hemellitol   Durol   Hexamethylbenzol

Abb. 7. Struktur der Proton-Additions-Komplexe einiger Methylbenzole

BAUMGARTEN [40] führte analoge IR-spektroskopische Untersuchungen an Naphthalin und Anthracen durch. Auch hier sind die starken Veränderungen im IR-Spektrum durch die Ausbildung eines Proton-Additions-Komplexes zu deuten. Jedoch macht bei den mehrkernigen Aromaten die Zuordnung größere Schwierigkeiten als bei den Methylbenzolen.

Anders verläuft dagegen die Wechselwirkung im ternären System Äthylen/AlBr$_3$/HBr. PERKAMPUS und BAUMGARTEN [41] zeigten, daß es hier zu einer Addition von HBr an die Doppelbindung kommt. Das IR-Spektrum des ternären Systems ist identisch mit dem des binären Systems C$_2$H$_5$Br/AlBr$_3$.

Von WEISS [42] wurden die Proton-Additions-Komplexe einer größeren Zahl von Olefinen systematisch IR-spektroskopisch untersucht. Die C=C-Valenzschwingung wird im Komplex um 120 bis 130 cm^{-1} zu kleineren Wellenzahlen verschoben. Auf diese Untersuchungen wird im Zusammenhang mit der protonenfreien Wechselwirkung in Kapitel 4.3.2.1 nochmals eingegangen.

3.2.3. Die Elektronenanregungsspektren von Proton-Additions-Komplexen

Die Komplexbildung von aromatischen Kohlenwasserstoffen mit Lewis-säuren bei Gegenwart von Halogenwasserstoff und die damit verbundene Farbigkeit der sog. „red oils" ist die älteste Beobachtung, die darauf hin-weist, daß mit dieser Wechselwirkung eine starke Beeinflussung der Elektronenstruktur der aromatischen Kohlenwasserstoffe verbunden ist [43].

Fast gleich alt ist die Beobachtung von GABRIEL und LEUPOLD, daß sich Aromaten unter Farbvertiefung in konz. Schwefelsäure lösen [44]. Ob-wohl somit die auffälligste physikalische Eigenschaft schon sehr lange bekannt war, konnte eine Erklärung dieser Effekte erst sehr viel später gegeben werden. So stellten NORRISH u. Mitarb. [7] 1940 fest, daß mit dieser Farbveränderung in konz. Schwefelsäure die Bildung von Carbo-nium-Ionen verbunden ist. Später zeigten GOLD und TYE [18], daß die Bildung der farbigen „Species" von der Säurekonzentration abhängt. Aus den Lösungen, deren Absorptionsspektren sich sehr stark von den Absorptionsspektren der Aromaten in normalen Lösungsmitteln unter-scheiden, konnten nach Verdünnung die Aromaten unverändert in ihrem Normalspektrum zurückerhalten werden. Die genannten Autoren unter-suchten u. a. die Aromaten: 1,1-Diphenyläthylen, Triphenyläthylen und Anthracen und fanden trotz der starken Unterschiede der Absorptions-spektren dieser Aromaten in organischen Lösungsmitteln, in konz. Schwe-felsäure ähnliche Spektren. Die Lösung von 1,1-Diphenyläthylen in konz. Schwefelsäure zeigt ein intensives Maximum bei $23\,200$ cm^{-1} (431 nm). Dieses Maximum stimmt in seiner Lage sehr genau mit dem des Triphe-nylcarbonium-Ions überein [45].

Aufgrund dieser Übereinstimmung kamen GOLD und TYE zu dem Schluß, daß für die Lichtabsorption der genannten Verbindungen ein Carbonium-Ion verantwortlich zu machen ist, dessen Elektronenstruktur der des Triphenylcarbonium-Ions entspricht [18]. Ein derartiges Carbonium-Ion läßt sich aber aus den genannten Verbindungen durch Addition eines Protons leicht erhalten:

II a 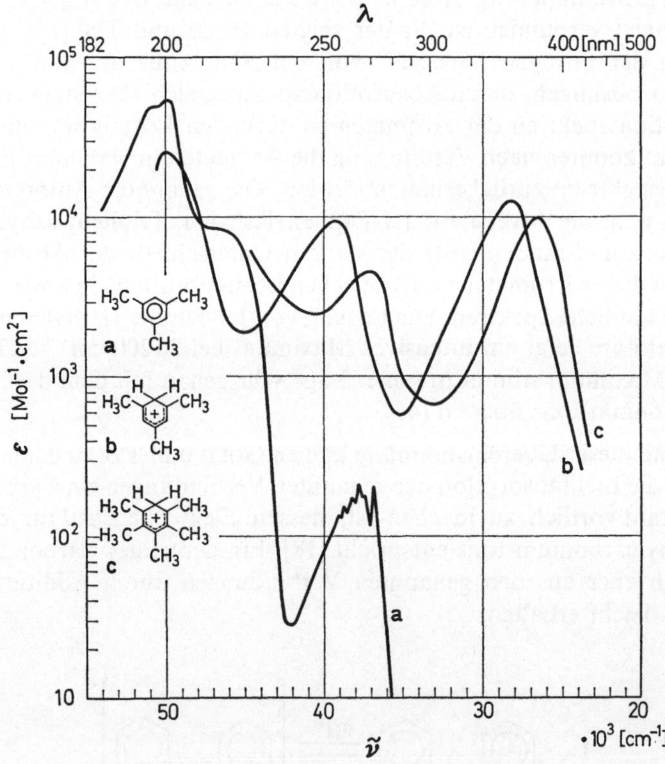

Analog läßt sich ein derartiger Proton-Additions-Komplex auch für das Triphenyläthylen und zahlreiche andere aromatische Kohlenwasserstoffe formulieren.

Allen diesen konjugierten Säuren ist eigen, daß die positive Ladung im Sinne einer Ladungsresonanz über das gesamte Molekül verschmiert ist.

Zur gleichen Zeit wurden von ELEY und KING [46] sowie REID [47] die Elektronenanregungsspektren der ternären Systeme Aromat/HX/MX₃ untersucht. Auch in diesen ternären Systemen kommt es zur Ausbildung

Abb. 8. UV-Spektren von a Mesitylen in n-Heptan, b Mesitylen in HF+BF₃, c Pentamethylbenzol in HF+BF₃

von Proton-Additions-Komplexen, wie ein Vergleich mit den Elektronenanregungsspektren von Aromaten in konz. Säuren zeigt. Ausführliche Untersuchungen von DALLINGA, MACKOR und VERRIJN STUART [48] zeigten, daß in HF als Lösungsmittel die Zugabe von BF_3 (ternäres System) bei schwach basischen aromatischen Kohlenwasserstoffen lediglich zur Erhöhung der Acidität der Säure diente. In diesen Systemen liegt somit immer eine Wechselwirkung des Aromaten mit einer „Protonsäure" vor.

Einige Beispiele für die Elektronenanregungsspektren von Proton-Additions-Komplexen sind in den Abb. 8 und 9 dargestellt. Abb. 8 zeigt an zwei Methylbenzolen die starke Rotverschiebung der Lichtabsorption der Proton-Additions-Komplexe im Vergleich zum Absorptionsspektrum des Mesitylens in n-Heptan. Neben der starken Rotverschiebung

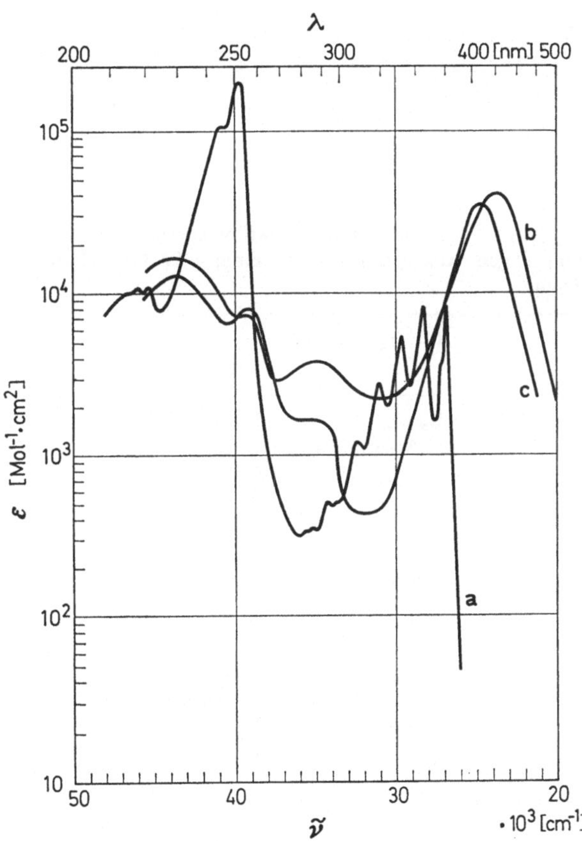

Abb. 9. UV-VIS-Spektren von a Anthracen in n-Heptan, b Anthracen in HF, c 2-Methylanthracen in HF

ist besonders die hohe Intensität der langwelligen Bande ($\varepsilon \simeq 10000$ $\mathrm{Mol}^{-1} \cdot \mathrm{cm}^2$) zu erwähnen. Ähnlich sind die Verhältnisse auch beim Anthracen und dem 2-Methylanthracen in Abb. 9. Die Intensität der langwelligen Bande steigt hier auf $\varepsilon = 40000\ \mathrm{Mol}^{-1} \cdot \mathrm{cm}^2$ an.

Tabelle 10 gibt einen Überblick über die Maxima und die zugehörigen Extinktionskoeffizienten einiger Proton-Additions-Komplexe.

Neben dem rein experimentellen Beweis des Proton-Additions-Komplexes durch Vergleich der Elektronenanregungsspektren der auf verschiedenen Wegen erhaltenen Carbonium-Ionen, der zudem auf wenige Beispiele beschränkt ist, gelingt der allgemeine Beweis durch die theoretische Interpretation der Elektronenanregungsspektren mit Hilfe des zugrunde gelegten Modells. Im Fall des Anthracens müssen drei isomere Proton-Additions-Komplexe berücksichtigt werden:

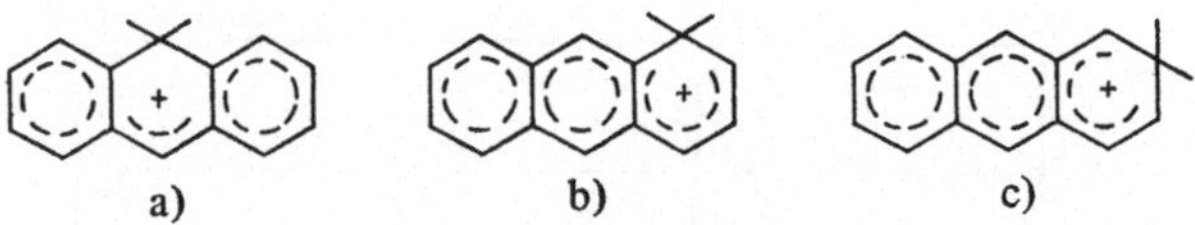

Tabelle 10 $\tilde{v}_{max}$ [cm^{-1}], λ_{max} [nm] und Extinktionskoeffizienten ε_{max} [Mol^{-1} cm^2] der langwelligen Absorptionsbanden einiger Proton-Additions-Komplexe in Lösung

Substanz	Lösungsmittel	$\tilde{v}_{max}$ [cm^{-1}]	λ_{max} [nm]	ε_{max}	Literatur
Benzol	Benzol $+\mathrm{Al_2Br_6}+\mathrm{HBr}$	30100	332	3800	[16]
Toluol	Toluol $+\mathrm{Al_2Br_6}+\mathrm{HBr_3}$	30700	326	—	[16]
Mesitylen	HF + BF$_3$	28200	355	11000	[18]
1,2,3,5-Tetramethylbenzol	HF + BF$_3$	27400	365	7500	[18]
Pentamethylbenzol	HF	26550	377	9800	[18]
Dimesityl	HF	27600	362	5800	[18]
Naphthalin	HF + BF$_3$ (3atm.)	25650 24400	390 410	10900 Schulter	[18]
1,4-Dimethylnaphthalin	HF + BF$_3$	26250	381	18700	[18]
2,3-Dimethylnaphthalin	HF + BF$_3$	26250	381	11200	[18]
Acenaphthen	HF	28200 23800	354 420	12200 2800	[18]
Phenanthren	HF + BF$_3$	19600	510	13000	[17]

Tabelle 10 (Fortsetzung)

Substanz	Lösungsmittel	$\tilde{\nu}_{max}$ [cm^{-1}]	λ_{max} [nm]	ε_{max}	Literatur
9-Methylphenanthren	HF + BF$_3$	19600	510	6300	[18]
Biphenyl	HF + BF$_3$	22750	440	9000	[18]
Fluoren	HF + BF$_3$	28300	363	7500	[18]
		21750	460	3000 (Schulter)	
Anthracen	HF	24500	408	37000	[18]
	H$_2$SO$_4$ conc.	23700	422	31000	
2-Methylanthracen	HF	23600	423	43000	[18]
9-Methylanthracen	HF	25200	397	42000	[50]
1,2-Benzanthracen	HF	19000	527	18000	[50]
5-Methyl-1,2-Benzanthracen	HF	19250	520	33000	[50]
7-Methyl-1,2-Benzanthracen	HF	19050	525	8560	[50]
Tetracen	HF	22300	448	50000	[55]
Pyren	HF	21600	464	18000	[48]
3,4-Benzpyren	HF	19200	521	27000	[48]
1,2-Benzpyren	HF	20600	487	9500	[48]
		18200	550	Schulter	
Perylen	HF	16600	603	13600	[48]
1,1-Diphenyläthylen	H$_2$SO$_4$ conc.	23200	431	32800	
Triphenyläthylen	H$_2$SO$_4$ conc.	23200	434	27000	
1-Phenyl-1-naphthyläthylen	H$_2$SO$_4$ conc.	18200	550	18500	[18]
1,6-Diphenylhexatrien	H$_2$SO$_4$ conc.	21200	473	—	[58]
1,8-Diphenyloctatetraen	H$_2$SO$_4$ conc.	18600	538	—	[58]
Azulen	H$_2$SO$_4$, 50%	27600	352	22400	[56]
2-Methylazulen	H$_2$SO$_4$, 50%	24400	369	19500	[56]
1-Methylazulen	HClO$_4$, 70%	27400	365	12400	[57]
1-Cyanoazulen	HClO$_4$, 70%	29600	337,5	9250	[57]
1-Chlorazulen	HClO$_4$, 70%	27800	360	10200	[57]

Die Behandlung der π-Elektronensysteme, die gegenüber dem des Anthracen zwei π-Elektronen und ein Gerüst-C-Atom weniger besitzen, wurde von Verrijn Stuart und Kruizinga [49] mit Hilfe der HMO- und SCF-Methode durchgeführt. Die Ergebnisse der Berechnungen an den drei isomeren Proton-Additions-Komplexen des Anthracens zeigen, daß das gemessene Elektronenanregungsspektrum mit dem für den isomeren Komplex (a) berechneten übereinstimmt. Die Übereinstimmung ist nicht nur für die Lage der Maxima, sondern auch für die Intensität der Banden gut erfüllt [48].

Die genannten Autoren berechneten nach dieser Methode z. T. auch unter Einschluß der Konfigurations-Wechselwirkung (CI) eine größere Zahl aromatischer Kohlenwasserstoffe. Ähnlich wie beim Anthracen wurden die isomeren Carbonium-Ionen auch beim Biphenyl, Naphtalin, Phenanthren, Pyren und Perylen berücksichtigt [48]. Der Vergleich mit den gemessenen Spektren gestattet es, in einigen Fällen zwischen isomeren Carbonium-Ionen zu unterscheiden. Diese Unterscheidungsmöglichkeit ist nur dann gegeben, wenn die Protonenaffinität eines C-Atoms sich stark von der der anderen Ring-C-Atome unterscheidet. Für Naphthalin ist daher die Addition am C-Atom 1 und für Phenanthren am C-Atom 10 begünstigt [48].

Im Falle des 1,2-Benzanthracens sind jedoch die Stellungen 9 und 10 größter Basizität nahezu gleichwertig. Von MACKOR u. Mitarb. wurde deshalb der Einfluß der Stellung einer Methylgruppe auf das Spektrum des Proton-Additions-Komplexes des 1,2-Benzanthracens im Zusammenhang mit der Untersuchung über die Basizität der Methyl-1,2-Benzanthracene diskutiert [50].

Ferner wurden Berechnungen durchgeführt, die bei der Konfigurationswechselwirkung den Einfluß doppelt angeregter Konfigurationen berücksichtigen [52, 53]. Am Beispiel des Mesitylens und Cycloheptatriens konnten die Autoren zeigen, daß die Berücksichtigung doppelt angeregter Strukturen eine bessere Übereinstimmung zwischen den berechneten und experimentellen Werten für die Anregungsenergien ergibt.

Es sei erwähnt, daß bei diesen Berechnungen auch der Einfluß der C_2H_4-Brücke im Cycloheptatrien durch geeignete Induktions-Parameter berücksichtigt wurde. Ähnliche Berechnungen wurden auch von KOUTECKY und PALDUS [54] durchgeführt.

3.3. Literatur

1. BROWN, H. C., WALLACE, W. J.: J. Am. Chem. Soc. 75, 6265 (1953).
2. FAIRBROTHER, F., SCOTT, N., PROPHET, H.: J. Chem. Soc. 1164 (1956).
3. NAGY, F., DOBIS, D., LETRAU, G., TELES, J.: Acta Chim. Acad. Sci. Hung. 21, 397 (1959).
4. GERDING, H., SMIT, F.: Z. Physik. Chem. B 50, 171 (1941).
5. GERDING, H., HARING, H. G., RENES, P. A.: Rec. Trav. Chim. 72, 78 (1953).

6. BROWN, H. C., WALLACE, W. J.: J. Am. Chem. Soc. **75**, 6268 (1953).
   BROWN, H. C., PEARSALL, H. W.: J. Am. Chem. Soc. **74**, 191 (1952).
7. NORRISH, J. F., INGRAHAM, N. J.: J. Am. Chem. Soc. **62**, 1298 (1940).
   NORRISH, J. F., WOOD, J. B.: J. Am. Chem. Soc. **62**, 1428 (1940).
8. BADDELEY, G., HOLT, G., VOSS, D.: J. Chem. Soc. 100 (1952).
9. McCAULAY, D. A., SHOEMAKER, B. H., LIEN, A. P.: Ind. Eng. Chem. **42**, 2103 (1950).
10. OLAH, G. A., KUHN, S. J.: J. Am. Chem. Soc. **80**, 6535 (1958).
11. MACKOR, E. L., HOFSTRA, A., WAALS, J. H. VAN DER: Trans. Faraday Soc. **54** (1958).
12. PERKAMPUS, H.-H., BAUMGARTEN, E.: Z. Physik. Chem., N. F. **40**, 144 (1964).
13. OLAH, G. A., KUHN, S. J.: J. Am. Chem. Soc. **80**, 6541 (1958).
14. LIESER, K. H., PFLUGER, CL. E.: Chem. Ber. **93**, 176 (1960).
15. LIESER, K. H., PFLUGER, CL. E.: Chem. Ber. **93**, 181 (1960).
16. LUTHER, H., POCKELS, G.: Z. Elektrochem. **59**, 159 (1955).
17. PERKAMPUS, H.-H., BAUMGARTEN, E.: Ber. Bunsen-Ges. physik. Chem. **67**, 576 (1963).
18. GOLD, V., TYE, F. L.: J. Chem. Soc. London, 2173, 2181, 2184 (1952).
19. McLEAN, C., WAALS, J. H. VAN DER, MACKOR, E. L.: Mol. Phys. **1**, 247 (1958).
20. SCHULZE, J., LONG, F. A.: J. Am. Chem. Soc. **86**, 322 (1964).
21. JACKMAN, L. M.: Application of nuclear magnetic resonance spectroscopy in organic chemistry, 2nd ed., p. 66ff. Oxford: Pergamon 1962.
22. GUTOWSKY, H. S., LAIKA, A.: J. Chem. Phys. **21**, 1688 (1953).
23. MacLEAN, C. A., MACKOR, E. L.: J. Chem. Phys. **34**, 2207 (1961).
24. MacLEAN, C. A., MACKOR, E. L.: J. Chem. Phys. **34**, 2208 (1961).
25. MACKOR, E. L., HOFSTRA, A., WAALS, J. H. VAN DER: Trans. Faraday Soc. **54**, 186 (1958).
26. McLEAN, C., MACKOR, E. L.: Mol. Phys. **4**, 241 (1961).
27. McLEAN, C., MACKOR, E. L.: Discussions Faraday Soc. **34**, 165 (1962).
28. BROUWER, D. M., MACKOR, E. L., McLEAN, C., in: Arenonium ions. Report aus dem Koninklijke Shell Laboratorium, Amsterdam 1965.
29. BROUWER, D. M., McLEAN, C., MACKOR, E. L.: Discussions Faraday Soc. **39**, 121 (1965).
30. PERKAMPUS, H.-H., BAUMGARTEN, E.: Z. Elektrochem. **64**, 951 (1960).
31. PERKAMPUS, H.-H., BAUMGARTEN, E.: Z. Elektrochem. **67**, 576 (1963).
32. PERKAMPUS, H.-H., BAUMGARTEN, E.: Z. Elektrochem. **68**, 70 (1964).
33. PERKAMPUS, H.-H., BAUMGARTEN, E.: Spectrochim. Acta **17**, 1295 (1961).
34. WHIFFEN, D. H.: Phil. Trans. Roy. Soc. London Ser. A. **248**, 131 (1955).
35. WACHSMANN, E., SCHMID, E. W.: Z. Physik. Chem. N. F. **27**, 145 (1961).
36. BAUMGARTEN, E.: Dissertation. Hannover 1962.
37. BELLAMY, L. J.: Ultrarotspektrum und chemische Konstitution (übersetzt von W. BRÜGEL), 2. Aufl., S. 61ff. Darmstadt: Dr. Dietrich Steinkopff 1966.
38. EHRENSON, S.: J. Am. Chem. Soc. **83**, 4493 (1961).
39. MACKOR, E. L., SMIT, P. J., WAALS, J. H. VAN DER: Trans. Faraday Soc. **53**, 1309 (1957).
40. BAUMGARTEN, E.: Spectrochim. Acta, **28** A, 659 (1972).
41. PERKAMPUS, H.-H., BAUMGARTEN, E.: Ber. Bunsen-Ges. physik. Chem. **68**, 496 (1964).
42. WEISS, W.: Dissertation. T. U. Braunschweig 1969.
43. GUSTAVSON, G. G.: Chem. Ber. **11**, 1841, 2151 (1878); — J. Prakt. Chem. **42**, 250 (1890); **68**, 209 (1903); **72**, 57 (1905).
44. GABRIEL, S., LEUPOLD, E.: Chem. Ber. **31**, 1279 (1898).

45. EVANS, A. G.: J. Appl. Chem. (London) **1**, 240 (1951).
46. ELEY, E. O., KING, P. J.: J. Chem. Soc. 2577, 4972 (1952).
47. REID, C.: J. Am. Soc. **76**, 3264 (1954).
48. DALLINGA, G., MACKOR, E. L., VERRIJN STUART, A. A.: Mol. Phys. **1**, 123 (1958).
49. VERRIJN STUART, A. A., KRUIZINGA, J. H.: Nicht veröffentlicht, s. unter [48].
50. MACKOR, E. L., DALLINGA, G., KRUIZINGA, J. H., HOFSTRA, A.: Rec. Trav. Chim. **75**, 836 (1956).
51. VERRIJN STUART, A. A., MACKOR, E. L.: J. Chem. Phys. **27**, 826 (1957).
52. COLPA, J. P., MACLEAN, C., MACKOR, E. L.: Tetrahedron **19**, Suppl. 2, 65 (1963).
53. DE BOER, E., COLPA, J. P., HOIJTINK, G. J., MACKOR, E. L.: Zit. in [52].
54. KOUTECKY, J., PALDUS, J.: Coll. Czech. Chem. Commun. **28**, 1483 (1963).
55. AALBERSBERG, W. IG., HOIJTINK, G. J., MACKOR, E. L., WEIJLAND, W. P.: J. Chem. Soc. London 3049 (1959).
56. PLATTNER, PL. A., HEILBRONNER, E., WEBER, S.: Helv. Chim. Acta **35**, 1036 (1952).
57. LONG, F. A., SCHULZE, J.: J. Am. Chem. Soc. **86**, 327 (1964).
58. STEGEMEYER, H.: Ber. Bunsen-Ges. **69**, 914 (1965).

4. π-Komplexe

4.1. Allgemeines

Schließen wir die in 3. behandelten Proton-Additions-Komplexe von unseren Betrachtungen aus, so verbleiben drei Möglichkeiten der Wechselwirkung von π-Donatoren mit Metallhalogeniden, wie am Beispiel des Benzols gezeigt werden soll:

Fall a) entspricht der Wechselwirkung eines $b\pi$-Donators mit einem Acceptor, der als v-Acceptor aufgefaßt werden kann. Da die Fähigkeit des Metallhalogenids, als v-Acceptor zu wirken, bei den dimer vorliegenden Metallhalogeniden eine Dissoziation in die monomeren Verbindungen voraussetzt, kann das Metallhalogenid auch als $a\sigma$-Acceptor in bezug auf die Halogenatome wirksam werden: $b\pi$—$a\sigma$-Komplex.

Fall b) würde allgemein einer $b\pi$—v-Wechselwirkung entsprechen unter der Voraussetzung, daß das Metallhalogenid aus sterischen, strukturellen und Symmetriegründen als v-Acceptor fungieren kann.

Fall c) schließlich entspricht einem σ-Komplex, der Ähnlichkeit mit dem Proton-Additions-Komplex aufweist und getrennt behandelt werden soll.

Da hiernach nicht zweifelsfrei die Natur der Wechselwirkung nach a) und b) unterschieden werden kann, soll im folgenden vereinfacht von einem π-Komplex gesprochen werden, der allgemein zur Beschreibung schwacher Wechselwirkungen bei π-Donatoren von DEWAR [1] definiert worden ist.

Fall b) gilt selbstverständlich für alle monomeren Metallhalogenide, also neben Bor- und Aluminiumhalogeniden z. B. auch für die Halogenide des Antimon (III), Galliums, Eisen(III), Titans, Vanadins, Zinns u. a. Allerdings sind die Halogenide des Bors und Aluminiums die am häufigsten untersuchten Lewissäuren, was auf ihre große Bedeutung als *Friedel-Crafts*-Katalysatoren zurückzuführen ist [2]. Es ist daher verständlich, daß eine große Zahl von Arbeiten im Hinblick auf den Mechanismus dieser Reaktionen durchgeführt worden und somit rein kinetischer Art sind, wobei der Primärschritt der Wechselwirkung naturgemäß nicht erfaßt werden konnte. Hinzu kommt ferner, daß bei der *Friedel-Crafts*-Reaktion selbst, bedingt durch die erforderliche Anwesenheit eines Katalysators, fast immer ein ternäres System vorliegt. Da dieser Katalysator in den meisten Fällen Wasser oder Halogenwasserstoff ist, haben diese Untersuchungen mehr Bedeutung für die Diskussion der Proton-Additions-Komplexe, was dadurch zum Ausdruck kommt, daß die Alkylierungen und Acylierungen nach Friedel-Crafts über einen derartigen Komplex verlaufen [3].

Obwohl somit das Problem der Wechselwirkung zwischen Metallhalogeniden (Lewissäuren) und ungesättigten Kohlenwasserstoffen, insbesondere Aromaten, ein sehr altes ist, begann eine intensive Untersuchung der binären Systeme eigentlich erst um das Jahr 1950. Ausgangspunkt für diese Untersuchungen waren die bis dahin seit mehreren Jahrzehnten widerspruchsvollen Meinungen über den Molekularzustand der Aluminiumhalogenide in Benzol oder Benzolkohlenwasserstoffen als Lösungsmittel. Im wesentlichen bezogen sich diese Untersuchungen auf Lösungen von Aluminiumbromid in Benzol und wurden später auch auf andere Systeme ausgedehnt. Neben den anfänglichen Phasenuntersuchungen, wie Molmassebestimmungen mit Hilfe der Kryoskopie und der Ebullioskopie, Dampfdruckmessungen und DK-Messungen wurden später in vermehrtem Maße auch spektroskopische Methoden zur Deutung und Erfassung der Wechselwirkung eingesetzt. In den folgenden Abschnitten sollen daher die einzelnen Untersuchungsmethoden und ihre Ergebnisse dargestellt werden. Der σ-Komplex, Fall c), soll zunächst unberücksichtigt bleiben, da er getrennt behandelt wird, was durch die unterschiedliche Art der Wechselwirkung gerechtfertigt erscheint.

4.2. Phasenstudien

4.2.1. System: ArH/Halogenide der 3. Hauptgruppe

4.2.1.1. Phasengleichgewichte. Von Ulich u. Mitarb. [4] wurde kryoskopisch die Molmasse des Aluminiumbromids in Benzol bestimmt. Aufgrund dieser Untersuchungen an Aluminiumbromid kam ULICH zu dem Schluß, daß oberhalb eines Molenbruches von 0,005 dieses überwiegend dimer gelöst ist. Abweichungen von dem zu erwartenden Wert von $M = 533,4$ g · Mol^{-1} wurden durch eine Dissoziation gemäß

$$Al_2Br_6 \rightleftharpoons 2\ AlBr_3$$

erklärt. Neben der angenommenen Dissoziation des Dimeren machte ULICH bereits darauf aufmerksam, daß Abweichungen auch durch Solvatbildung des gelösten Al_2Br_6 bzw. $AlBr_3$ mit dem Benzol erklärt werden könnten, also ein Hinweis auf eine mögliche Wechselwirkung zwischen Aluminiumbromid und Benzol.

Mit Hilfe von Löslichkeitsuntersuchungen konnten PLOTNIKOV und GRATSIANSKII [5, 29], ELEY und KING [6] sowie VAN DYKE [7] eine feste Molekülverbindung Benzol · Aluminiumbromid mit einem Schmelzpunkt von 310 K isolieren. Die Zusammensetzung wurde sowohl mit C_6H_6 · $AlBr_3$ als auch mit $2\ C_6H_6$ · Al_2Br_6 angegeben.

Da auch mit anderen Methoden die dimere Struktur des in Benzol gelösten Aluminiumbromids gefordert worden war [8] und ELEY u. a. [9] mittels einer Röntgenstrukturanalyse in dem festen Komplex das Vorliegen von Al_2Br_6-Molekeln bestätigt hatten, wurden genauere Phasenstudien von BROWN u. Mitarb. [10] für die Systeme ArH/Al_2Br_6 durchgeführt.

Die Autoren haben den Dampfdruck über der festen Phase im binären System bei konstanter Temperatur als Funktion der Zusammensetzung der Phase gemessen. Als typisches Beispiel für diese Messungen ist in Abb. 10 das System Benzol/Aluminiumbromid bei 290,7 K wiedergegeben. Auf der Abzisse ist das Molverhältnis Benzol : $AlBr_3$ aufgetragen, auf der Ordinate der Dampfdruck. Man erkennt, daß bei einem Molverhältnis 0,0 bis 0,5 der Dampfdruck konstant 35,8 Torr beträgt. Bei weiterer Erhöhung der Benzolkonzentration steigt der Dampfdruck sprungartig auf 59,9 Torr an und bleibt praktisch konstant. Das erste niedrige Plateau entspricht dem Komplex $1\ C_6H_6 : 2\ AlBr_3 = C_6H_6$ · Al_2Br_6, das zweite Plateau einer gesättigten Lösung dieses Komplexes in Benzol.

Gleichzeitig wurde aus der Dampfdruckerniedrigung des Benzols für verschiedene Molverhältnisse das Molgewicht des gelösten Aluminiumbromids in Abhängigkeit von der Konzentration ermittelt. Danach liegt in benzolischer Lösung das Aluminiumbromid überwiegend dimer vor. Die Tendenz, in Monomere zu dissoziieren, ist relativ gering [10].

Ähnliche Messungen wurden auch an den Systemen Toluol/Al_2Br_6 und m-Xylol/Al_2Br_6 ausgeführt. Der Dampfdruck war jedoch beim m-Xylol zu gering, um eine genaue Bestimmung durchführen zu können. Dies galt

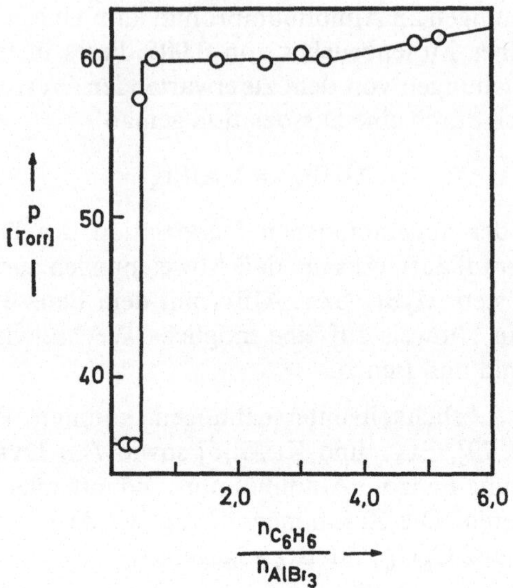

Abb. 10. Dampfdruck im System Benzol/AlBr$_3$ als Funktion der Zusammensetzung;
$T = 290{,}8$ K [10]

auch für das System Mesitylen/Al$_2$Br$_6$. Aus diesem Grunde wurde die
Messung in Cyclopentan als Lösungsmittel durchgeführt. Die Versuche
ergaben, daß die Dampfdruckerniedrigung des Cyclopentans, eine ideale
Lösung vorausgesetzt, kleiner war, als der Summe der Dampfdruckerniedrigung, hervorgerufen durch die Komponenten, entsprach. Diese Abweichung kann durch ein Assoziationsgleichgewicht

$$\text{Mesitylen} + \text{Al}_2\text{Br}_6 \rightleftharpoons \text{Mesitylen} \cdot \text{Al}_2\text{Br}_6$$

gedeutet werden.

BROWN u. Mitarb. fanden, daß bei 273 K der Assoziationsgrad α etwa
10% beträgt [10], d. h. das Assoziationsgleichgewicht liegt weitgehend
auf der linken Seite. Die Assoziationskonstanten ergaben sich zu 3,9 bei
273 K, 2,9 bei 290,7 K und 2,7 bei 293,5 K. Aus der Temperaturabhängigkeit der Assoziationskonstanten wurde eine Assoziationsenthalpie ΔH_{273}
für das System Mesitylen/Al$_2$Br$_6$ in Cyclopentan zu 2,7 Kcal/Mol ermittelt.

Bei schwerer flüchtigen Benzolderivaten bereiten Dampfdruckmessungen
erhebliche Schwierigkeiten. Aus diesem Grunde wurde der Dampfdruck
dieser Systeme mit einer spektroskopischen Messung ermittelt (Dampfspektrum des Aromaten im UV). Mit Hilfe dieser Methode konnten die
Dampfdruckmessungen mit einer sehr hohen Genauigkeit ausgeführt

werden, so daß auch Messungen bei tieferer Temperatur, bis herab zu etwa 233 K möglich wurden [11].

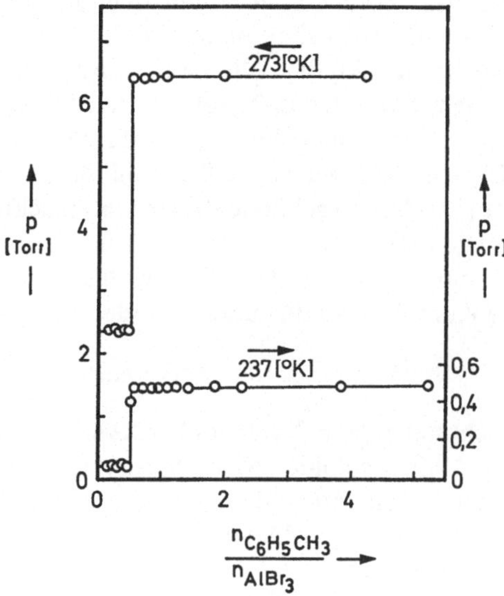

Abb. 11. Dampfdruck im System Toluol/AlBr$_3$ als Funktion der Zusammensetzung bei zwei Temperaturen [11]

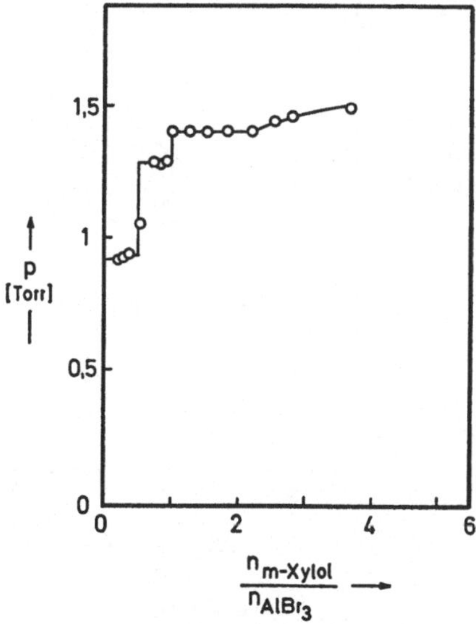

Abb. 12. Dampfdruck im System m-Xylol/AlBr$_3$ als Funktion der Zusammensetzung bei $T = 273$ K [11]

In Abb. 11 ist das System Toluol/Al_2Br_6 entsprechend der Abb. 10 für zwei Temperaturen dargestellt. Aus der Abbildung ist wieder zu ersehen, daß ein Komplex Toluol · Al_2Br_6 beobachtet wird. Beim System m-Xylol/ Al_2Br_6 in Abb. 12 sind dagegen zwei Stufen zu erkennen. Die erste Stufe entspricht wieder einem Molverhältnis m-Xylol : $AlBr_3$ = 1 : 2, somit einem Komplex m-Xylol · Al_2Br_6. Die zweite Stufe von 0,5 bis 1,0 entspricht dagegen einem Komplex m-Xylol · $AlBr_3$. Die mögliche Formulierung (m-Xylol)$_2$ · Al_2Br_6 scheidet aus, da durch Molgewichtsbestimmung bei 273 K festgestellt wurde, daß Aluminiumbromid in m-Xylol monomer vorliegt [12]. Die Ergebnisse dieser Untersuchungen zeigen somit, daß in Lösungen basischerer Methylbenzole eine Dissoziation des Al_2Br_6 in die monomeren Moleküle $AlBr_3$ erfolgen kann und daß somit zwei verschiedene Komplexe zu diskutieren sind:

$$ArH \cdot Al_2Br_6 \text{ und } ArH \cdot AlBr_3$$

Analoge Untersuchungen an p-Xylol und o-Xylol zeigen, daß hier nur der Komplex mit Al_2Br_6 gebildet wird. Mesitylen bildet dagegen zwei Komplexe. Aus der Temperaturabhängigkeit der Phasengleichgewichte wurden die thermodynamischen Daten ermittelt. In Tabelle 11 sind die Ergebnisse zusammengestellt.

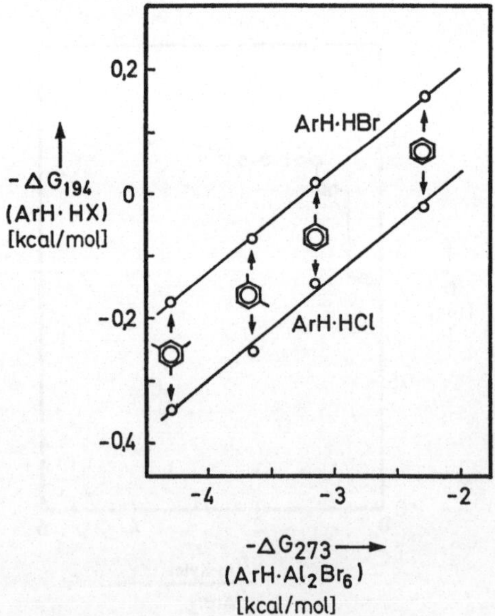

Abb. 13. Darstellung von ΔG für die Komplexe ArH · HX gegen ΔG für die Komplexe ArH · Al_2Br_6 (Striche = Methylgruppen)

Vergleicht man die Werte für die freien Dissoziationsenthalpien ΔG_{273} mit der Basizitätsskala der Methylbenzole in Tabelle 2, S. 14, so stellt man fest, daß ihre Zunahme der der pK_b-Werte entspricht. Interessant ist ein Vergleich mit der freien Dissoziationsenthalpie der ArH $\cdot$ HX-Komplexe [13, 14]. In Abb. 13 ist ΔG für die Komplexe ArH $\cdot$ HX gegen ΔG für die Komplexe ArH $\cdot$ Al$_2$Br$_6$ aufgetragen.

Zwischen beiden Größen besteht ein linearer Zusammenhang, woraus unmittelbar folgt, daß beide Gruppen von Komplexen eng miteinander verwandt sind.

Tabelle 11 Thermodynamische Daten für die Dissoziation der festen Komplexe ArH·Al$_2$Br$_6$ und ArH·AlBr$_3$. (Nach [11])

Aromat	Al$_2$Br$_6$ AlBr$_3$	ΔH_{273} [Kcal/Mol]	ΔG_{273} [Kcal/Mol]	ΔS_{273} [cal/Mol · Grad]
Benzol	Al$_2$Br$_6$	10,6	2,27	30
	AlBr$_3$	—	—	—
Toluol	Al$_2$Br$_6$	11,7	3,14	31
	AlBr$_3$	—	—	—
o-Xylol	Al$_2$Br$_6$	11,6	4,08	28
	AlBr$_3$	—	—	—
p-Xylol	Al$_2$Br$_6$	12,6	4,00	31
	AlBr$_3$	—	—	—
m-Xylol	Al$_2$Br$_6$	12,6	3,64	33
	AlBr$_3$	4,87	1,73	11
Mesitylen	Al$_2$Br$_6$	12,4	4,31	30
	AlBr$_3$	5,33	2,13	12

Einen klaren Zusammenhang erkennt man, wenn man die ΔG-Werte der Komplexe ArH $\cdot$ Al$_2$Br$_6$ gegen die Ionisierungsenergien der Methylbenzole aufträgt. In Abb. 14 ist dies dargestellt. Es ergibt sich ebenfalls ein linearer Zusammenhang. Lediglich o-Xylol weicht von diesem Zusammenhang etwas ab, und zwar ist die Stabilität des Komplexes o-Xylol $\cdot$ Al$_2$Br$_6$ größer als nach dieser Darstellung zu erwarten wäre.

Der lineare Zusammenhang zwischen den ΔG-Werten der festen Komplexe und den Ionisierungsenergien der Methylbenzole zeigt somit, daß

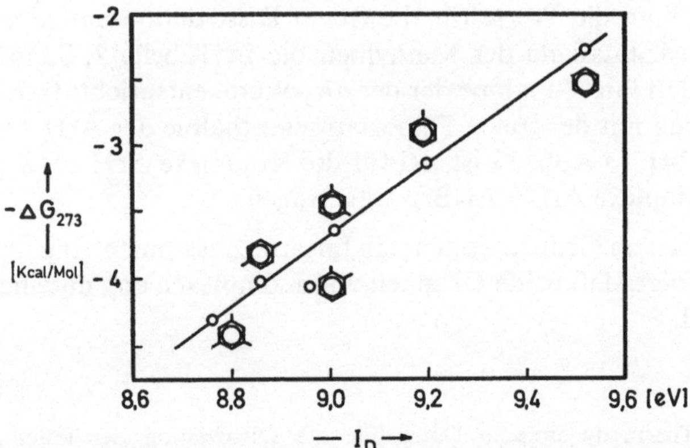

Abb. 14. ΔG für die Komplexe ArH · Al$_2$Br$_6$ als Funktion der Ionisierungsenergien
der Donator-Komponente (Striche = Methylgruppen)

es sich bei diesen Komplexen um eine Elektronen-Donator-Acceptor-
Wechselwirkung handelt, die eine enge Verwandtschaft zu den CT-Komplexen aufweist. Während der Donator als $b\pi$-Donator angesprochen werden kann, ist dagegen der Acceptor keinesfalls eindeutig klassifiziert, so
daß es sich sowohl um einen $b\pi$-$a\sigma$- als auch um einen $b\pi$-v-Komplex
handeln kann.

In Verbindung mit den neueren Molgewichtsbestimmungen des Aluminiumbromids in Benzol und methylsubstituierten Benzolen [12] kann
man über den Molekularzustand des gelösten Aluminiumbromids folgende Aussagen machen:

In Benzol liegt Aluminiumbromid im Bereich von 278 bis 343 K in
Lösung dimer vor. Die Bestimmung des Molgewichtes bei 343 K zeigt
ferner, daß bei dieser Temperatur das Dimere „unkomplexiert" ist. Bei
tiefer Temperatur, in der Nähe des Schmelzpunktes des Benzols, weicht
das gemessene Molgewicht von dem zu erwartenden Wert 533,4 ab.
Nimmt man zur Erklärung dieser Abweichung die Bildung eines Komplexes C$_6$H$_6$ · Al$_2$Br$_6$ an, was ja durch die oben diskutierten Dampfdruckmessungen plausibel erscheint, so stimmt das gemessene Molgewicht mit dem zu erwartenden überein, so daß auch durch diese Messungen
der geforderte Komplex mit Al$_2$Br$_6$ bei tiefer Temperatur bestätigt wird.

Beim Toluol treten dagegen bereits bei höherer Temperatur Abweichungen bei der Molgewichtsbestimmung auf, die dadurch erklärt werden,
daß hier freies Dimeres und ein Komplex miteinander im Gleichgewicht
stehen:

$$(Al_2Br_6)_{gel.} + ArH \rightleftharpoons (ArH \cdot Al_2Br_6)_{gel.} \tag{1}$$

Die Ergebnisse der Molgewichtsbestimmungen in Lösungen von Aluminiumbromid in Toluol bei verschiedenen Temperaturen sind in Tabelle 12 zusammengestellt. Das Molgewicht ist jeweils als Mittelwert aus einer Reihe von Versuchen unterschiedlicher Molverhältnisse angegeben.

Tabelle 12　Temperaturabhängigkeit des Molgewichtes von Aluminiumbromid in Toluol nach [12]

T [K]	Molmasse	Zahl der Messungen
273	350 ± 20	6
291,9	455 ± 10	14
323	479 ± 7	2
343	522 ± 6	14

Man erkennt aus Tabelle 12, daß das Molgewicht mit abnehmender Temperatur ebenfalls abnimmt. Dies kann dadurch erklärt werden, daß in zunehmendem Maße der Komplex mit dimerem Aluminiumbromid in einen Komplex mit monomerem Aluminiumbromid übergeht, entsprechend dem folgenden Gleichgewicht (2):

$$(ArH \cdot Al_2Br_6)_{gel.} + ArH_{fl.} \rightleftharpoons 2\,(ArH \cdot AlBr_3)_{gel.} \qquad (2)$$

Die Untersuchungen zeigen ferner, daß mit abnehmender Konzentration des Aluminiumbromids das Molgewicht sich dem Wert des Dimeren nähert, welches dann bei höherer Temperatur dem „unkomplexierten" Dimeren entspricht.

Charakteristisch für die vorliegenden Verhältnisse sind die Dampfdruckerniedrigungen, die an den Systemen m-Xylol- und Mesitylen-Aluminiumbromid gemessen wurden und die in Tabelle 13 zusammengestellt worden sind.

Für m-Xylol als Lösungsmittel findet man bei 343 K den Wert, der unter der Annahme eines Komplexes $ArH \cdot Al_2Br_6$ erwartet wird (MW_2). Bei tiefer Temperatur entspricht das Molgewicht dagegen mit 256 ± 20 dem Erwartungswert von 267 (MW_1). Daraus ist abzuleiten, daß bei der höheren Temperatur der Komplex $ArH \cdot Al_2Br_6$ und bei der niederen Temperatur der Komplex $ArH \cdot AlBr_3$ vorliegt. Die starke Temperaturabhängigkeit der Molmasse läßt erkennen, daß das Gleichgewicht (2) bei tiefer Temperatur bestimmend wird.

Tabelle 13 Dampfdruckerniedrigung und berechnete Molgewichte des Aluminiumbromids in m-Xylol und Mesitylen bei zwei Temperaturen nach [12]

T [K]	m-Xylol			Mesitylen		
	$\dfrac{n_{ArH}}{n_{AlBr_3}}$	Δp [mm]	MW_2 oder MW_1	$\dfrac{n_{ArH}}{n_{AlBr_3}}$	Δp [mm]	MW_2 oder MW_1
	21,90	1,76	520[a]	14,0	1,39	423[a]
	16,70	2,29	525[a]	12,8	1,55	412[a]
343	13,40	2,81	534[a]	10,7	1,79	426[a]
	10,30	3,67	531[a]	8,73	2,25	416[a]
	7,00	5,45	525[a]	6,30	3,17	410[a]
	4,89	7,82	527[a]	—	—	—
	16,40	0,115	231[b]	12,4	0,036	270[b]
	14,50	0,116	253[b]	11,8	0,035	280[b]
273	12,70	0,148	229[b]	10,8	0,037	290[b]
	11,10	0,151	258[b]	9,61	0,045	270[b]
	9,38	0,179	257[b]	8,11	0,047	310[b]
	7,75	0,178	313[b]	—	—	—

[a] MW_2 = Molgewicht bezogen auf $(ArH \cdot Al_2Br_6)_{gel.}$
[b] MW_1 = Molgewicht bezogen auf $(ArH \cdot AlBr_3)_{gel.}$

Die Ergebnisse beim Mesitylen zeigten, daß Aluminiumbromid bei 343 K
in einer Mischung der Komplexe ArH · Al_2Br_6 und ArH · $AlBr_3$ und bei
273 K überwiegend als Komplex ArH · $AlBr_3$ vorliegt.

Für p-Xylol fanden die Autoren mit Hilfe kryoskopischer Messungen,
daß bei 286 K, dem Schmelzpunkt des p-Xylols, ausschließlich der Komplex p-Xylol · Al_2Br_6 nachgewiesen werden kann [12], wie auch aufgrund
der Studien an den festen Phasen erwartet werden konnte. Analog gilt
dies auch für das o-Xylol.

Die Verhältnisse in Lösungen Aromat-Aluminiumbromid kann man
daher durch die Gleichgewichte (1) und (2) beschreiben. Speziell kann
man zu den einzelnen Systemen folgendes aussagen:

System Benzol/Aluminiumbromid
    Bei 278 K liegt der Komplex ArH · Al_2Br_6 vor,
    bei 343 K liegt unkomplexiertes Al_2Br_6 vor.

System Toluol/Aluminiumbromid
    Bei 273 K liegen die Komplexe ArH · Al_2Br_6 und ArH · $AlBr_3$ neben-
einander vor,
    bei 343 K liegen der Komplex ArH · Al_2Br_6 und gelöstes Al_2Br_6 un-
komplexiert vor.

System p-Xylol/Aluminiumbromid
Bei 286 K liegt der Komplex ArH · Al_2Br_6 vor.

System o-Xylol/Aluminiumbromid
Bei 293 K liegt der Komplex ArH · Al_2Br_6 vor.

System m-Xylol/Aluminiumbromid
Bei 273 K liegt der Komplex ArH · $AlBr_3$ vor,
bei 343 K liegt der Komplex ArH · Al_2Br_6 vor.

System Mesitylen/Aluminiumbromid
Bei 273 K liegt der Komplex ArH · $AlBr_3$ vor,
bei 343 K liegen die Komplexe ArH · Al_2Br_6 und ArH · $AlBr_3$ nebeneinander vor.

Wie aus dem Studium der festen Phasen, läßt sich auch für die Lösungen somit feststellen, daß die basischeren Methylbenzole in der Lage sind, Komplexe mit monomeren Aluminiumbromid zu bilden. Die Kopplung der Gleichgewichte (1) und (2) zeigt außerdem, daß nicht primär eine Dissoziation des Dimeren erfolgt, sondern zuerst eine Komplexbildung nach Gl. (1).

Durch diese Untersuchungen ist für Aluminiumbromid somit der unterschiedliche Molekularzustand in den verschiedenen Methylbenzolen als Lösungsmittel eindeutig nachgewiesen und die Abweichungen können durch eine Komplexbildung erklärt werden. Bezüglich des Molekularzustandes des in Methylbenzolen gelösten Al_2Br_6 kommen EATOUGH und VAN HECKE in neueren Untersuchungen zu vergleichbaren Ergebnissen [14a]. Im Vergleich zu den in Tabelle 11 zusammengestellten thermodynamischen Daten treten jedoch erhebliche Unterschiede in den Werten auf, die mittels der thermometrischen Titration von diesen Autoren erhalten wurden.

Für *Aluminiumchlorid* sind analoge ausführliche Untersuchungen wegen der schlechten Löslichkeit dieser Verbindung nicht durchgeführt worden. ELEY und KING [6] schlossen aufgrund von Löslichkeitsuntersuchungen bei höherer Temperatur auf das Vorliegen von dimerem Aluminiumchlorid in Benzol. NAGY u. Mitarb. [15] bestimmten den molekularen Zustand des wasserfreien Aluminiumchlorids in Benzol und fanden unter Anwendung der Methode der isothermen Destillation [16] bei 295 K das Vorliegen des Dimeren Al_2Cl_6. In Kombination mit den Ergebnissen von ELEY und KING [6] sowie FAIRBROTHER [17] bedeutet dies, daß Aluminiumchlorid in Benzol in einem weiten Temperaturbereich dimer gelöst ist und keinen Komplex mit dem Lösungsmittel Benzol bildet.

FAIRBROTHER u. Mitarb. untersuchten auch die Löslichkeit des Aluminiumchlorids in Toluol, m-Xylol, o-Xylol und Mesitylen [17]. Bei tiefer Temperatur treten hier erhebliche Abweichungen gegenüber der nach der Gleichung von HILDEBRAND [18] berechneten idealen Löslichkeitskurve auf. Bei höherer Temperatur nähern sich die Löslichkeitskurven der Neigung der idealen Geraden an. Für Toluol kann daraus auf eine schwache Wechselwirkung mit Aluminiumchlorid geschlossen werden. Für die Xylole und Mesitylen ist eine derartige Aussage nicht eindeutig, da hier Feuchtigkeitsspuren nicht völlig ausgeschlossen werden konnten.

Bei den Xylolen traten im Verlauf der erforderlichen Trocknungsoperationen zusätzlich Isomerisierungen auf, wie IR-spektroskopisch nachgewiesen werden konnte [17].

Für *Aluminiumjodid* leiten ELEY und KING [6] aus ihren Löslichkeitsuntersuchungen ab, daß mit Benzol keine Komplexbildung stattfindet.

Die *Galliumhalogenide* wurden bezüglich ihrer Wechselwirkung mit Benzol und Benzolderivaten von SANG UP CHOI und BROWN [19] untersucht. Mittels der erwähnten Dampfdruckmessungen ließ sich zwischen Galliumbromid und Benzol, Toluol und p-Xylol keine Komplexbildung nachweisen. Die aus den Dampfdruckmessungen und Gefrierpunktserniedrigungen ermittelten Molgewichte des Galiumbromids zeigen eindeutig, daß Galliumbromid in diesen Lösungsmitteln dimer gelöst ist. Aufgrund der Fehlergrenzen dieser Methoden kann jedoch nicht ausgeschlossen werden, daß ein Teil des in Toluol gelösten Ga_2Br_6 auch komplexiert vorliegt [19].

Für m-Xylol und Mesitylen konnten dagegen die Komplexe ArH · Ga_2Br_6 und im Fall des Mesitylens auch der Komplex ArH · $GaBr_3$ nachgewiesen werden. Die thermodynamischen Daten der Dissoziation dieser Komplexe nach

$$[ArH \cdot Ga_2Br_6]_{fest} \rightleftharpoons [Ga_2Br_6]_{fest} + ArH_{Dampf} \qquad (3)$$

und

$$[ArH \cdot GaBr_3]_{fest} \rightleftharpoons {}^1/_2 [ArH \cdot Ga_2Br_6]_{fest} + {}^1/_2 ArH_{Dampf} \qquad (4)$$

sind in Tabelle 14 zusammengestellt.

Die Werte von ΔG_{273} der Tabelle 14 lassen wiederum erkennen, daß beim Übergang von m-Xylol zum Mesitylen die Stabilität des π-Komplexes zunimmt. Während jedoch bei dem analogen System ArH/Aluminiumbromid auch für Benzol, Toluol, o- und p-Xylol eine Komplexbildung nachgewiesen werden konnte, ist dies beim System ArH/Galliumbromid nicht der Fall. Dies bedeutet, daß Galliumbromid ein schwächerer Acceptor als Aluminiumbromid ist.

DEL PINO und GREENWOOD [20a] kamen aufgrund von Dampfdruckmessungen am System Benzol/Galliumchlorid zu dem Schluß, daß ein schwacher Komplex $C_6H_6 \cdot (GaCl_3)_n$ mit $n = 1$ oder 2 vorliegt. Die

Tabelle 14 Dampfdruck und thermodynamische Daten einiger fester ArH-Gallium-
bromidkomplexe nach [19]
ΔH und ΔG in Kcal/Mol; ΔS in cal/Mol·Grad

π-Komplex		T [K]	p [mm]	ΔH_{273}	ΔG_{273}	ΔS_{273}
	Ga_2Br_6	273,1 262,7 250,3	0,991 0,402 0,143	11,5	3,6	29
	Ga_2Br_6	273 262,6 250,3	0,134 0,064 0,029	9,1	4,7	16
	$GaBr_3$	273,1 262,7 250,3	0,248 0,125 0,055	4,5	2,2	8

Autoren ergänzten diese Untersuchungen durch UV-spektroskopische
Messungen [20b].

BROWN und MELCHIORE [21] führten ebenfalls Dampfdruckmessungen
am System ArH/Galliumchlorid aus und konnten den Komplex C_6H_6 ·
$(GaCl_3)_n$ bestätigen. Abb. 15 gibt den Dampfdruck als Funktion der
Zusammensetzung der festen Phase wieder. Im Vergleich zum System

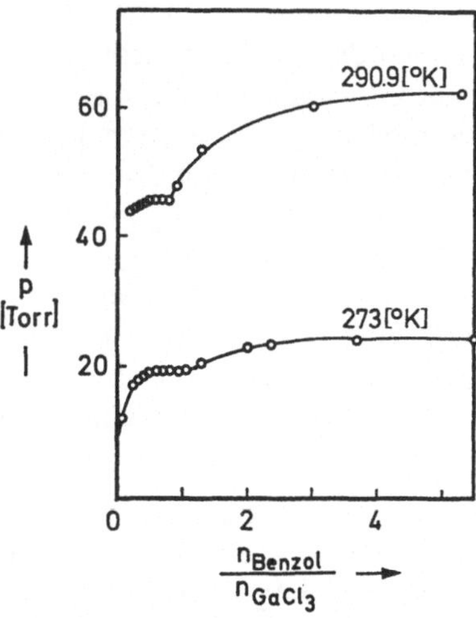

Abb. 15. Dampfdruck im System Benzol/$GaCl_3$ als Funktion der Zusammensetzung
[21]

$C_6H_6/AlBr_3$ ist der Sprung hier jedoch nicht so scharf. Trotzdem erkennt man, daß sich ein konstanter Druck bei einem Molverhältnis 1 : 2 einstellt, d. h., mit $n = 2$ liegt der π-Komplex $C_6H_6 \cdot Ga_2Cl_6$ vor. Mit Toluol ergibt sich ebenfalls ein π-Komplex der Zusammensetzung Toluol $\cdot$ Ga_2Cl_6. Beim m-Xylol und Mesitylen finden BROWN und MELCHIORE [21] neben den 1 : 2-Komplexen ArH $\cdot$ Ga_2Cl_6 auch die 1 : 1-Komplexe ArH $\cdot$ $GaCl_3$.

Nach diesen Ausführungen bilden die Aluminium- und Galliumhalogenide π-Komplexe mit Benzol und Methylbenzolen. Bortrifluorid und Bortrichlorid bilden dagegen keine π-Komplexe mit den genannten Aromaten, wie BROWN und MELCHIORE [21] an Hand dieser Untersuchungen ebenfalls darlegen konnten. Der Nachweis einer Wechselwirkung im System C_6H_6/BX_3 gelang mit Hilfe der IR- und NMR-Spektroskopie (vgl. hierzu 4.3.3.2).

Zusammenfassend kann man aufgrund der Phasenstudien über die Wechselwirkung von π-Donatoren mit Halogeniden der 3. Hauptgruppe sagen, daß zwei Komplexe nachgewiesen werden konnten: ArH $\cdot$ M_2X_6 und ArH $\cdot$ MX_3. Beide Komplexe stehen miteinander im Gleichgewicht. Basischere Methylbenzole bilden bei tiefer Temperatur bevorzugt Komplexe mit MX_3. Aufgrund der Beziehungen zwischen der freien Dissoziationsenthalpie ΔG und der Ionisierungsenergie der Aromaten ähneln die Komplexe den normalen Elektronen-Donator-Acceptor-Komplexen, d. h. den Charge-Transfer-Komplexen.

4.2.1.2. Röntgenstrukturuntersuchungen. Das System C_6H_6/Al_2Br_6 ist eines der wenigen Systeme, an dem eine ausführliche Strukturuntersuchung vorgenommen worden ist. PLOTNIKOV und GRATSIANSKII [5] folgerten aus orientierenden Messungen, daß die Kristalle des Komplexes kubisch-flächenzentriert seien. Später leiteten FAIRBROTHER und FIELDS [25] aus Pulveraufnahmen eine niedrigere Symmetrie, wahrscheinlich eine trikline Symmetrie, ab. Die Röntgenbeugungsuntersuchungen konnten jedoch keine Klarheit bringen, ob es sich bei der um 310 K schmelzenden Phase um eine definierte Molekülverbindung oder ein kristallisiertes Solvat handelt. An konzentrierten Lösungen von Al_2Br_6 in Benzol konnte DALLINGA [30] mittels Röntgenbeugung nachweisen, daß in der Lösung zwei gestörte Tetraeder vorliegen entsprechend der Dimerenstruktur Al_2Br_6.

Eine sorgfältige Kristall-Strukturuntersuchung mittels einer zweidimensionalen Fourieranalyse wurde schließlich unter gewissenhafter Ausschaltung störender Verunreinigungen von ELEY u. Mitarb. [9] ausgeführt. Danach entspricht die feste, bei 310 K schmelzende Phase der Zusammensetzung $C_6H_6 \cdot Al_2Br_6$, d. h., in der festen Phase liegt das Alumi-

niumbromid dimer vor. Dies stimmt mit den Ergebnissen der Dampfdruckmessungen von BROWN u. Mitarb. überein, die im vorhergehenden
Abschnitt behandelt worden sind [10, 11].

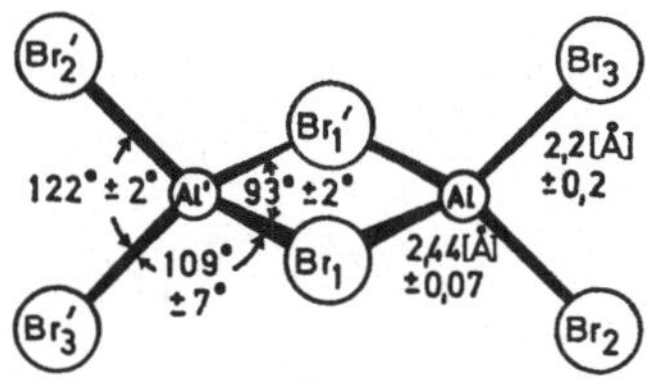

Abb. 16. Dimeres Aluminiumbromid im Komplex: $C_6H_6 \cdot Al_2Br_6$; Abstände und
Winkel aus der Röntgenstrukturanalyse nach ELEY u. Mitarb. [9] (vgl. auch Abb. 1,
S. 19)

In Tabelle 15 sind die aus den Röntgenstrukturuntersuchungen erhaltenen
Abstände und Winkel des Aluminiumbromids im „Komplex" den Werten für das reine feste Aluminiumbromid gegenübergestellt. Die Nume-
rierung der Br- und Al-Atome ist aus Abb. 16 zu ersehen. Die Standard-
abweichungen für die interatomaren Abstände betragen $\sigma_{Br-Br} = 0{,}02$ Å
$\sigma_{Al-Br} = 0{,}03$ Å und $\sigma_{C-C} = 0{,}2$ Å. Wegen der großen Standard-
abweichung der C-C-Abstände der Benzolmolekel sind diese in der
Tabelle 15 nicht mit aufgeführt. ELEY u. Mitarb. betonen jedoch, daß die
Abweichung der Benzolmolekel von der hexagonalen Symmetrie im
Komplex nicht signifikant ist. Beim Vergleich der Werte fällt auf, daß im
Komplex eine starke Verkürzung der Bindungslänge Al-Br (2) gegenüber
der äquivalenten Bindung Al-Br (3) beobachtet wird. Auch gegenüber
den entsprechenden Bindungslängen im reinen, festen Al_2Br_6 ist diese
Verkürzung augenfällig. Die Autoren führen diese Abweichung darauf
zurück, daß der Fehler in der Lage der Atome unterschätzt worden ist.
Unter Berücksichtigung dieser zusätzlichen Fehler werden die Abweichungen größer. Die Abstände und Winkel für das reelle Molekül
Al_2Br_6 im Komplex sind in Abb. 16 mit eingetragen. Die angegebenen
Bindungslängen und Winkel entsprechen den Mittelwerten äquivalenter
Bindungen unter der Annahme einer symmetrischen Struktur der Molekel
im Festkörper. Unter Berücksichtigung der Benzolkerne ergibt sich dann
eine Struktur der festen Phase, die in Abb. 17 dargestellt ist. Danach sind
die Aluminiumbromidmoleküle in einer Bandstruktur angeordnet, und
die Benzolmoleküle sind in die Kanäle zwischen den Bändern eingelagert,
aber jeweils so, daß sie auch zwischen zwei Aluminiumbromidmolekülen
liegen, genauer gesagt, in das Band eingelagert sind, das sich aus der Anordnung der Bromatome in der Elementarzelle darstellen läßt und das
durch die Linie $s-s'$ in der Abb. 17 gekennzeichnet ist.

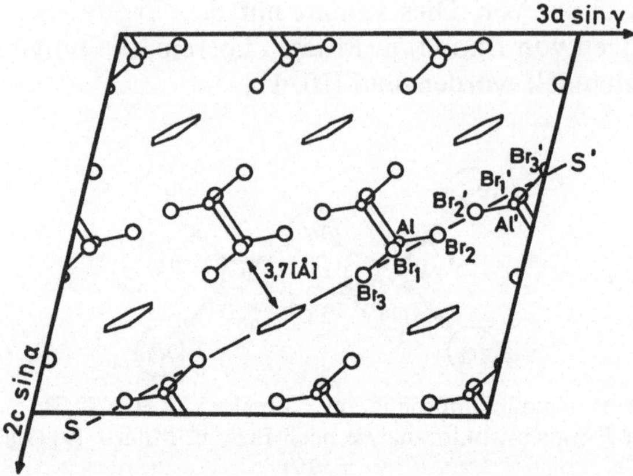

Abb. 17. Struktur der festen Phase des Komplexes $C_6H_6 \cdot Al_2Br_6$ nach ELEY u. Mitarb. [9]

Tabelle 15 Zwischenatomare Abstände und Winkel des Al_2Br_6 im Komplex mit Benzol und im reinen festen Zustand nach [9]

Atome	Abstand in Å		Atome	Winkel in Grad	
	Al_2Br_6 im Komplex	Al_2Br_6 unkomplexiert		Al_2Br_6 im Komplex	Al_2Br_6 unkomplexiert
Al-Br (1)	2,37	2,34	Br (1)-Al-Br (1′)	91,3	98
Al-Br (2)	1,93	1,23	Br (1)-Al-Br (2)	118,4	112
Al-Br (3)	2,39	2,33	Br (1)-Al-Br (3)	107,0	111
Al-Br (1′)	2,50	2,42	Br (2)-Al-Br (3)	121,4	115
Al-Al′	3,39	3,14	Br (1′)-Al-Br (2)	112,0	111
Br (1)-Br (2)	3,68	3,80	Br (1′)-Al-Br (3)	100,0	109
Br (2)-Br (3)	3,78	3,84	Al-Br (1)-Al	88,7	82
Br (1)-Br (3)	3,75	3,85			
Br (1′)-Br (2)	3,70	3,84			
Br (1′)-Br (3)	3,91	3,86			
Br (1′)-Br (1)	3,50	3,59			

Für die Diskussion der Wechselwirkungskräfte in diesem Schichtengitter sind die Abstände der einzelnen Bänder von Interesse. Der Abstand der zuletzt erwähnten Bänder beträgt 3,2 Å. Der kürzeste senkrechte Abstand zwischen dem C-Atom 1 des Benzolkerns und dem Bromatom 1 beträgt dagegen bereits 3,7 Å und entspricht somit einem normalen VAN DER WAALSschen Abstand. Alle anderen Abstände zwischen den Brom- und Kohlenstoffatomen liegen bei 4 Å und mehr. Daraus ist der Schluß zu ziehen, daß der feste Komplex $C_6H_6 \cdot Al_2Br_6$ ein Gitterkomplex ist und daß die Komponenten durch VAN DER WAALsche Kräfte zusammengehalten werden. Daneben besteht aber noch die Möglichkeit einer Charge-Transfer-Wechselwirkung zwischen dem Br-Atom 1 und den π-Elektronen des Benzolringes, obwohl der interatomare Abstand mit 3,7 Å etwas größer ist als der durchschnittliche Abstand der Komponenten in einem CT-Komplex. Die schwachen intermolekularen Kräfte in einem derartigen Gitter stehen in guter Übereinstimmung mit den kleinen Bildungsenthalpien dieser Komplexe.

Interessant ist in diesem Zusammenhang eine Kristallstrukturanalyse des Komplexes $C_6H_6 \cdot CuAlCl_4$, die von TURNER und AMMA [31] durchgeführt wurde. Der Komplex sollte Ähnlichkeit mit dem festen CT-Komplex $C_6H_6 \cdot AgClO_4$ aufweisen [41]. Während jedoch bei diesem Komplex jeweils ein Ag-Atom zwei Benzolkernen zugeordnet ist und somit eine kettenförmige Anordnung resultiert, liegt im Komplex $C_6H_6 \cdot CuAlCl_4$ eine zickzackförmige Anordnung des tetraedrischen Cu (I) und $AlCl_4^{\ominus}$ vor. Bezüglich des Cu (I) als Elektronenacceptor wirken die Halogenatome des $AlCl_4^{\ominus}$ und der Benzolring als Elektronendonatoren. Man erkennt dies daran, daß drei von den Al-Cl-Bindungen aufgeweitet sind, während die vierte Al-Cl-Bindung wesentlich kürzer ist. In Abb. 18 ist diese Struktur schematisch dargestellt.

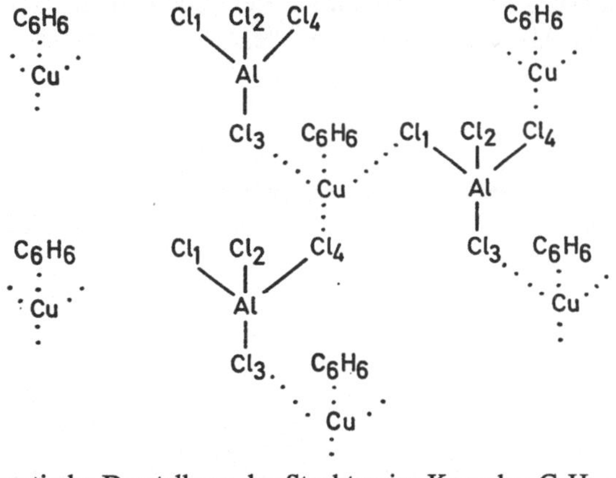

Abb. 18. Schematische Darstellung der Struktur im Komplex $C_6H_6 \cdot CuAlCl_4$ nach TURNE und AMMA [31]

4.2.2. System: Olefin/Halogenide der 3. Hauptgruppe

Im Gegensatz zu den Systemen ArH/Al_2Br_6 sind analoge Untersuchungen an Olefinen nur vereinzelt durchgeführt worden. Zahlreicher sind

dagegen die Arbeiten, die sich mit der Polymerisierung und Isomerisierung bei Gegenwart von Aluminiumhalogeniden befassen. Allerdings
ist hierbei die gleichzeitige Anwesenheit eines Kokatalysators nicht immer ausgeschlossen gewesen.

IPATIEFF [22] konnte im Fall des Aluminiumchlorids und EVANS und
POLANYI [23] konnten mit Bortrifluorid feststellen, daß bei sorgfältiger
Trocknung des Systems Olefin/Metallhalogenid und bei Ausschluß einer
dritten Komponente keine Polymerisation erfolgte. Allerdings wurde bei
diesen Untersuchungen nur Wert auf die Abwesenheit des Kokatalysators gelegt und kein Versuch unternommen, mögliche Wechselwirkungen zwischen dem Olefin und dem Metallhalogenid zu untersuchen,
obwohl der Mechanismus der *Friedel-Crafts*-Reaktion ursprünglich als
direkte Wechselwirkung des Metallhalogenids mit der olefinischen Doppelbindung vorgeschlagen wurde [24].

In Gegenwart von Aluminiumbromid wurde festgestellt, daß die meisten
Olefine auch bei Ausschluß eines Kokatalysators sehr schnell polymeri-
sieren. FAIRBROTHER [25] stellte jedoch fest, daß das Penten-2 sich relativ
stabil gegenüber Aluminiumbromid verhält. Unter extremen Bedingungen
bezüglich der Abwesenheit dritter Komponenten untersuchten FAIR-
BROTHER und NIXON [26] die Löslichkeit von Aluminiumbromid in Pen-
ten-2 im Bereich von 263 bis 293 K, ähnlich wie für das System Benzol/
Aluminiumbromid [17]. Aus der erhöhten Löslichkeit des Aluminiumbromids in diesem Olefin gegenüber der Löslichkeit in n-Hexan und
n-Butan und der Abweichung von der idealen Löslichkeitskurve schlossen

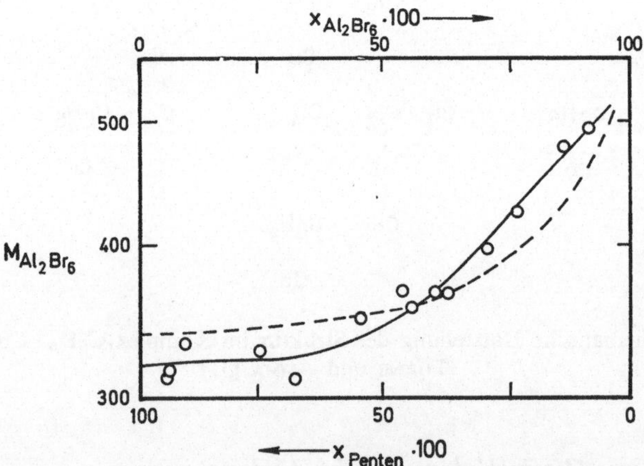

Abb. 19. Molmasse des Aluminiumbromids im System Penten-2/Al$_2$Br$_6$ als Funktion
des Molenbruches des Penten-2; $T = 273$ K nach [25]. Theoretische Werte nach WAL-
KER [27] (gestrichelte Kurve)

die Autoren auf eine schwache Wechselwirkung zwischen dem Penten-2 und Aluminiumbromid. Im Gegensatz zu den analogen Untersuchungen am System Benzol/ Aluminiumbromid konnte jedoch kein fester Komplex isoliert werden.

In Verbindung mit den Löslichkeitsuntersuchungen wurde das Molgewicht des Aluminiumbromids in Abhängigkeit vom Molverhältnis Penten-2/Al_2Br_6 aus den Dampfdruckerniedrigungen bestimmt [25]. Wie aus Abb. 19 zu ersehen ist, nimmt das Molgewicht mit zunehmendem Molenbruch des Penten-2 ab und nähert sich dem Monomerenwert. Bei hohen Konzentrationen strebt das Molgewicht des gelösten Aluminiumbromids dem Dimerenwert zu. Für diese Abweichung mit zunehmender Verdünnung machen FAIRBROTHER und NIXON die Dissoziation des solvatisierten Al_2Br_6 in $AlBr_3$ verantwortlich, das dann mit dem Olefin einen π-Komplex zu bilden vermag:

$$Al_2Br_6 + 2\,Olefin \rightleftharpoons 2 \cdot (Olefin \cdot AlBr_3)_{solv.} \tag{5}$$

Unter Annahme dieses Gleichgewichts hat WALKER [27] die Molgewichtsbestimmung von FAIRBROTHER und FIELD [25] interpretiert. Für die Gleichgewichtskonstante von (5) wurde ein Wert von 0,33 bei 273 K angenommen. In Kombination mit geschätzten Werten für die thermodynamischen Daten erhält WALKER eine Bindungsenergie des Komplexes Penten-2 · $AlBr_3$ zu 17,5 Kcal/Mol, ein Wert, der mit Sicherheit zu groß sein dürfte und nur dadurch diskutabel wird, daß die unter diesen Annahmen rekonstruierte Abhängigkeit des Molgewichtes des Aluminiumbromids im System Penten-2/Al_2Br_6 etwa mit der gemessenen Abhängigkeit übereinstimmt, wie aus Abb. 19 zu ersehen ist, wo diese theoretische Kurve mit eingezeichnet ist.

Außerordentlich gering und zudem sehr widerspruchsvoll sind die Angaben über das System Olefin/Borhalogenid. Auch hier gingen die meisten Informationen von Isomerisierungs- und Polymerisierungsreaktionen aus. Eine Übersicht über die verschiedenen Meinungen geben MARTIN und CANON [28]. Bei vielen Untersuchungen dürfte auch hier der Kokatalysator entscheidend sein, der mit Bortrifluorid beispielsweise eine komplexe Säure bildet, die mit der Doppelbindung zu reagieren vermag. Als Kokatalysatoren sind besonders wirkungsvoll Wasser, Alkohole und Essigsäure. Wasser, d. h. Feuchtigkeitsspuren können ohne weiteres von den Glaswänden der Apparaturen stammen, wie auch von FAIRBROTHER und NIXON [26] im Zusammenhang mit ihren Untersuchungen über die Löslichkeit von Al_2Br_6 in Penten-2 ausdrücklich betont wurde. Es ist daher anzunehmen, daß die meisten Untersuchungen, insbesondere diejenigen über die Kinetik und den Mechanismus der Polymerisation und Isomerisierung nach FRIEDEL-CRAFTS, durch Bortrifluorid in sog. binären

Systemen durch die Anwesenheit eines Kokatalysators beeinflußt wurden.
Infolgedessen sind die gewonnenen Aussagen nicht eindeutig und können
kein echtes Bild von der vorliegenden Wechselwirkung vermitteln.

4.2.3. System: ArH/Antimonhalogenide

4.2.3.1. Phasengleichgewichte. Komplexe zwischen aromatischen Kohlenwasserstoffen und Antimontrihalogeniden sind durch die Arbeiten von
MENSHUTKIN [32] schon seit langem bekannt. In der Literatur werden
diese Komplexe deshalb auch oft als *„Menshutkin-Komplexe"* bezeichnet. Ihre Existenz und Zusammensetzung wurde durch thermische Analyse der binären Systeme ArH/SbCl$_3$ sichergestellt. Aufgrund dieser
Untersuchungen kann man zwei Gruppen von *Menshutkin-Komplexen*
unterscheiden:

1. Komplexe mit der Zusammensetzung 2 SbCl$_3$ · ArH. Hierher gehören
   z. B. Komplexe mit Benzol, Naphthalin und Diphenyl.

2. Komplexe mit der Zusammensetzung SbCl$_3$ · ArH und 2 SbCl$_3$ · ArH
   In dieser Gruppe können die Aromaten sowohl im Verhältnis 1 : 1
   wie auch 1 : 2 Komplexe mit dem Antimontrihalogenid bilden. Als
   Repräsentanten dieser Gruppe sind die Komplexe mit Alkylbenzolen
   anzusprechen. Von den beiden Möglichkeiten sind diejenigen mit
   2 SbCl$_3$ auf 1 Aromat wesentlich beständiger.

In Tabelle 16 sind die Schmelzpunkte einiger Komplexe nach MENSHUT-
KIN [32] zusammengestellt [33].

Mit Antimontribromid werden ebenfalls 1 : 1- und 2 : 1-Komplexe gebildet.

Tabelle 16   Schmelzpunkte einiger 1:1- und 2:1-Komplexe SbCl$_3$/ArH nach [32, 33]

Aromat	Schmelzpunkt des Komplexes [K]		Aromat	Schmelzpunkt des Komplexes [K]	
	SbCl$_3$ · ArH	2 SbCl$_3$ · ArH		SbCl$_3$ · ArH	2 SbCl$_3$ · ArH
Benzol	—	352	p-Xylol	329	343
Toluol	288—289	315,5	Mesitylen	316	348
o-Xylol	292	306,8	Pseudocumol	273	329
m-Xylol	280—281	311	p-Cymol	278—279	313

Der Vergleich der Schmelzpunkte für 1 : 1- und 2 : 1-Komplexe zeigt, daß
die letztgenannten einen höheren Schmelzpunkt und damit eine größere
Beständigkeit besitzen.

Im Vergleich zu den bisher diskutierten binären Systemen gelingt es, im System ArH/SbX₃ zahlreiche Molekülverbindungen zu isolieren und zu charakterisieren, die außerdem in der Aromatenchemie auch analytische Bedeutung besitzen [34]. So gelingt es z. B., die isomeren Xylole wegen der unterschiedlichen Schmelzpunkte der zugehörigen Komplexe mit SbCl₃ zu trennen [35]. Von KAWALEC [36] wurden analoge Untersuchungen am System 1-Methylnaphthalin/SbCl₃ und 2-Methylnaphthalin/SbCl₃ durchgeführt. Aus dem Schmelzdiagramm der beiden Systeme lassen sich die Schmelzpunkte der Molekülverbindungen und ihre Zusammensetzung entnehmen, wie aus der Abb. 20 zu ersehen ist.

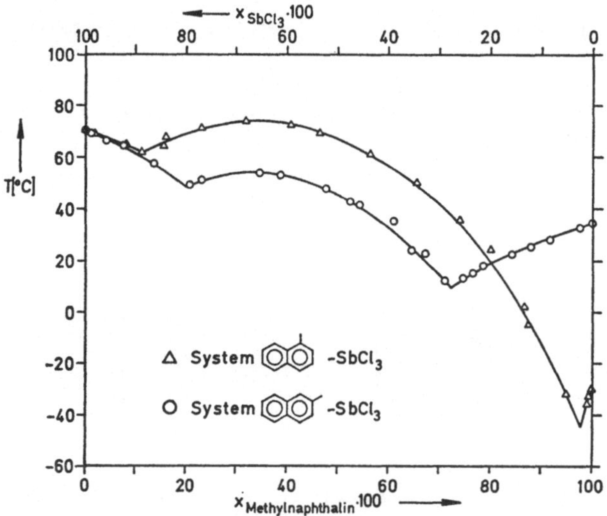

Abb. 20. Schmelzdiagramme der Systeme: 1-Methylnaphthalin/SbCl₃ (—Δ—Δ—) und 2-Methylnaphthalin/SbCl₃ (—O—O—)

Für die Schmelzpunkte ergeben sich die Werte:

2 SbCl₃ · 1-Methylnaphthalin : F_P = 347,9 K

2 SbCl₃ · 2-Methylnaphthalin : F_P = 327,6 K

Interessant ist das Schmelzdiagramm des Systems 1-Methylnaphthalin/ 2 SbCl₃ · 2-Methylnaphthalin in dem ein Dystektikum auftritt. Da in dem System 2-Methylnaphthalin/2 SbCl₃ · 1-Methylnaphthalin nur ein Eutektikum auftritt, kann man schließen, daß in dem erstgenannten System ein Austausch von 2-Methylnaphthalin gegen 1-Methylnaphthalin erfolgt, d. h. daß sich der stabilere Komplex 2 SbCl₃ · 1-Methylnaphthalin beim Auskristallisieren bildet. Damit bietet sich die Möglichkeit durch Kristallisation der isomeren Naphthaline mit $SbCl_3$, 1-Methylnaphthalin von 2-Methylnaphthalin abzutrennen.

In einer neueren Untersuchungsreihe wurde die Wechselwirkung zwischen Antimontrichlorid und Benzol sowie einigen Benzolderivaten von BROWN und MELCHIORE [21] mit Hilfe der bei den Systemen ArH/Al_2Br_6 und ArH/Ga_2Br_6 angewandten Methode genauer studiert. Abb. 21 zeigt als Beispiel wieder den Dampfdruck über der festen Phase als Funktion der Zusammensetzung des Systems Benzol/Antimontrichlorid. Der scharfe Sprung bei einem Verhältnis von 0,5 entspricht der Zusammensetzung 1:2, d. h. einem Dissoziationsgleichgewicht des Komplexes:

$$[2\,SbCl_3 \cdot C_6H_6]_{fest} \rightleftharpoons 2\,[SbCl_3]_{fest} + C_6H_{6\,Dampf} \qquad (6)$$

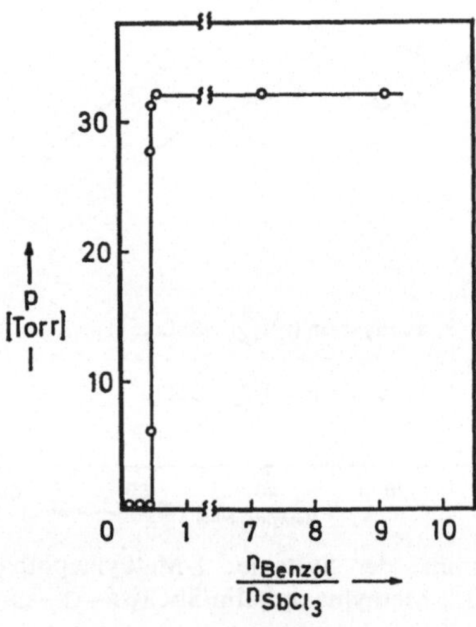

Abb. 21. Dampfdruck im System $C_6H_6/SbCl_3$ als Funktion der Zusammensetzung bei $T = 278{,}2$ K [21]

Von den Autoren wurden gleichzeitig Molmassebestimmungen von Antimontrichlorid in Benzol für verschiedene Konzentrationen bei 291 und 278,2 K durchgeführt. Aufgrund dieser Messungen schließen die genannten Autoren in Lösung auf ein zweites Gleichgewicht:

$$2\,[SbCl_3 \cdot C_6H_6]_{gelöst} \rightleftharpoons [2\,SbCl_3 \cdot C_6H_6]_{gelöst} + C_6H_6 \qquad (7)$$

Dieses Gleichgewicht liegt weitgehend auf der linken Seite. In Lösung sollten deshalb beide Komplexe nebeneinander vorliegen.

Für Toluol konnten im festen Zustand die Komplexe Toluol · SbCl$_3$ und 2 SbCl$_3$ · Toluol mit Hilfe der Dampfdruckmessungen nachgewiesen werden [21]. Untersuchungen an *Menshutkin-Komplexen* in inerten Lösungsmitteln sind kaum bekannt. Dies kann daran liegen, daß die Komplexe in Lösung sofort in die Komponenten dissoziieren. Einen Hinweis findet man bei der Verfolgung der Auflösung eines erschmolzenen *Menshutkin-Komplexes* in einem inerten Lösungsmittel. Während der feste Komplex mit Anthracen, Tetracen und Pyren intensiv gefärbt ist, zeigt die Lösung eine starke Farbaufhellung.

4.2.3.2. Röntgenstrukturuntersuchungen.

4.2.3.2. Röntgenstrukturuntersuchungen. Ausführliche Untersuchungen über die Struktur einiger *Menshutkin-Komplexe* wurden von HULME u. Mitarb. [37, 38, 39] an den Systemen Anilin/SbCl$_3$, Pyridin/SbCl$_3$ und Naphthalin/SbCl$_3$ durchgeführt. In den beiden erstgenannten Fällen handelt es sich um eine Anordnung zwischen Donator und Acceptor, die eindeutig für eine n-v-Wechselwirkung spricht. Der röntgenographisch bestimmte Abstand Sb−N im 1:1-Komplex Anilin/SbCl$_3$ ist mit 2,53 Å wesentlich geringer als der kürzeste N−Cl-Abstand mit 3,25 Å.

Für den sehr sorgfältig untersuchten Komplex 2 SbCl$_3$ · Naphthalin kann an Hand der Röntgenstrukturuntersuchung [39] auf einen $b\pi$−v-Komplex geschlossen werden. Das reine feste SbCl$_3$ besitzt die Struktur eines gestörten Tetraeders, während im Komplex die Struktur des SbCl$_3$ einer gestörten trigonalen Bipyramide entspricht. Dies bedeutet, daß das Antimonatom aus einem sp^3-hybridisierten in einen sp^{3}d-hybridisierten Zustand übergeht. Der kürzeste Abstand Sb−C liegt bei 3,36 bis 3,39 Å und entspricht den bei CT-Komplexen vorherrschenden Abständen zwischen Donator und Acceptor [40]. Mit 3,4 Å ist dieser Abstand jedoch wesentlich größer als der Abstand Ag$^+$−C von 2,5 Å im Komplex C$_6$H$_6$ · AgClO$_4$ [41] und im Komplex C$_6$H$_6$ · AgAlCl$_4$ [42] sowie größer als der Cu$^+$−C-Abstand von 2,15 bis 2,30 Å im Komplex C$_6$H$_6$ · CuAlCl$_4$ [31]. Bei all diesen Komplexen sitzt das Metallacceptoratom nicht über dem Zentrum des Benzolrings, sondern über einer C−C-Bindung. Im Komplex 2 SbCl$_3$ · Naphthalin macht sich dies in einer deutlichen Verkürzung der Bindungen zwischen den C-Atomen 1 und 2 sowie 1 und 5' bemerkbar. Die Numerierung der C-Atome des Naphthalins ist aus der Abb. 23 zu entnehmen. Die Abstände betragen C(1)−C(2):1,313 Å und C(1)−C(5'):1,343 Å. Alle anderen C−C-Bindungen werden entsprechend aufgeweitet, am stärksten die Bindung zwischen C(3) und C(4), deren Abstand zu 1,44 Å bestimmt wurde. Dies bedeutet, daß das Naphthalinmolekül durch die Wechselwirkung außerordentlich stark gestört wird.

Der Aufbau der Elementarzelle des monoklinen Kristalls des Komplexes 2 SbCl$_3$ · Naphthalin ist in Abb. 22 nach HULME u. Mitarb. [39]

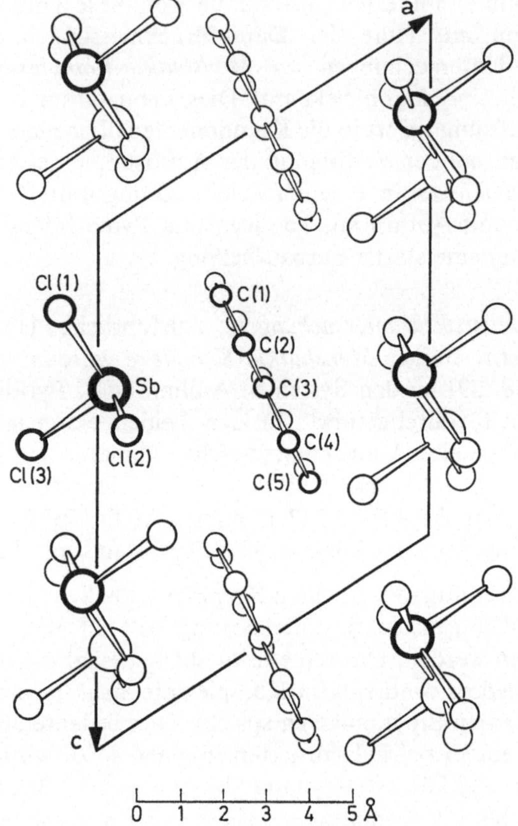

Abb. 22. Aufbau der Elementarzelle im Komplex Naphthalin · 2 SbCl₃ [39]

wiedergegeben. Die aus dieser Röntgenstrukturuntersuchung abgeleitete Struktur des Komplexes ist in Abb. 23 dargestellt. Wie hieraus zu ersehen ist, liegt das Sb-Atom über der Bindung C (1) − C (2), die somit am stärksten beeinflußt wird. Der Abstand des Sb-Atoms vom Zentrum dieser C−C-Bindung beträgt 3,2 Å und ist erheblich größer als der Abstand in Metall-π-Komplexen. Im Komplex Chromtricarbonyl · Naphthalin beträgt z. B. der Abstand des Chroms zur Ebene des Aromaten nur 1,75 Å [43]. Trotz des großen Abstandes von 3,2 Å muß man jedoch eine bindende Wechselwirkung annehmen, da der nichtbindende Abstand zwischen den C-Atomen in der Ebene des Naphthalinringes und den Antimonatomen aufgrund der VAN DER WAALS-Radien 3,5 Å betragen müßte. Bei dieser Abschätzung wurde der Radius für das Antimonatom mit 1,8 Å angenommen, der somit kleiner ist als der Wert, der von PAULING [44] mit 2,2 Å angegeben wurde, so daß unter Berücksichtigung dieses Wertes

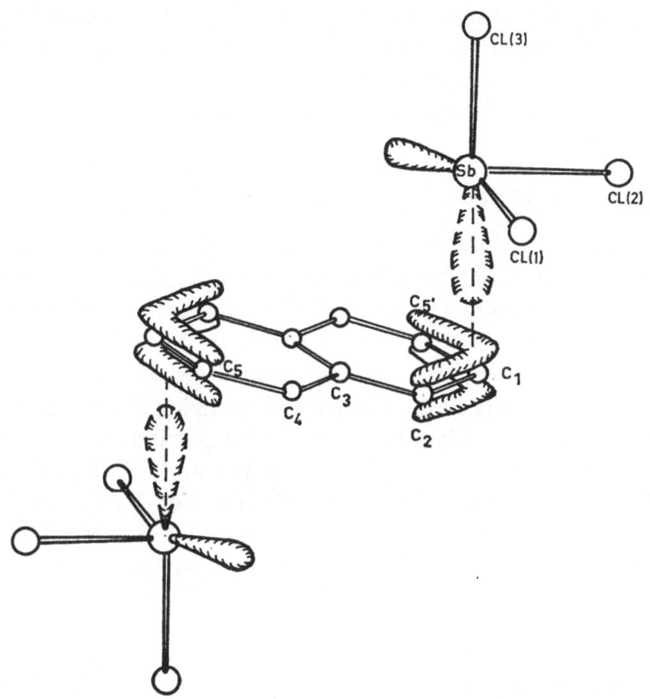

Abb. 23. Struktur des Komplexes Naphthalin · 2 SbCl₃ nach HULME u. Mitarb. [39]

ein nichtbindender Abstand von 3,9 Å resultieren würde. Im Vergleich zu diesen beiden Werten ist der gefundene Abstand von 3,2 Å erheblich kleiner, so daß die Annahme einer bindenden Wechselwirkung in Art einer d-π-Rückbindung durchaus plausibel ist. Durch diese Wechselwirkung resultiert eine sp²d-Hybridisierung der Orbitale des Antimonatoms. Zwei Chloratome (in der Abb. 23 mit Cl (1) und Cl (2) bezeichnet) sind äquatorial angeordnet; auch das freie Elektronenpaar des Antimonatoms besitzt diese Anordnung. Das dritte Cl-Atom ist axial angeordnet und das freie sp³d-Orbital, das die π-Elektronen aufnimmt, ist ebenfalls axial angeordnet. Eine weitere Arbeit von DEMALDÉ u. Mitarb. über die Struktur des Komplexes 2·SbCl₃·Phenanthren ergibt eine alternierende Anordnung von Doppelschichten aus SbCl₃ und Phenanthren [44a]. Auch hier liegen die Sb-Atome über den C−C-Bindungen 1−2 bzw. 9−10. Der Abstand der beiden Sb-Atome zu den beiden C−C-Bindungen ist jedoch nicht gleich, sondern beträgt 2,94 und 3,27 Å bzw. 3,27 und 2,94 Å für die Einheit [Phenanthren·4SbCl₃·Phenanthren].

Die relativ großen Abstände, die bei diesen Komplexen beobachtet werden, sprechen dafür, daß die Stabilität dieser Komplexe an den festen Zustand gebunden ist, so daß noch ein erheblicher Anteil an Gitterkräften zur Stabilisierung beitragen wird. Dem würde die Beobachtung entsprechen, daß es bisher nicht gelungen ist, die *Menshutkin-Komplexe* im verdünnten Zustand in inerten Lösungsmitteln zu untersuchen.

4.2.4. System: ArH/SnCl₄

Von zahlreichen Autoren war aufgrund von Phasenstudien gezeigt worden, daß Tetrachlorkohlenstoff mit Benzol und zahlreichen seiner Derivate feste Komplexe bildet [45 bis 50]. Es lag daher nahe, analoge Phasenstudien am System ArH/SnCl₄ durchzuführen. Wie GOATES u. Mitarb. [51] jedoch zeigten, konnten feste Komplexe des Zinntetrachlorids mit Benzol und p-Xylol mittels der Phasenstudien nicht nachgewiesen werden. Dies gilt auch für die in diesem Zusammenhang mit ausgeführten Untersuchungen am System ArH/SiCl₄. Obwohl somit die Isolierung fester Komplexe nicht gelungen ist, muß aufgrund der Farbänderung beim Lösen von SnCl₄ in Aromaten als Lösungsmittel eine Wechselwirkung zwischen dem gelösten Molekül und dem Lösungsmittel angenommen werden [52] (vgl. 4.3.1.3).

4.2.5. *System:* ArH/TiX₄

Von CULLINANE u. Mitarb. [53] wurde das Schmelzdiagramm des Systems Benzol/TiCl₄ untersucht. Die Autoren kamen zu dem Schluß, daß sich eine feste Molekülverbindung der Zusammensetzung $C_6H_6 \cdot 3\,TiCl_4$ bildete. Spätere Untersuchungen von GOATES u. Mitarb. [54] über das Phasendiagramm dieses Systems konnten jedoch diese Aussage nicht bestätigen, so daß die Bildung eines festen Komplexes zwischen Benzol und TiCl₄ bisher nicht nachgewiesen ist. Analoge Phasendiagramme wurden von diesen Autoren auch für die Systeme Toluol/TiCl₄, p-Xylol/ TiCl₄ und Pseudocumol/TiCl₄ erhalten. In allen Fällen tritt nur ein Eutektikum auf, und es lassen sich keine Anzeichen für Dystektika erkennen. Hinweise für eine Wechselwirkung in Lösung ergeben sich jedoch wieder aus der Beobachtung, daß alle flüssigen Systeme Aromat/ TiCl₄ orange bis rot gefärbt sind. Die Verhältnisse bei diesen Systemen sind also ähnlich denen, die bei zahlreichen CT-Komplexen beobachtet worden sind. In vielen Fällen ist es auch bei dieser Wechselwirkung nicht möglich, den Komplex im festen Zustand zu erhalten, sondern nur über spektroskopische Messungen in Lösung nachzuweisen (vgl. Kapitel 4.3.1.4).

Dagegen sind kristallisierbare Komplexe mit Äthern als *n*-Donatoren, wie z. B. Anisol, erhalten worden [54, 55].

4.2.6. *System:* ArH/HgX₂

Die Löslichkeit der Quecksilber-(II)-Halogenide in verschiedenen organischen Lösungsmitteln wurde von ELIEZER u. Mitarb. [56, 57] untersucht. In Benzol und verschiedenen Methylbenzolen wurde eine um zwei Zehnerpotenzen größere Löslichkeit gegenüber der Löslichkeit in gesättigten Kohlenwasserstoffen gefunden, was auf eine Komplexbildung zwischen dem gelösten Quecksilberhalogenid und dem Lösungsmittel zurückgeführt wurde. In Tabelle 17 sind die Löslichkeiten des $HgCl_2$, $HgBr_2$ und HgJ_2 bei 298 K in verschiedenen organischen Lösungsmitteln zusammengestellt.

Tabelle 17 Löslichkeit der Quecksilber-(II)-Halogenide in verschiedenen organischen Lösungsmitteln bei 298K nach ELIEZER [57]

Lösungsmittel	Löslichkeit in Mol/l von		
	$HgCl_2$	$HgBr_2$	HgJ_2
n-Hexan	$16 \cdot 10^{-5}$	$30 \cdot 10^{-5}$	$42 \cdot 10^{-5}$
n-Heptan	$12 \cdot 10^{-5}$	$24 \cdot 10^{-5}$	$30 \cdot 10^{-5}$
Cyclohexan	$19 \cdot 10^{-5}$	$45 \cdot 10^{-5}$	$59 \cdot 10^{-5}$
Cyclohexen	$16 \cdot 10^{-3}$	$16 \cdot 10^{-3}$	$5,4 \cdot 10^{-3}$
Benzol	$22 \cdot 10^{-3}$	$21 \cdot 10^{-3}$	$6,1 \cdot 10^{-3}$
Toluol	$24 \cdot 10^{-3}$	$23 \cdot 10^{-3}$	$7,7 \cdot 10^{-3}$
p-Xylol	$31 \cdot 10^{-3}$	$29 \cdot 10^{-3}$	$9,4 \cdot 10^{-3}$
Mesitylen	$17 \cdot 10^{-3}$	$16 \cdot 10^{-3}$	$5,9 \cdot 10^{-3}$
Dioxan	$80 \cdot 10^{-3}$	$89 \cdot 10^{-3}$	$105 \cdot 10^{-3}$

Durch Untersuchung über die Löslichkeit in gemischten Lösungsmittelsystemen, wie z. B. Cyclohexan/Benzol konnte ELIEZER zeigen, daß die Löslichkeitszunahme gegenüber reinem Cyclohexan dem Quadrat des Molenbruches der ungesättigten Komponente direkt proportional ist. Daraus kann gefolgert werden, daß ein Komplex oder Solvat der Zusammensetzung 1 HgX_2 : 2 Lösungsmittelmoleküle gebildet wird.

Aus der Tabelle 17 ist ersichtlich, daß die Löslichkeit in der Reihe Benzol bis p-Xylol zunimmt, daß aber beim Übergang zum Mesitylen eine Abnahme zu verzeichnen ist. Die zunehmende Löslichkeit steht in gutem Einklang mit der zunehmenden Basizität der Methylbenzole, d. h. mit ihrer zunehmenden Donatorstärke. Danach wäre für Mesitylen eine weitere Erhöhung der Löslichkeit zu erwarten. Eine analoge Abweichung ist an dem System Aromat/Silberperchlorat bzw. Silbernitrat beobachtet worden [58, 59, 60]. Auch hier fällt Mesitylen aus der zu erwartenden

Reihenfolge heraus, wenn man z. B. die Gleichgewichtskonstanten der
1 : 1-Komplexe mit den Methylbenzolen betrachtet [61]. Aufgrund der
Strukturuntersuchungen an den Silberkomplexen ist bekannt, daß diese
unsymmetrisch sind, da das Silberion über einer $C-C$-Bindung des
Aromaten liegt [41, 62], wie aufgrund von Symmetriebetrachtungen
bereits von Mulliken [63] gefordert worden war. Für diese Anordnung
wirken Methylgruppen sterisch hindernd. Während im p-Xylol und Toluol noch unbehinderte $C-C$-Bindungen vorliegen, ist dies beim Mesitylen und den höher methylierten Benzolderivaten nicht mehr der Fall,
so daß sich der „Mesitylen-Effekt" bemerkbar machen kann.

Aufgrund dieser Analogie und gestützt durch die Diskussion von Dipol-
momentmessungen am System Benzol/HgX_2 kommt Eliezer deshalb zur
Formulierung eines Elektronen-Donators-Acceptor-Komplexes für dieses
System, dessen Zusammensetzung in Lösung 2 ArH · HgX_2 entspricht
[57].

Zwischen der Löslichkeit von $HgBr_2$ und HgJ_2 tritt ebenfalls ein Sprung
auf. Die Löslichkeit des HgJ_2 ist geringer als die der beiden anderen
Quecksilberhalogenide. Der Autor führt dies auf eine sterische Hin-
derung zurück, die hier durch die voluminösen Jodatome hervorgerufen
wird und die Wechselwirkung zwischen gelöstem Molekül und Lösungsmittel behindert.

4.2.7. Literatur

1. Dewar, M. J. S.: J. Chem. Soc. **406**, 777 (1946).
2. Ohlah, G. A.: Friedel-crafts and related reactions, vol. I, II, III.
   New York-London: Interscience Publ. John Wiley & Sons 1963, 1964.
3. Brown, H. C.: Ind. Eng. Chem. **45**, 1462 (1953).
   Gore, P. H.: Chem. Rev. **55**, 229 (1955).
   Perkampus, H.-H., Baumgarten, E.: Ber. Bunsen-Ges. Physik. Chem. **68**, 496
   (1964).
   Roberts, R. M.: Chem. Eng. News **43**, 96 (1965).
4. Ulich, H.: Z. physik. Chem., Bodenstein Festbd. **155**, 423 (1931).
5. Plotnikov, V. A., Gratsianskii, N. N.: Mem. Inst. Chem. Akad. Sc. Ukrain SSR
   5, 213 (1938).
6. Eley, D. D., King, P. J.: Trans Faraday Soc. **47**, 1287 (1951).
7. Dyke, R. E. Van: J. Am. Chem. Soc. **72**, 3619 (1950).
8. Poppiek, J., Lehrmann, A.: J. Am. Chem. Soc. **61**, 3237 (1939).
9. Eley, D. D., Taylor, J. H., Wallwork, C.: J. Chem. Soc. 3867 (1961).
10. Brown, H. C., Wallace, W. J.: J. Am. Chem. Soc. **75**, 6265 (1953).
11. Sang up Choi, Brown, H. C.: J. Am. Chem. Soc. **88**, 903 (1966).
12. Sang up Choi, Frith, C. W., Brown, H. C.: J. Am. Chem. Soc. **88**, 4128 (1966).
13. Brown, H. C., Brady, J. D.: J. Am. Chem. Soc. **74**, 3570 (1952).
14. Brown, H. C., Melchiore, J. J.: J. Am. Chem. Soc. **87**, 5269 (1965).

14a. EATOUGH, D. J., VAN HECKE, G. R. Thermochim. Acta **3**, 165 (1972).
15. NAGY, F., DOBIS, D., LITVAN, G., TELES, I.: Acta Acad. Sci. Hung. **21**, 397 (1959).
16. ULLMANN, M.: Molekülgrößenbestimmung hochpolymerer Stoffe. Dresden-Leipzig: Steinkopf (1936).
17. FAIRBROTHER, F., SCOTT, F. N., PROPHET, H.: J. Chem. Soc. 1164 (1956).
18. HILDEBRAND, J. H., SCOTT, R. L.: The solubility of non-electrolytes, 3rd ed., p. 16ff. New York: Dover Publications 1964.
19. SANG UP CHOI: Dissert. Abstract. **19**, 38 (1958) Thesis Purdue Univ. Lafayette, Ind.; – SANG UP CHOI, BROWN, H. C.: The catalytic Halides XXXIV. Private Mitteilung. Veröffentlichung in Vorbereitung.
20. DEL PINO, C., GREENWOOD, N. N.: a) Anal. Fis. Quim. Ser. B **61**, 963 (1965); b) B **61**, 1211 (1965).
21. BROWN, H. C., MELCHIORE, J. J.: The catalytic halides XXXV. Private Mitteilung. Veröffentlichung in Vorbereitung.
22. IPATIEFF, V. N., GROSSE, A. V.: J. Am. Chem. Soc. **58**, 915 (1936).
23. EVANS, A. G., POLANYI, M.: J. Chem. Soc. 252 (1947).
24. CHALMERS, W.: Can. J. Res. **7**, 113, 472 (1932).
25. FAIRBROTHER, F., FIELD, H.: J. Chem. Soc. 2614 (1956).
26. FAIRBROTHER, F., NIXON, J. F.: J. Chem. Soc. 3224 (1958).
27. WALKER, D. G.: J. Phys. Chem. **64**, 939 (1960).
28. MARTIN, D. R., CANON, M., in: Friedel-crafts and related reactions, vol. I, p. 403ff., 470. New York-London: Interscience Publ. John Wiley & Sons 1963.
29. PLOTNIKOV, V. A., GRATSIANSKII, N. N.: Chem. Abstr. **42**, 4480 (1948).
30. DALLINGA, G.: Proc. Symp. Co-ordination Chemistry. Danish Chem. Soc. 134 (1954).
31. TURNER, R. W., AMMA, E. L.: J. Am. Chem. Soc. **85**, 4046 (1963).
32. MENSHUTKIN, B. N.: Zhur. Russ. Fiz. Khim. Obsheh. **43**, 1298, 1786 (1911).
33. MARTIN, D. R., CANON, M., in: Friedel-crafts and related reactions, vol. I, p. 724ff. New York-London: Interscience Publ. John Wiley & Sons 1963.
34. CLAR, E.: Aromatische Kohlenwasserstoffe, 2. Aufl., S. 128ff. Berlin-Göttingen-Heidelberg: Springer 1952.
35. SCOTT, C.: US Patent 2888496 (1959), zit. Chem. Abstr. **53**, P 17499 e (1959).
36. KAWALEC, B.: Bull. Acad. Polon. Sci., Ser. Sci. Chim. **14**, 471 (1966).
37. HULME, R., SCRUTON, J. C.: J. Chem. Soc. A 2448 (1968).
38. HULME, R., SCRUTON, J. C.: Acta Cryst. A **25**, 171 (1969).
39. HULME, R., SZYMANSKI, J. T.: Acta Cryst. A **25**, 753 (1969).
40. FOSTER, R.: Organic charge transfer complexes, vgl. Tab. 8.2, S. 233—234. London-New York: Academic Press 1969.
41. SMITH, H. G., RUNDLE, R. E.: J. Am. Chem. Soc. **80**, 5075 (1958).
42. TURNER, R. W., AMMA, F. L.: J. Am. Chem. Soc. **88**, 3243 (1966).
43. KUNZ, V., NOWACKI, W.: Helv. Chim. Acta **50**, 1052 (1967).
44. PAULING, L.: Die Natur der chemischen Bindung (übersetzt von H. Noller), Tab. 7—20, S. 245. Weinheim: Verlag Chemie 1960.
44a. DEMALDÉ, A., MANGIA, A., NARDELLI, M., PELIZZI, G., VIDONI TANI, M. E.: Acta. Cryst. B **28**, 147 (1972).
45. KAPUSTINSKII, A. F.: Bull. Acad. Sci. USSR 435 (1947).
46. EBERT, L., TSCHAMBER, H.: Monatsh. Chem. **80**, 473 (1949).
47. EGAN, C. J., LUTHY, R. V.: Ind. Eng. Chem. **47**, 250 (1955).
48. GOATES, J. R., SULLIVAN, R. J., OTT, J. B.: J. Phys. Chem. **63**, 589 (1959).
49. RASTOGI, R. P., NIGAM, R. K.: Trans. Faraday Soc. **55**, 2005 (1959).
50. OTT, J. B., GOATES, J. R., BUDGE, A. H.: J. Phys. Chem. **66**, 1387 (1962).
51. GOATES, J. R., OTT, J. B., MANGELSON, N. F.: J. Chem. Eng. Data **9**, 330 (1964).

52. TSUBORUMA, H.: Bull. Chem. Soc. Japan **27**, 1 (1954).
53. CULLINANE, N. M., CHARD, S. J., LEYSHON, D. M.: J. Chem. Soc. 4106 (1952).
54. GOATES, J. R., OTT, J. B., MANGELSON, N. F., JENSEN, R. J.: J. Phys. Chem. **68**, 2617 (1964).
55. HAMILTON, D. M., McBETH, R. C., BEKEBREDE, W., SISLER, H.: J. Am. Chem. Soc. **75**, 2881 (1953). – RENES, P. A., MacGILLAVRY, C. H.: Rec. Trav. Chim. **64**, 275 (1945). – COX, E. G., CRUICKSHANK, D. W., SMITH, J. A. S.: Proc. Roy. Soc. London Ser. A **247**, 1 (1958).
56. ELIEZER, I.: J. Chem. Phys. **41**, 3276 (1964).
57. ELIEZER, I.: J. Chem. Phys. **42**, 3625 (1965).
58. ANDREWS, L. J., KEEFER, R. M.: J. Am. Chem. Soc. **71**, 3644 (1949).
59. ANDREWS, L. J., KEEFER, R. M.: J. Am. Chem. Soc. **72**, 3113 (1950).
60. ANDREWS, L. J., KEEFER, R. M.: J. Am. Chem. Soc. **72**, 5034 (1950).
61. s. auch ANDREWS, L. J., KEEFER, R. M.: Molecular complexes in organic chemistry, p. 93. San Francisco-London-Amsterdam: Holden Day 1964.
62. RUNDLE, R. F., GORING, J. H.: J. Am. Chem. Soc. **72**, 5337 (1950).
63. MULLIKEN, R. S.: J. Am. Chem. Soc. **74**, 811 (1952).

4.3. Spektroskopische Untersuchungen

4.3.1. Elektronenspektroskopische Messungen

4.3.1.1. System: ArH/Aluminium- und Galliumhalogenide. In Verbindung mit den Untersuchungen an den ternären Systemen Aromat/Al_2X_6/HX, die sich, wie in Kapitel 2.3 besprochen, durch eine intensive Farbe auszeichnen [1], wurden auch Versuche unternommen, die Wechselwirkung zwischen Aromaten und Aluminiumhalogeniden ohne Gegenwart von Protonensäuren elektronenspektroskopisch zu erfassen. ELEY und KING [2] teilten mit, daß im System Benzol/Al_2X_6 (Jodid und Bromid) eine scharfe Absorptionsbande bei 278,5 nm auftritt. Bei dieser Messung befand sich in der Vergleichs- und Meßküvette mit 1 cm Schichtdicke jeweils Benzol. LUTHER und POCKELS [3] wiesen nach, daß dieses Maximum durch Falschlicht hervorgerufen wurde, da bei der angewandten Meßtechnik die Leistungsgrenze des Spektralphotometers erreicht war. Aufgrund ihrer kritischen Untersuchungen kamen LUTHER und POCKELS zu dem Schluß, daß zwar eine Beeinflussung des Aromatenspektrums durch Aluminiumbromid beobachtet werden kann, daß diese sich aber nur in einer Erhöhung des Extinktionskoeffizienten bei praktisch unveränderter Bandenlage (mit steileren Flanken) bemerkbar macht. Diese Aussagen galten jedoch zunächst nur für Benzol und Toluol.

Aufgrund der in 4.2.1 diskutierten Ergebnisse muß für die Wechselwirkung zwischen Aromat und Aluminiumhalogenid ein EDA-Mechanismus angenommen werden. Dies bedeutet, daß eine hierfür charakteristische CT-Komplexbande beobachtet werden sollte. Von FAIRBROTHER und FIELD [4] wurden UV-spektroskopische Untersuchungen u. a. auch mittels einer photographischen Methode ausgeführt, deren Auswertung ergab, daß in einer Lösung von Aluminiumbromid in Benzol eine starke Absorption unmittelbar unterhalb 300 nm begann. Da weder Benzol noch Aluminiumbromid in diesem Bereich absorbieren und Falschlicht bei der photographischen Aufnahme weitgehend ausgeschlossen werden konnte, ist dies ein Hinweis, daß zwischen 270 und 300 nm eine Absorptionsbande liegt, die einem CT-Komplex zugeordnet werden kann.

Weitere Versuche von GEISLER [5] zeigten, daß diese Untersuchungen sehr empfindlich gegen die geringsten Spuren von Feuchtigkeit sind, was daran zu erkennen war, daß in Abhängigkeit von der Zeit durch eindiffundierende Feuchtigkeit sich allmählich die Bande des Proton-Ad-

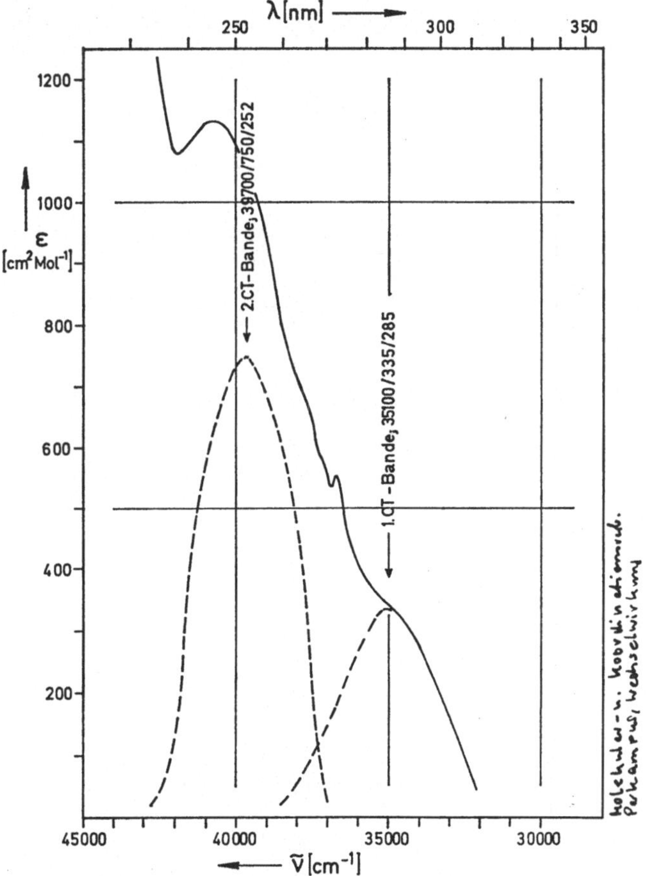

Abb. 24. Elektronenanregungsspektrum des Systems m-Xylol/Al₂Br₆ nach STAATS [6]

ditions-Komplexes mit einem breiten Maximum um 350 nm bemerkbar machte. Dies galt sowohl für Toluol als auch für Xylollösungen in n-Heptan bei Zugabe von Aluminiumbromid. In den Aromaten als Lösungsmittel selbst waren die Verhältnisse ähnlich.

Auf diesen Erkenntnissen aufbauend entwickelte STAATS [6] eine spezielle Küvettentechnik und untersuchte das System m-Xylol/Aluminiumbromid unter Einhaltung peinlichsten Feuchtigkeitsausschlusses. Als Kriterium für die Wasserfreiheit der Systeme wurde das Nichtauftreten der Absorptionsbande bei ~ 350 nm herangezogen. Abb. 24 gibt das Spektrum einer gesättigten Lösung von Aluminiumbromid in m-Xylol wieder. Charakteristisch ist das Auftreten einer Schulter unterhalb 300 nm, die auf eine neue Bande hinweist und in ihrer Lage mit den Angaben von FAIRBROTHER und FIELD [4] übereinstimmt. Eine Analyse dieses Spektrums liefert für das Bandenmaximum 285 nm entsprechend 35100 cm^{-1}. Neben dieser langwelligen Bande, die als CT-Bande ge-

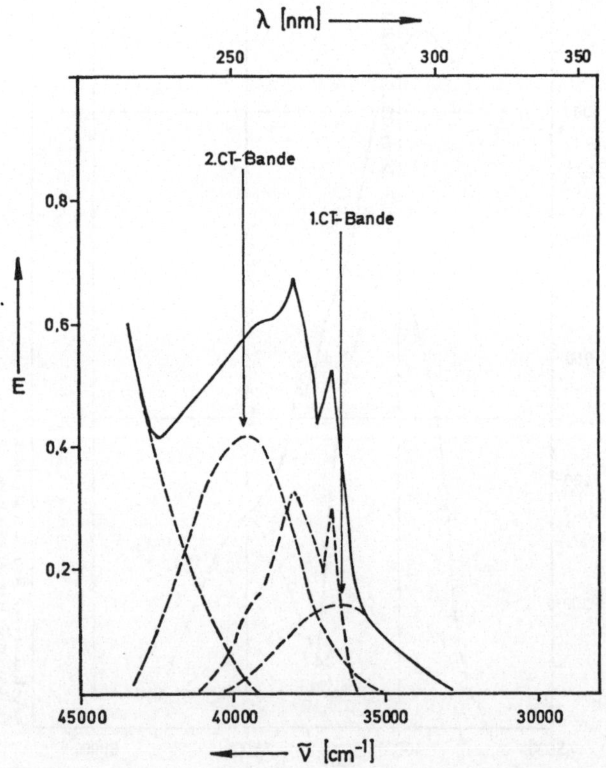

Abb. 25. Elektronenanregungsspektrum des Systems o-Xylol/Al$_2$Br$_6$ nach STAATS [6]. Extinktion als Funktion der Wellenzahl

deutet werden kann, tritt eine weitere Bande in der Lücke der Eigenabsorption des m-Xylols bei 245 nm entsprechend 40750 cm^{-1} auf.

Ähnliche Verhältnisse wurden am System o-Xylol/Al$_2$Br$_6$ gefunden. Abb. 25 stellt das UV-Spektrum einer Lösung von Aluminiumbromid in o-Xylol dar. Die langwellige Schulter ist etwas hypsochrom verschoben. Die Bandenanalyse ergibt ein Maximum zwischen 275 und 280 nm (36200 bis 35700 cm^{-1}). Die kurzwellige Verschiebung der CT-Bande würde der Abnahme der Donatorfähigkeit des o-Xylols gegenüber der des m-Xylols entsprechen. Beim p-Xylol waren die Messungen nicht gut auszuwerten, wenngleich auch hier eine Schulter im langwelligen Teil eindeutig beobachtet werden kann. Aus den Abb. 24 und 25 ist zu ersehen, daß oberhalb 310 nm keine Absorption nachweisbar ist, so daß das Vorliegen eines Proton-Additions-Komplexes ausgeschlossen werden konnte.

Aufgrund dieser Messungen kann das Vorliegen einer CT-Wechselwirkung als gesichert angesehen werden. Leider fehlen wegen der meßtechnischen Schwierigkeiten Angaben über weitere Systeme, so daß z. B. Zusammenhänge zwischen den Ionisierungsenergien der Methylbenzole und der Lage der CT-Banden nicht aufgestellt werden können.

Von COSTANZO und JURINSKII [7] wurden für eine Reihe von Methylbenzolen und kondensierten Aromaten Absorptionsmaxima fester Komplexe mit Aluminiumchlorid mitgeteilt, die die Autoren CT-Komplexen Aromat/Al$_2$Cl$_6$ zuordnen. Für die Methylbenzole stimmen die Angaben jedoch mit den Absorptionsmaxima der Proton-Additions-Komplexe dieser Verbindungen in Lösung überein.

So geben die Autoren für den Komplex Mesitylen · Al$_2$Cl$_6$ λ_{max} = 365 nm entsprechend $\tilde{v}_{max}$ = 27400 cm^{-1} an. In Lösung findet man 355 nm entsprechend 28200 cm^{-1} [8]. Die Differenz von $\Delta\tilde{v}$ = 800 cm^{-1} ist auf den Wechsel des Aggregatzustandes zurückzuführen. Andererseits wurde von STAATS [6] für Mesitylen Al$_2$Br$_6$ eine CT-Bande gefunden, die wesentlich kurzwelliger als die hier angegebene liegt. Die Tatsache, daß in der Reihe der Methylbenzole die gefundenen Bandenmaxima in einem linearen Zusammenhang mit der Ionisierungsenergie der Methylbenzole stehen, ist in diesem Falle kein stichhaltiges Argument für einen CT-Mechanismus, da auch die Lage der Absorptionsmaxima der Proton-Additions-Komplexe von der Ionisierungsenergie abhängt. Mit der Zahl der Methylgruppen erhöht sich der induktive Effekt dieser Substitution und damit die Abnahme der Ionisierungsenergie [9, 10]. Die Messungen dürften daher eher in die Arbeiten über Proton-Additions-Komplexe einzureihen sein.

Am System Benzol/Ga$_2$X$_6$ wurden UV-Messungen von DEL PINO und GREENWOOD [11] durchgeführt. Diese Autoren geben die folgenden Maxima für einige Methylbenzole an:

$$C_6H_6 \cdot Ga_2Cl_6 \; : \tilde{v}_{max} = 35\,700 \text{ cm}^{-1}; \; 280 \text{ nm}$$
$$C_6H_6 \cdot Ga_2Br_6 \; : \tilde{v}_{max} = 35\,700 \text{ cm}^{-1}; \; 280 \text{ nm}$$
$$C_6H_6 \cdot Ga_2J_6 \quad : \tilde{v}_{max} = 35\,600 \text{ cm}^{-1}; \; 281 \text{ nm}$$
$$\text{Toluol} \cdot Ga_2Cl_6 : \tilde{v}_{max} = 35\,100 \text{ cm}^{-1}; \; 285 \text{ nm}$$
$$\text{Xylol} \cdot Ga_2Cl_6 \; : \tilde{v}_{max} = 34\,700 \text{ cm}^{-1}; \; 288 \text{ nm}$$

Die Beschreibung der Versuche läßt erkennen, daß Feuchtigkeit nicht ausgeschlossen worden ist, da die Lösungen gefärbt waren und für Benzol eine Bande bei $30\,000$ cm^{-1} ($\simeq 333$ nm), die charakteristisch für einen Proton-Additions-Komplex ist, beobachtet wurde. Hinzu kommt ferner, daß die Messungen in einer Küvette von 2 cm Schichtdicke gegen eine Vergleichsküvette mit dem reinen Aromaten durchgeführt wurden. Der außerordentlich steile Abfall der Absorption zu kurzen Wellen hin spricht sehr deutlich für den gleichen Effekt, der von LUTHER und POCKELS [3] ausführlich diskutiert worden ist.

Im Zusammenhang mit den geschilderten Untersuchungen von FAIRBROTHER und FIELD [4] haben diese Autoren auch das System Penten-2/ Al_2Br_6 im UV vermessen. Während das reine cis-Penten-2 erst ab 240 nm zu kürzeren Wellenlängen hin absorbiert, tritt in einer Lösung mit Al_2Br_6 bereits ab 270 nm eine intensive Absorption auf, die auf eine CT-Komplexbildung zurückgeführt werden kann.

4.3.1.2. System: π-Donator/BX_3.
Aufgrund theoretischer Betrachtungen folgerte MULLIKEN [12], daß ein CT-Komplex zwischen Benzol und BX_3 außerordentlich unwahrscheinlich ist. Aus Löslichkeitsuntersuchungen von BF_3 in Toluol kamen BROWN u. Mitarb. [13] zu dem Ergebnis, daß ein Komplex Toluol $\cdot$ BF_3, wenn er überhaupt existiert, sehr instabil sein sollte. REID [14] veröffentlichte im Zusammenhang mit spektroskopischen Untersuchungen am System $ArH/BF_3/HF$ auch die UV-Spektren der Systeme Benzol/BF_3, Toluol/BF_3 und o-Xylol/BF_3, die bei 80 K aufgenommen worden waren. Die Banden sind schmal und weisen relativ hohe Extinktionskoeffizienten auf ($\varepsilon \sim 10\,000$ Mol$^{-1}\cdot$cm^2). Ihre Lage verschiebt sich in der obigen Reihe bathochrom von 284 nm ($35\,200$ cm^{-1}) über 318 nm ($31\,400$ cm^{-1}) nach 336 nm ($29\,800$ cm^{-1}). Aus den Angaben zur experimentellen Durchführung dieser Messungen geht jedoch im einzelnen nicht hervor, wie die Spektren erhalten worden sind. Die Darstellung der Spektren läßt vermuten, daß sie über eine Bandenanalyse aus einer Schulter separiert worden sind. Das zugehörige Gesamtspektrum ist jedoch nicht angegeben. Es ist daher auch hier anzunehmen, daß bei der benutzten Schichtdicke der Meßküvette von 1 cm gegen eine Vergleichsküvette der gleichen Schichtdicke gemessen worden ist, die den reinen Aromat enthielt. Dann müßten aber, wenn diese Spektren nicht photographisch aufgenommen worden sind, die gleichen Bedenken er-

hoben werden wie im Falle der oben geschilderten Versuche am System ArH/Al_2X_6 [2, 3].

Obwohl die gefundene Rotverschiebung der mit der Zahl der Methylgruppen zunehmenden Basizität [15] und abnehmenden Ionisierungsenergie [16] entspricht und somit für eine CT-Bande charakteristisch ist [17], müssen diese Spektren doch wohl mit Zurückhaltung betrachtet werden.

Während für das System $Penten/Al_2Br_6$ eine CT-Bande als wahrscheinlich angenommen werden kann [4], finden NAKANE, WATANABE und OYAMA [18] am System $Buten-1/BF_3$ und $Äthylen/BF_3$ bei 100 K Änderungen in den Spektren dieser Olefine bei der Zugabe von BF_3, die sie durch die Ausbildung eines σ-Komplexes erklären. Da σ-Komplexe ohne die Beteiligung eines Protons in Kapitel 5 besprochen werden, kann nur festgestellt werden, daß eine CT-Wechselwirkung, wie mit den Aluminiumhalogeniden, im System $Olefin/BF_3$ nicht beobachtet werden kann.

In diesem Zusammenhang müssen auch die Untersuchungen an Polyenen gesehen werden. LEWIS und SEABORG [19] berichteten, daß bei Einleiten von BF_3 in Lösungen von Diphenyldodecahexaen und β-Carotin sofort tiefgefärbte Lösungen entstehen, deren Farbe sich mit der Zeit ändert und aus denen sich schließlich ein gefärbter Niederschlag abschied. Bei dieser Wechselwirkung handelt es sich um eine Addition von BF_3 an das konjugierte System, d. h. also um einen σ-Komplex, so daß auch dieses System in Kapitel 5 besprochen wird.

4.3.1.3. π-Donator/$SnCl_4$. Von TSUBOMURA [20] wurden Absorptionsmessungen an den Systemen $Benzol/SnCl_4$ und $Naphthalin/SnCl_4$ in Cyclohexan als Lösungsmittel ausgeführt. Der Autor beobachtete eine gegenüber der Eigenabsorption der Aromaten und des $SnCl_4$ langwellig verschobene Absorptionskante, die der Bildung eines 1:1-Komplexes $ArH \cdot SnCl_4$ zugeordnet wurde. Für das System $Naphthalin/SnCl_4$ wurden die Messungen quantitativ ausgewertet. Die Gleichgewichtskonstante der Bildung des $Naphthalin/SnCl_4$-Komplexes wurde bei 291 K zu $K = 0,06\ Mol^{-1}$ angegeben.

Weitere spektroskopische Untersuchungen von COMYNS u. Mitarb. [21] im Zusammenhang mit dem Tritiumaustausch zwischen TCl und Aromaten, mit und ohne Zinntetrachlorid als Katalysator, beziehen sich auf das System $Toluol/SnCl_4$. Die Autoren beobachteten eine Gelbfärbung beim Lösen von $SnCl_4$ in Toluol. Die Absorption begann bei etwa 400 nm (25000 cm^{-1}) und stieg zu kürzeren Wellen stark an, ohne daß ein Maximum beobachtet werden konnte. Da Toluol erst unterhalb 300 nm absorbiert, Zinntetrachlorid erst unterhalb 250 nm, führten die Autoren diese starke Farbänderung ebenfalls auf die Bildung eines CT-

Komplexes zurück. SATCHELL [22] untersuchte das System Toluol/SnCl$_4$ im Zusammenhang mit H-Austauschvorgängen und konnte die Beobachtungen von COMYNS u. Mitarb. bestätigen. Die beobachtete Absorption war unabhängig von der Zeit und der Menge vorhandener gelöster HCl [21]. SATCHELL konnte jedoch zeigen, daß die Extinktion einer Lösung von SnCl$_4$ in Toluol abnahm, wenn Essigsäure oder Trifluoressigsäure diesem System zugeführt wurde. In Abb. 26 ist diese Abnahme dargestellt. Die Darstellung enthält auch die Abnahme bei Hinzufügung von Trifluoressigsäure, deren Einfluß jedoch wesentlich geringer ist als der der Essigsäure. Diese Abnahme wird dadurch erklärt, daß die hinzugefügte Essigsäure mit dem im Komplex ArH · SnCl$_4$ gebundenen SnCl$_4$ reagiert und dabei eine komplexe Säure bildet:

$$SnCl_4 + 3\,AcOH \rightleftharpoons [H_2OAc]^+\ [HSnCl_4(OAc)_2]^-$$

Über diese komplexe Säure, die mit dem Aromaten einen Proton-Additions-Komplex bildet, verläuft der Mechanismus des Austauschs. Bei der Trifluoressigsäure ist die Bildung einer komplexen Säure mit SnCl$_4$ offensichtlich erschwert, wie aus analogen Untersuchungen zwischen Di- bzw. Trichloressigsäure und SnCl$_4$ gefolgert werden kann [22]. Aus den kinetischen Untersuchungen und der Tatsache, daß die Extinktion im System Toluol/SnCl$_4$ der Konzentration an SnCl$_4$ proportional ist, ist ferner abzuleiten, daß zwischen Toluol und SnCl$_4$ ein 1 : 1-Komplex gebildet wird.

Dies wurde durch eingehende spektroskopische Studien von MYHER und RUSSELL [23] bestätigt, die die Wechselwirkung von SnCl$_4$ mit Benzol,

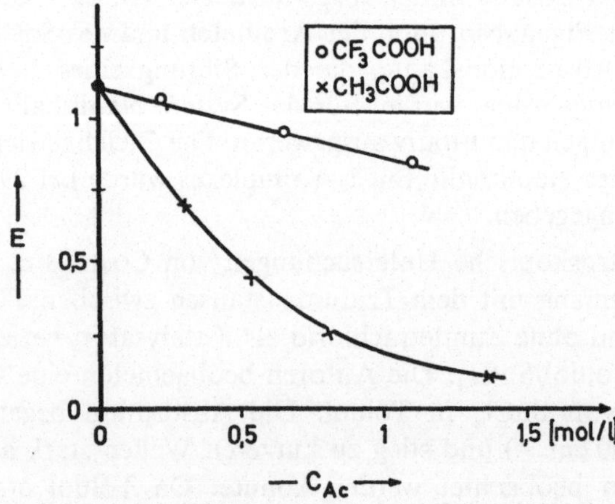

Abb. 26. Abhängigkeit der Extinktion einer Lösung von SnCl$_4$ in Toluol von der Konzentration einer Säure als dritter Komponente [22]

Toluol, Mesitylen und Hexamethylbenzol in Methylenchlorid als Lösungsmittel bei 298 K spektroskopisch untersuchten. Sie bestätigten für die Lösung die starke Absorption im Bereich von 320 bis 360 nm. In Abb. 27 ist die Extinktion einer Lösung von Mesitylen/SnCl$_4$ in Methylenchlorid in Abhängigkeit vom Molenbruch des Systems dargestellt.

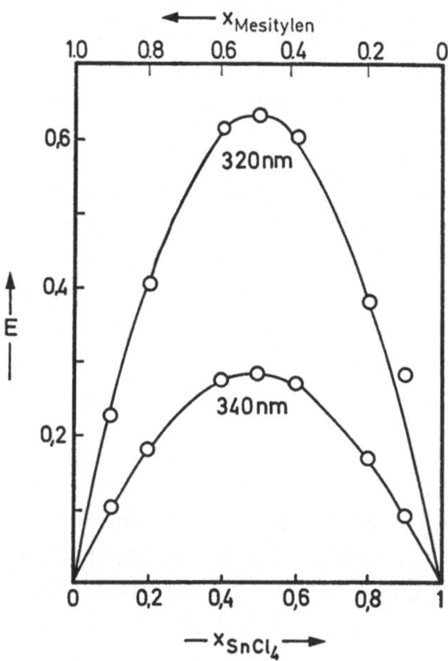

Abb. 27. Extinktion einer Lösung von Mesitylen und SnCl$_4$ in Methylenchlorid in Abhängigkeit vom Molenbruch der Komponenten Mesitylen und SnCl$_4$ [23]

Man erkennt, daß beim Molverhältnis 1:1 ein Maximum beobachtet wird und somit ein 1:1-Komplex vorliegt. Da die Kurven symmetrisch sind, kann gefolgert werden, daß nur ein Komplex gebildet wird, der allerdings eine geringe Stabilität aufweist, worauf aufgrund des breiten Maximums geschlossen werden kann. Für das Gleichgewicht

$$SnCl_4 + ArH \rightleftharpoons ArH \cdot SnCl_4,$$

das bei 298 K weitgehend auf der linken Seite liegt, wurden die Bildungsenthalpien zweier Komplexe abgeschätzt. So ergab sich für

Benzol $\cdot$ SnCl$_4$: $\Delta H = 1,2$ Kcal/Mol (in Benzol) und
Hexamethyl-Bz $\cdot$ SnCl$_4$: $\Delta H = -0,2$ Kcal/Mol (in CH$_2$Cl$_2$).

Die kleinen Werte für ΔH, denen zudem keine große Genauigkeit zukommt, lassen erkennen, daß es sich hierbei nur um eine schwache Wechselwirkung handelt.

Von MINC u. Mitarb. [24] wurde UV-spektroskopisch das System p-Xylol/SnCl$_4$ ausführlich untersucht. Die Autoren beobachteten ebenfalls eine Gelbfärbung und einen starken Anstieg der Absorption im Bereich von 300 bis 360 nm. Eine analoge Auswertung, wie bei MYHER [23], liefert einen 1:1-Komplex p-Xylol/SnCl$_4$. Als Dissoziationskonstante des Komplexes geben die Autoren $K = 1{,}0$ Mol/l an, also ebenfalls ein Wert, der für eine schwache Wechselwirkung spricht.

Erschwert wird die Diskussion dadurch, daß im fraglichen Bereich, der der Absorption des Komplexes ArH · SnCl$_4$ zugeschrieben wird, auch die Proton-Additions-Komplexe der Benzolderivate absorbieren (vgl. Tabelle 10, S. 52). Die Ergebnisse von SATCHELL [22] beim Hinzufügen von Essigsäure zum binären System Toluol/SnCl$_4$ sprechen zwar dafür, daß es sich primär um einen CT-Komplex handelt. Andererseits sprechen die geringen Bildungsenthalpien bei den offensichtlich großen Extinktionskoeffizienten nicht unbedingt für einen reinen CT-Komplex [17].

Aus der oben erwähnten Arbeit von TSUBOMURA [20] kann man andererseits ersehen, daß für den Fall Naphthalin/SnCl$_4$ bei einem ca. 20fachen Überschuß an SnCl$_4$ gegenüber Naphthalin die Absorption erst von 380 nm (26400 cm^{-1}) ab beginnt. Da das Absorptionsmaximum des Proton-Additions-Komplexes des Naphthalins bei 390 nm (25600 cm^{-1}) mit $\varepsilon \sim 10000$ Mol^{-1} · cm^2 liegt, scheint in diesem Fall die langwellig verschobene Absorptionskante des Naphthalins in der Tat allein auf die Komplexbildung im binären System Naphthalin/SnCl$_4$ zurückzuführen sein.

4.3.1.4. π-Donator/TiX$_4$. BRACKMANN und PLESCH [25] beobachteten, daß Titantetrachlorid mit cis- und trans-Stilben tief rot gefärbte Komplexe liefert. EVANS u. Mitarb. [26] untersuchten später spektroskopisch die Komplexbildung zwischen Titantetrachlorid und einigen aromatischen Kohlenwasserstoffen und fanden, daß Titantetrachlorid mit Benzol in Hexan als Lösungsmittel eine fahlgelbe Lösung liefert. Die von den Autoren beobachtete Absorption steigt von 25000 cm^{-1} (400 nm) ab stark an und geht in die Absorption des Titantetrachlorids über, deren langwelliges Maximum in Cyclohexan als Lösungsmittel bei 34840 cm^{-1} liegt und mit $\varepsilon = 10000$ Mol^{-1} · cm^2 sehr intensiv ist [27]. Aus der linearen Zunahme (Steigung = 1) der Extinktion bei Variation der Benzol- oder Titantetrachloridkonzentration folgern EVANS u. Mitarb., daß sich ein 1:1-Komplex C$_6$H$_6$ · TiCl$_4$ bildet.

Ähnliche Untersuchungen wurden außerdem an folgenden Aromaten durchgeführt, aus deren Ergebnissen auf die Bildung eines 1:1-Komplexes geschlossen wurde [26]:

1,1-Diphenyläthylen, 1,1-Diphenyläthan, 1,1,3,3-Tetraphenylbuten-1 und 1-Methyl-1,3,3-triphenylindan.

Bei all diesen Versuchen konnte ein ausgeprägtes Absorptionsmaximum jedoch nicht beobachtet und auch durch Bandenanalysen nicht separiert werden. Im Falle des 1,1-Diphenyläthylens wird zusätzlich eine deutlich ausgeprägte Schulter im Bereich von etwa 24000 bis 23000 cm^{-1} (415 bis 430 nm) beobachtet. Eine Bandenanalyse ergibt ein Maximum bei etwa 23500 cm^{-1} entsprechend 425 nm. Dieses Maximum entspricht in seiner Lage aber ziemlich genau der Lage des Absorptionsmaximums im zugehörigen Proton-Additions-Komplex. Die Messungen zeigen somit, daß auch bei diesen Versuchen ein Proton-Additions-Komplex nicht mit Sicherheit ausgeschlossen werden kann.

Ausführliche Untersuchungen wurden von KRAUSS und HÜTTMANN [28], DIJKGRAAF [29] sowie OTT u. Mitarb. [30] durchgeführt. Aufgrund der starken Farbeffekte, die bei der Wechselwirkung von Aromaten mit Titantetrachlorid auftreten, wird auf eine CT-Wechselwirkung zwischen den Aromaten als π-Donator und $TiCl_4$ als Acceptor geschlossen. Die Bildung eines 1:1-Komplexes in CCl_4 als Lösungsmittel für das System Phenanthren/$TiCl_4$ wird von KRAUSS und HÜTTMANN [28] mittels der Auswertung nach JOB [31] begründet. Abb. 28 zeigt diese Auswertung,

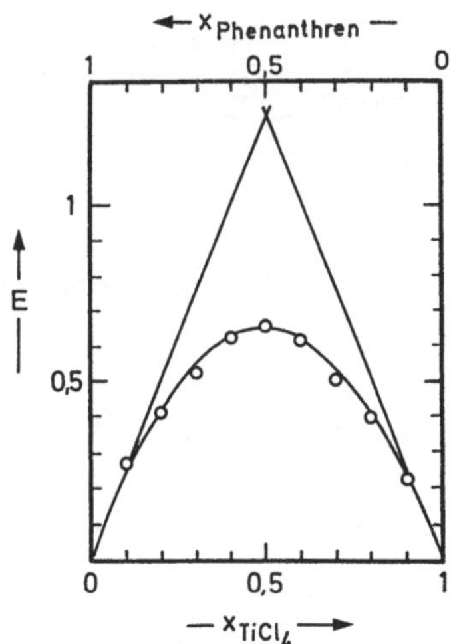

Abb. 28. Extinktion des Systems Phenanthren/$TiCl_4$ in CCl_4 als Funktion des Molenbruches der komplexbildenden Komponenten [28]

die zugleich erkennen läßt, daß es sich um eine schwache Wechselwirkung handelt, da das flache Maximum auf eine starke Dissoziation hinweist, ähnlich wie es in Abb. 27 für das System Mesitylen/SnCl$_4$ nach [22] diskutiert worden war.

Am System Benzol/TiCl$_4$ versuchten OTT u. Mitarb. [30] eine Analyse der Wechselwirkung mittels der *Benesi-Hildebrand-Gleichung* [32]. Da die Anwendung dieser Gesetzmäßigkeit im vorliegenden Fall keine in sich übereinstimmenden Werte für die Dissoziationskonstante und den Extinktionskoeffizienten des Komplexes lieferte, führen diese Autoren die Wechselwirkung zwischen Benzol und einigen Derivaten mit TiCl$_4$ auf einen Kontakt-CT-Mechanismus zurück.

Der Überblick, der durch die Arbeit von KRAUSS und HÜTTMANN gegeben wird, gestattet es, an einer größeren Zahl von Aromaten die Proportionalität zwischen der Lage der Komplexbande und der Ionisierungsenergie der Aromaten zu überprüfen. In Abb. 29 sind diese Verhältnisse dargestellt, wobei die folgende Beziehung angenommen wurde [33]:

$$h \cdot v_{\max} = I_D - C_1 + \frac{C_2}{I_D - C_1}$$

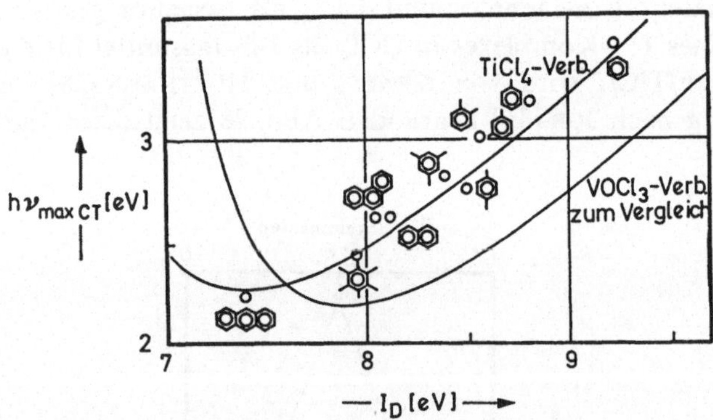

Abb. 29. $h\nu_{\max\,CT}$ [eV] der Systeme ArH/TiCl$_4$ als Funktion der Ionisierungsenergie der Donatoren [28]

Abb. 29 läßt erkennen, daß die geforderte Abhängigkeit von der Ionisierungsenergie mit $C_1 = 6{,}24$ und $C_2 = 1{,}29$ sehr gut erfüllt ist. Die Konstanten C_1 und C_2 sind gegeben zu

$$C_1 = E_A - E_c + W_o; \qquad C_2 = \beta_o^2 + \beta_1^2$$

mit E_A der Elektronenaffinität, E_c der Coulombenergie und W_o der van der Waals-Energie, sowie β_o und β_1 quantenmechanischen Parametern, s. auch Gl. (1), S. 164. In vielen Fällen kann man den Zusammenhang zwischen der Lage der Komplexbande und der Ionisierungsenergie des Elektronendonators durch eine einfache lineare Beziehung darstellen, vgl. hierzu Kapitel 4.5.6, Gl. (3).

Die Maxima der CT-Banden für die Systeme $ArH/TiCl_4$ und $ArH/TiBr_4$ sind in Tabelle 18 zusammengestellt.

Tabelle 18 Lage der Elektronenüberführungsbanden der Komplexe einiger Aromaten mit $TiCl_4$ und $TiBr_4$ nach HÜTTMANN [34] in CCl_4

Nr.	Aromat	$TiCl_4$		$TiBr_4$	
		$\tilde{\nu}_{CT}$ [cm^{-1}]	$h \cdot \tilde{\nu}_{CT}$ [eV]	$\tilde{\nu}_{CT}$ [cm^{-1}]	$h \cdot \tilde{\nu}_{CT}$ [eV]
1	Benzol	27800	3,43	27000	3,35
2	Toluol	25600	3,16	—	—
3	o-Xylol	24100	2,99	23800	2,95
4	m-Xylol	23800	2,95	23800	2,95
5	p-Xylol	23800	2,95	22700	2,82
6	Mesitylen	22700	2,82	20850	2,59
7	Durol	—	—	22450	2,79
8	Hexamethylbenzol	19400	2,40	18200	2,26
9	Naphthalin	21100	2,62	21050	2,61
10	Phenanthren	21050	2,61	20000	2,48
11	Pyren	17250	2,14	16400	2,04
12	Anthracen	17200	2,13	16150	2,00

Interessant ist das System $TiCl_4$/Hexamethylbenzol (HMB). Bei einem Überschuß an Kohlenwasserstoff in CCl_4-Lösung bildet sich ein roter 1:1-Komplex. Bei $TiCl_4$-Überschuß fällt jedoch nach anfänglicher Rotfärbung eine hellgelbe Verbindung der Zusammensetzung 2 $TiCl_4 \cdot$ HMB aus, die im Gegensatz zu den übrigen von KRAUSS und HÜTTMANN [28, 34] untersuchten Verbindungen in inerten Lösungsmitteln fast unlöslich und gegen Feuchtigkeit relativ unempfindlich sind. Im Hochvakuum zerfällt die Verbindung bei 353 K in ihre Ausgangsbestandteile, die getrennt sublimieren und sich bei tiefer Temperatur als Gemisch von $TiCl_4$ (farblos) und rotem $TiCl_4 \cdot$ HMB niederschlagen. Beim Erwärmen auf Raumtemperatur geht dieses Gemisch praktisch quantitativ wieder in 2 $TiCl_4 \cdot$ HMB (gelb) über [28, 34].

Für das System Phenanthren/$TiCl_4$ wurden von KRAUSS und HÜTTMANN [28] auch die Dissoziationskonstanten bei verschiedenen Temperaturen bestimmt. Es ergeben sich die Werte:

$$T = 266 \text{ K} \quad K_{\text{Diss}} = 0{,}22 \text{ Mol} \cdot 1^{-1}$$
$$T = 293 \text{ K} \quad K_{\text{Diss}} = 0{,}16 \text{ Mol} \cdot 1^{-1}$$
$$T = 323 \text{ K} \quad K_{\text{Diss}} = 0{,}12 \text{ Mol} \cdot 1^{-1}$$

Daraus ergeben sich die thermodynamischen Daten zu:

$$\Delta H_D = -1{,}78 \text{ Kcal/Mol und } \Delta G_{293} = 1{,}07 \text{ Kcal/Mol}$$

DIJKGRAAF [29] untersuchte die Wechselwirkung mehrerer kondensierter Aromaten mit $TiCl_4$ und $TiBr_4$ in Cyclohexan als Lösungsmittel und konnte neben den Maxima, die von KRAUSS und HÜTTMANN beobachtet worden waren, im Falle der Komplexe mit Naphthalin, Anthracen, Chrysen, Perylen und Pyren eine zweite kurzwelligere Bande beobachten. Der Abstand beider Banden ist unabhängig vom Acceptormolekül, wie zusätzlich durch Untersuchungen am System Aromat/$VOCl_3$ gezeigt werden konnte. Eine entsprechende Aufspaltung der Übergänge in den CT-Spektren von Komplexen Aromat/Tetracyanoäthylen und Aromat/Chloranil ist erstmals von BRIEGLEB u. Mitarb. [36] beschrieben und diskutiert worden. Sie ist auch bei diesen CT-Komplexen unabhängig von dem Acceptor. Dies zeigt sich besonders deutlich darin, daß die von BRIEGLEB u. Mitarb. gemessenen Aufspaltungen auch von DIJKGRAAF in den Spektren dieser Komplexe wiedergefunden wurden. So beträgt die Aufspaltung im Komplex $TiCl_4 \cdot$ Pyren und $VOCl_3 \cdot$ Pyren $\Delta \tilde{\nu} = 6300 \text{ cm}^{-1}$. Im Komplex Pyren $\cdot$ Tetracyanoäthylen und Pyren $\cdot$ Chloranil beträgt die Aufspaltung 6500 cm^{-1}. Eine ähnlich gute Übereinstimmung ergibt sich für die jeweiligen Komplexe mit Naphthalin. Diese gute Übereinstimmung bestärkt die Annahme einer CT-Wechselwirkung zwischen den Aromaten und $TiCl_4$, $TiBr_4$ sowie $VOCl_3$.

Die Ergebnisse von DIJKGRAAF sind in Tabelle 19 zusammengestellt.

Tabelle 19 Maxima der Spektren einiger Komplexe Aromat/TiX_4 und Aromat/$VOCl_3$ in Cyclohexan nach DIJKGRAAF [29]

Nr. Abb. 33	Donor	Acceptor $TiCl_4$			$TiBr_4$			$VOCl_3$		
		$\tilde{\nu}_1$ [cm^{-1}]	$\tilde{\nu}_2$ [cm^{-1}]	$\Delta \tilde{\nu}_{1,2}$	$\tilde{\nu}_1$ [cm^{-1}]	$\tilde{\nu}_2$ [cm^{-1}]	$\Delta \tilde{\nu}_{1,2}$	$\tilde{\nu}_1$ [cm^{-1}]	$\tilde{\nu}_2$ [cm^{-1}]	$\Delta \tilde{\nu}_{1,2}$
1	Benzol	29 800	—	—	27 000	—	—	23 800	—	—
2	Naphthalin	21 000	25 800	4 800	21 300	—	—	16 000	—	—
6	Anthracen	16 700	25 000	8 300	16 500	22 900	6 400	12 200	—	—
3	Phenanthren	22 000	—	—	21 300	—	—	16 200	—	—
4	Chrysen	19 200	27 000	7 800	18 500	—	—	14 500	—	—
5	Pyren	17 200	23 500	6 300	16 800	—	—	12 500	18 800	6 300
7	Perylen	14 500	21 000	6 500	14 200	19 200	5 000	8 000	15 200	7 200

Die Tabelle läßt ferner erkennen, daß der Unterschied zwischen den Acceptoren $TiCl_4$ und $TiBr_4$ nicht sehr groß ist, daß jedoch beim Übergang zu $VOCl_3$ eine starke Zunahme der Acceptorfähigkeit resultiert. Die Maxima befolgen wiederum wie bei KRAUSS und HÜTTMANN eine lineare Abhängigkeit von der Ionisierungsenergie der kondensierten Aromaten. Damit kann für dieses System eine echte Elektronen-Donator-Acceptor-Wechselwirkung im Sinne eines CT-Komplexes angenommen werden.

Analoge Untersuchungen mit TiF_4 und TiJ_4 lieferten keine überzeugende Beweise für das Vorliegen definierter CT-Komplexe in den Systemen Aromat/TiF_4 bzw. Aromat/TiJ_4. Im Falle des TiF_4 ist die Löslichkeit in den verschiedenen organischen Lösungsmitteln und in den flüssigen Aromaten selbst so gering, daß keine Wechselwirkung nachgewiesen werden konnte [34]. Versuche, im Komplex Aromat/$TiCl_4$ mit HF Chlor gegen Fluor auszutauschen, führten zu keinem Erfolg, da sich sofort die gefärbten Lösungen der Proton-Additions-Komplexe bildeten, die dann weiter zu unkontrollierbaren Folgereaktionen führten.

Beim TiJ_4 stört bei diesen Untersuchungen die starke Eigenabsorption im sichtbaren Bereich. Obwohl Änderungen im Absorptionsspektrum des TiJ_4 nach Zugabe von Aromaten beobachtet worden waren, konnte eine lineare Abhängigkeit der Lage der neuen Maxima von der Ionisierungsenergie der Aromaten nicht bestätigt werden. Das bedeutet, daß die Acceptorstärke des TiJ_4 zu gering ist, um wohl definierte 1:1-Komplexe in Lösung bilden zu können [34].

Von KRAUSS und NICKL [35] wurden außerdem Untersuchungen am System Olefin/$TiCl_4$ durchgeführt. Auch hier bilden sich intensiv gefärbte Lösungen. Die gebildeten Komplexe lassen sich jedoch nicht in Substanz fassen, sondern dissoziieren bei allen Versuchen zu ihrer Isolierung in die Komponenten. Diese Erscheinung spricht für die bei zahlreichen CT-Komplexen außerordentlich schwachen Bindung zwischen den Komponenten.

Wie bei den bereits oben erwähnten Untersuchungen an Aromaten ergibt sich auch hier ein eindeutiger Zusammenhang zwischen der Lage der CT-Bande und den Ionisierungsenergien der Olefine. Die Werte fügen sich gut in die Abstufung ein, die für die Aromaten gefunden wurde. In Abb. 30 sind diese Verhältnisse anschaulich dargestellt. Die Tatsache, daß sich die Äthylenderivate ohne Abweichungen in die allgemeinen Gesetzmäßigkeiten einfügen, macht es wahrscheinlich, daß allen Komplexen ein ähnlicher sterischer Bau zukommt. Wie bei den Komplexen der reinen Aromaten ergibt sich ein stöchiometrisches Verhältnis Donator: Acceptor = 1:1. Auch Donatoren, die sowohl ein olefinisches wie

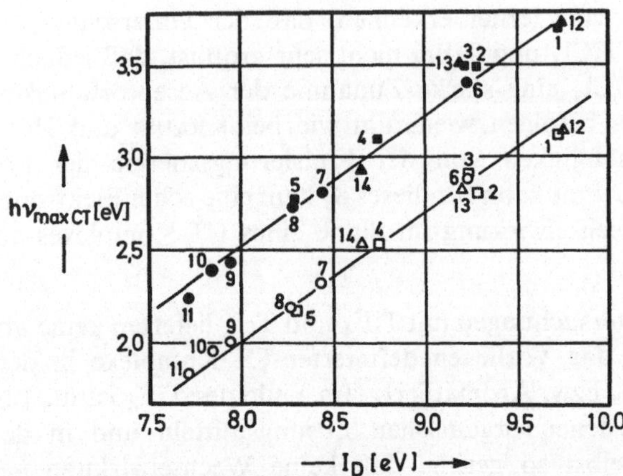

Abb. 30. $hv_{max\ CT}$ [eV] der Systeme Olefin/TiCl$_4$ und Olefin/VOCl$_3$ als Funktion der Ionisierungsenergie der Donatoren nach [35]. ■ ● ▲ TiCl$_4$-Komplexe □ ○ △ VOCl$_3$-Komplexe, □ Methylsubstituierte Äthylene, ○ Phenylsubstituierte Äthylene, △ sonstige substituierte Äthylene. *1* Propen, *2* trans-Buten-2, *3* Isobuten, *4* Trimethyläthylen, *5* Tetramethyläthylen, *6* Benzol (zum Vergleich), *7* Styrol, *8* 1,1-Diphenyläthylen, *9* trans-Stilben, *10* Triphenyläthylen, *11* Tetraphenyläthylen, *12* Buten-1, *13* Cyclohexen, *14* Cyclododekatrien- (1. 5. 9) (trans, trans, trans – und cis, trans, trans-Form)

ein aromatisches π-System besitzen, vermögen demnach also nur ein Acceptormolekül zu binden [35].

4.3.1.5. π-Donator/VOCl$_3$ und VCl$_4$. Ähnlich alt wie die Erscheinung der "red oils" ist die beim Vermischen des hellgelben Vanadin(V)-oxochlorids mit aromatischen Kohlenwasserstoffen auftretende Rotfärbung [37]. Im Rahmen ihrer Untersuchungen über die Komplexbildung mit Metallhalogeniden beschäftigten sich KRAUSS und HUBER [38] ausführlicher mit diesem System. In der Reihe Benzol, Toluol, p-Xylol und Mesitylen ergeben sich folgende Charakteristika gegenüber VOCl$_3$ [39]:

a) Die Farbe der Lösungen verschiebt sich in dieser Reihenfolge von rot nach violett bei etwa gleichbleibender Intensität.

b) Die Lösungen zersetzen sich bei Lichteinwirkung unter Reduktion des V$^{\underline{V}}$ zu V$^{\underline{IV}}$.

c) Die IR-Spektren der Lösungen zeigen die unveränderten Absorptionen der Kohlenwasserstoffe.

d) Beim Verdünnen mit Petroläther tritt eine Abweichung vom BEERschen Gesetz im Sinne einer starken Dissoziation des farbigen Bestandteiles auf.

Alle diese Eigenschaften sprechen für die Ausbildung eines CT-Komplexes. In Abb. 31 sind die Absorptionsspektren der Systeme Benzol,

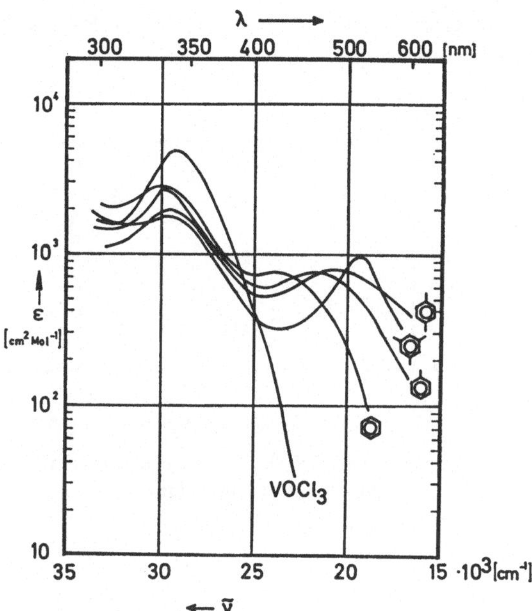

Abb. 31. Elektronenanregungsspektren der Systeme. Benzol/VOCl₃, Toluol/VOCl₃, p-Xylol/VOCl₃, Mesitylen/VOCl₃ [39]

Toluol, p-Xylol und Mesitylen/VOCl$_3$ dargestellt. Im Gegensatz zu den bisher diskutierten Systemen ist der Absorption der am langwelligsten absorbierenden Komponente — in diesem Fall VOCl$_3$ — eine breite deutlich abgesetzte Bande vorgelagert. Die Absorption des Aromaten beginnt erst oberhalb 35000 cm^{-1} und ist hier nicht mehr dargestellt. Die Spektren vermitteln den typischen Eindruck einer CT-Bande mit der charakteristischen rotverschobenen Lage dieser Bande zur Eigenabsorption der Komponenten.

Die ausführliche Auswertung dieser Messungen nach JOB [31] liefert für die repräsentativen Beispiele Benzol/VOCl$_3$, Toluol/VOCl$_3$ und Xylol/VOCl$_3$ ein Molverhältnis ArH:VOCl$_3$ = 1:1 [40]. Die Lage der Maxima der CT-Banden befolgt die bereits erwähnte Gesetzmäßigkeit mit der Ionisierungsenergie, wie aus Abb. 32 hervorgeht. Dies bestätigt die Annahme, daß es sich auch bei diesen Systemen um eine CT-Wechselwirkung handelt. In Tabelle 19 sind die Ergebnisse analoger Untersuchungen von DIJKGRAAF [29] für VOCl$_3$ als Acceptor mit aufgeführt. Auf die Aufspaltung der CT-Banden wurde bereits bei den Komplexen mit TiCl$_4$ hingewiesen. In Abb. 33 sind zusammen mit den Komplexen TiCl$_4$ · ArH und TiBr$_4$ · ArH die Maxima der MV-Banden der Komplexe VOCl$_3$ ·

ArH für kondensierte Aromaten (vgl. Tabelle 19) als Funktion der Ionisierungsenergie dargestellt.

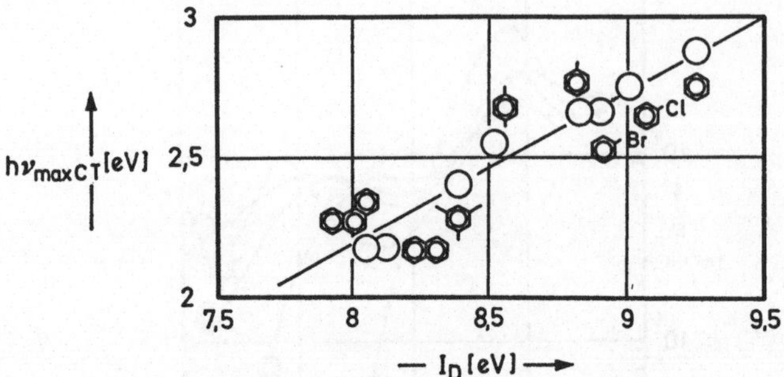

Abb. 32. $h\nu_{max\,CT}$ [eV] der Systeme ArH/VOCl$_3$ als Funktion der Ionisierungsenergie der Donatoren nach [39]

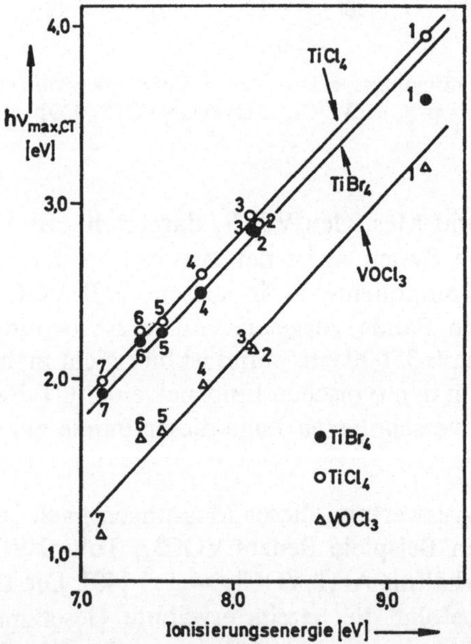

Abb. 33. $h\nu_{max\,CT}$ [eV] der Systeme ArH/TiCl$_4$, ArH/TiBr$_4$, ArH/VOCl$_3$ für kondensierte Aromaten als Donatoren als Funktion ihrer Ionisierungsenergie [29] (vgl. Tabelle 19)

Neben den spektroskopischen Untersuchungen wurden von KRAUSS u. Mitarb. noch DK-Messungen und Dichtemessungen zur Kennzeichnung des 1:1-Komplexes nach der Methode von JOB ausgewertet sowie über einige ESR-Messungen an diesen Systemen berichtet [40].

Im Zusammenhang mit den bereits diskutierten Untersuchungen am System Olefin/$TiCl_4$ wurde von KRAUSS und NICKL [35] auch die Wechselwirkung zwischen Olefinen und $VOCl_3$ systematisch untersucht. Für das System Tetramethyläthylen/$VOCl_3$ als Beispiel wurde die Bildung 1:1-Komplexes nach der Methode von JOB nachgewiesen. Die Lage der Maxima für verschiedene Olefine befolgt wieder einen linearen Zusammenhang mit der Ionisierungsenergie, wie aus Abb. 30 zu ersehen ist, wo dieser Zusammenhang für das System Olefin/$VOCl_3$ mit dargestellt ist. Man erkennt, daß die beiden Geraden für die Systeme Olefin/$TiCl_4$ und Olefin/$VOCl_3$ praktisch nur parallel gegeneinander verschoben sind, so daß hieraus auf einen ähnlichen Mechanismus der Komplexbildung für beide Systeme geschlossen werden kann. Die Parallelverschiebung beträgt 0,5 eV und ist auf den Unterschied der Elektronenaffinität der beiden Acceptoren zurückzuführen [35]. Bei den geschilderten Untersuchungen wurde stets darauf geachtet, daß Vanadin in seiner Oxydationsstufe $V^{\underline{V}}$ vorlag, zumal bei Belichtung leicht ein Übergang von $V^{\underline{V}}$ nach $V^{\underline{IV}}$ erfolgen kann [39].

Für Vanadintetrachlorid wurden von HÜTTMANN [34] die Spektren der CT-Komplexe mit Aromaten gemessen und diskutiert. Der lineare Zusammenhang zwischen der Lage der Maxima und der Ionisierungsenergie der Aromaten, wie er in Abb. 34 dargestellt ist, wird wiederum als ein Kriterium für einen CT-Komplex herausgestellt. Die Maxima sind für eine Reihe von Aromaten in Tabelle 20 zusammengestellt. Die Numerierung der Tabelle entspricht der Numerierung der Abb. 34.

Tabelle 20 Lage der Elektronenüberführungsbanden einiger Komplexe Aromat/VCl_4 in CCl_4 nach HÜTTMANN [34]

Nr.	Aromat	$\tilde{\nu}_{CT}$ [cm^{-1}]	$h\tilde{\nu}_{CT}$ [eV]
1	Benzol	22500	2,78
2	Toluol	21300	2,65
3	o-Xylol	20900	2,60
4	m-Xylol	20600	2,56
5	p-Xylol	19600	2,43
6	Mesitylen	17800	2,34
7	Durol	17800	2,34
8	Hexamethylbenzol	16150	2,00
9	Naphthalin	16950	2,10
13	Diphenyl	17850	2,21

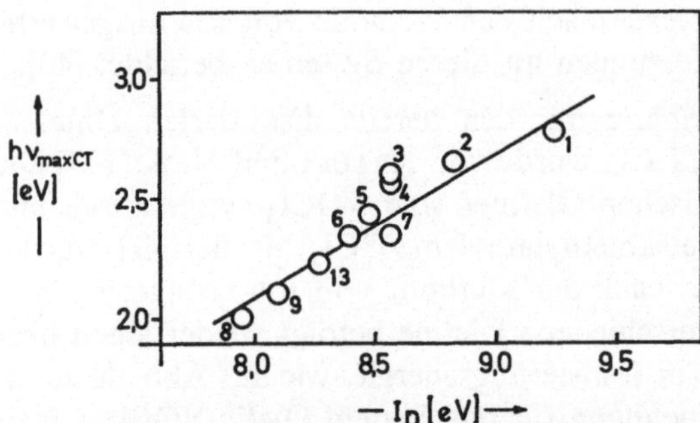

Abb. 34. $h\nu_{max\,CT}$ [eV] der Systeme ArH/VCl$_4$ als Funktion der Ionisierungsenergie der Donatoren [34] (Numerierung s. Tabelle 20)

4.3.1.6. π-Donator/NbX$_5$ und TaX$_5$. Analoge Untersuchungen wie für die Systeme Aromat/TiX$_4$ (VX$_4$) wurden von KRAUSS und HÜTTMANN [34] auch an den Systemen Aromat/NbCl$_5$ und Aromat/TaCl$_5$ durchgeführt. Die Ergebnisse bezüglich der Lage der CT-Banden sind in Tabelle 21 zusammengestellt. Abb. 35 gibt die Beziehung $h\nu_{CT}$ als Funktion der Ionisierungsenergie des Aromaten für beide untersuchten Systeme wieder.

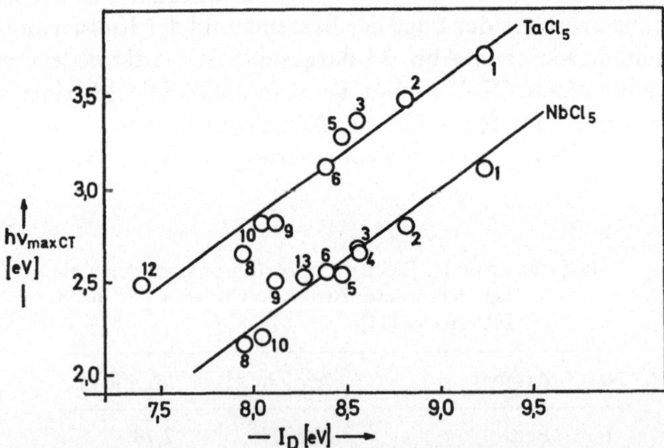

Abb. 35. $h\nu_{max\,CT}$ [eV] der Systeme ArH/NbCl$_5$ und ArH/TaCl$_5$ als Funktion der Ionisierungsenergie der Donatoren [34] (Numerierung s. Tabelle 21)

Im Zusammenhang mit diesen Untersuchungen wurde von HÜTTMANN festgestellt, daß die entsprechenden Bromide (NbBr$_5$ und TaBr$_5$) keine definierten 1:1-Komplexe mit Aromaten bilden. Es konnte zwar eine Veränderung der Spektren gegenüber dem der Komponenten beobachtet werden, jedoch nicht in dem Sinne, daß eine lineare Abhängigkeit zwischen den Maxima der langwelligen Banden und den Ionisierungsenergien erfüllt war. Die Wechselwirkung zwischen Donator und Acceptor ist in diesen Systemen außerordentlich gering.

Tabelle 21 Lage der Elektronenüberführungsbanden einiger Komplexe Aromat/NbCl$_5$ und Aromat/TaCl$_5$ in CCl$_4$ nach HÜTTMANN und KRAUSS [34]

Nr.	Aromat	NbCl$_5$		TaCl$_5$	
		$\tilde{v}_{CT}$ [cm^{-1}]	$h\tilde{v}_{CT}$ [eV]	$\tilde{v}_{CT}$ [cm^{-1}]	$h\tilde{v}_{CT}$ [eV]
1	Benzol	25000	3,10	29950	3,60
2	Toluol	22500	2,78	27900	3,47
3	o-Xylol	21500	2,67	27100	3,35
4	m-Xylol	21350	2,65	—	—
5	p-Xylol	20400	2,53	26300	3,27
6	Mesitylen	20600	2,56	25000	3,10
8	Hexamethylbenzol	17550	2,18	21300	2,64
9	Naphthalin	20250	2,51	22700	2,82
10	Phenanthren	17700	2,20	22700	2,82
12	Anthracen	—	—	20000	2,48
13	Diphenyl	20600	2,56	—	—

4.3.1.7. π-Donator/WCl$_6$. Untersuchungen an diesem System wurden von KRAUSS und OSTERMAIER [41] durchgeführt. Interessant ist hierbei

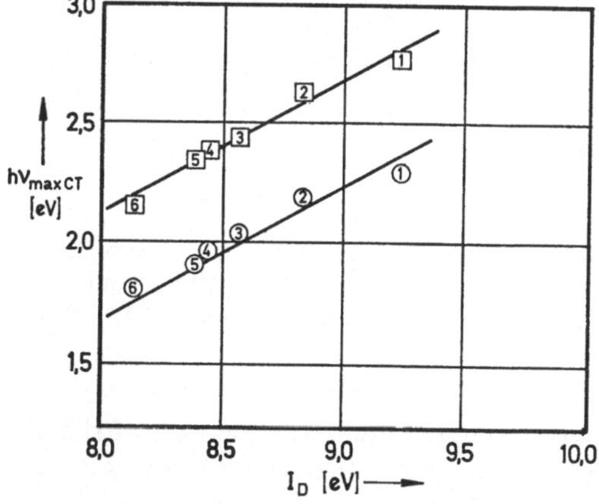

Abb. 36. *hv*$_{max\ CT}$ [eV] der Systeme ArH/WCl$_6$ für die Primär- und Sekundärkomplexe als Funktion der Ionisierungsenergie der Donatoren [41]. *1* Benzol, *2* Toluol, *3* m-Xylol, *4* p-Xylol, *5* Mesitylen, *6* Naphthalin

das Auftreten zweier Komplexe in Lösung. Ein anfänglich gebildeter tiefgefärbter Komplex geht in einen Sekundärkomplex über, dessen Spektrum gegenüber dem des Primärkomplexes hypsochrom verschoben ist. In Tabelle 22 sind die Maxima der Komplexbanden für beide Komplexe zusammengestellt.

Beide Komplexe erfüllen die lineare Gesetzmäßigkeit $h\tilde{v}_{CT} = f\,(I_D)$. Die entsprechenden Geraden sind parallel gegeneinander verschoben, wie aus Abb. 36 unmittelbar zu ersehen ist. Der vertikale Abstand beider Geraden beträgt 0,4 eV. In Abb. 37 sind die Absorptionsspektren der Primärkomplexe in Lösung dargestellt.

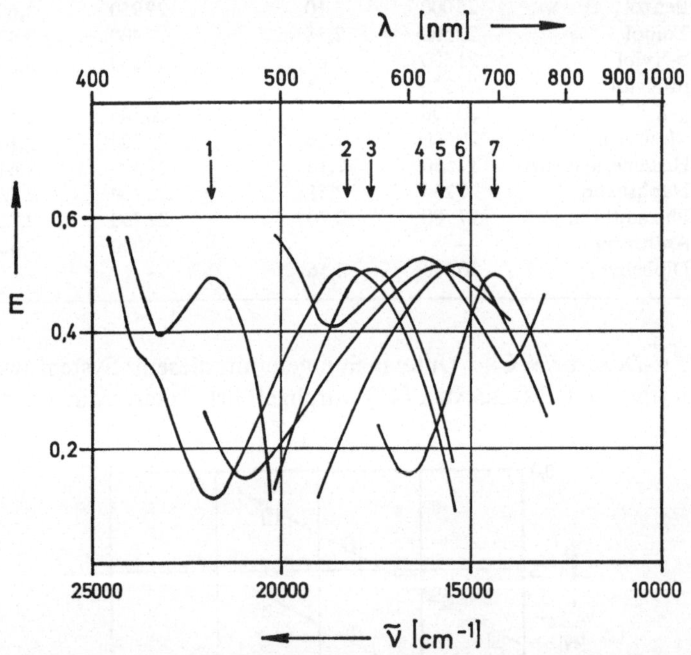

Abb. 37. Elektronenanregungsspektren der Primärkomplexe im System ArH/WCl₆ [41] Extinktion als Funktion der Wellenzahl. Komplexe mit: *2* Benzol, *3* Toluol, *4* m-Xylol, *5* p-Xylol, *6* Mesitylen, *7* Naphthalin, *1* CCl₄ als Lösungsmittel

Wie die Autoren zeigen konnten, scheiden zur Erklärung dieses Verhaltens Redoxreaktionen aus, da weder chlorierte Aromaten noch Komplexe unter Wertigkeitsänderung in den Lösungen nachgewiesen werden konnten. Es verbleiben zwei Möglichkeiten, zwischen denen zur Zeit nicht unterschieden werden kann:

Tabelle 22 Lage der Elektronenüberführungsbanden im Primär- und Sekundärkomplex Aromat/WCl$_6$ in CCl$_4$ bzw. im Aromaten als Lösungsmittel nach OSTERMAIER [41]

Aromat	Primärkomplex		Sekundärkomplex	
	$\tilde{\nu}_{CT}$ [cm^{-1}]	$h\tilde{\nu}_{CT}$ [eV]	$\tilde{\nu}_{CT}$ [cm^{-1}]	$h\tilde{\nu}_{CT}$ [eV]
Benzol	18350	2,28	22000	2,72
Toluol	17700	2,19	21100	2,61
m-Xylol	16400	2,03	19600	2,42
p-Xylol	15900	1,97	19250	2,38
Mesitylen	15400	1,91	19100	2,36
Naphthalin	14500	1,80	17250	2,14

Einmal die Änderung der stöchiometrischen Zusammensetzung eines aus WCl$_6$ und Donatoreinheiten bestehenden Komplexes $A_n D_m \rightleftharpoons A_k D_l$ und zweitens die Umlagerung eines ursprünglich gebildeten CT-Komplexes in einen zweiten Komplex gleicher Bruttozusammensetzung. Zwischen beiden Möglichkeiten mit Hilfe spektroskopischer Methoden zu unterscheiden, war nicht möglich, da die Umwandlungsgeschwindigkeit Primärkomplex $\rightarrow$ Sekundärkomplex außerordentlich stark von den Konzentrationen an Donator und Acceptor abhängt. Bei sehr großem Überschuß des Donators erfolgt eine sehr schnelle Umwandlung, während ein Überschuß an Acceptor eine Stabilisierung des Primärkomplexes bewirkt.

Ein Gleichgewicht zwischen beiden Komplexen existiert nicht, da die Umwandlung in Richtung des Sekundärkomplexes irreversibel ist. Aus diesem Grunde wird angenommen, daß sich zunächst ein energiereicherer Komplex bildet, in dem der Donator relativ locker gebunden ist. In einer Folgereaktion erfolgt die Umwandlung unter stärkerer Beeinflussung des Donators. Unterstützung findet diese Erklärung durch IR-Messungen im fernen IR zur Lage der WCl-Schwingungen [41]. Beim Übergang vom Primärkomplex in den Sekundärkomplex werden diese Schwingungen zu kleineren Wellenzahlen verschoben, was einer Schwächung der WCl-Bindung und damit einer Verstärkung der Wechselwirkung entspricht.

In diesem Zusammenhang mit ausgeführte Untersuchungen über die Wechselwirkung von Aromaten mit Wolframoxochloriden ergaben keine befriedigenden Ergebnisse wegen der geringen Löslichkeit dieser Verbindungen in organischen Lösungsmitteln.

Bei der Wechselwirkung von Olefinen mit WCl$_6$ kommt es ebenfalls nicht zu einer nachweisbaren CT-Komplexbildung, wohl aber zu einer HCl-

Abspaltung aus einer intermediär chlorierten Verbindung unter Bildung
eines Diolefins nach dem folgenden Schema:

Der Verlauf wurde durch quantitative Bestimmung der HCl-Abspaltung
verfolgt. Die entwickelte HCl-Menge entsprach dem nach der Reaktionsgleichung zu erwartenden Molverhältnis 1 Mol WCl_6 auf 2 Mol HCl.
Eine genaue Analyse des entstehenden weißen Produktes steht jedoch
noch aus, so daß über etwaige Neben- und Folgeprodukte noch keine
Aussagen gemacht werden können [41].

4.3.1.8. π-Donator/Antimontrichlorid (Menshutkin-Komplexe). Obwohl
dieses System aufgrund der Untersuchungen von MENSHUTKIN [42] schon

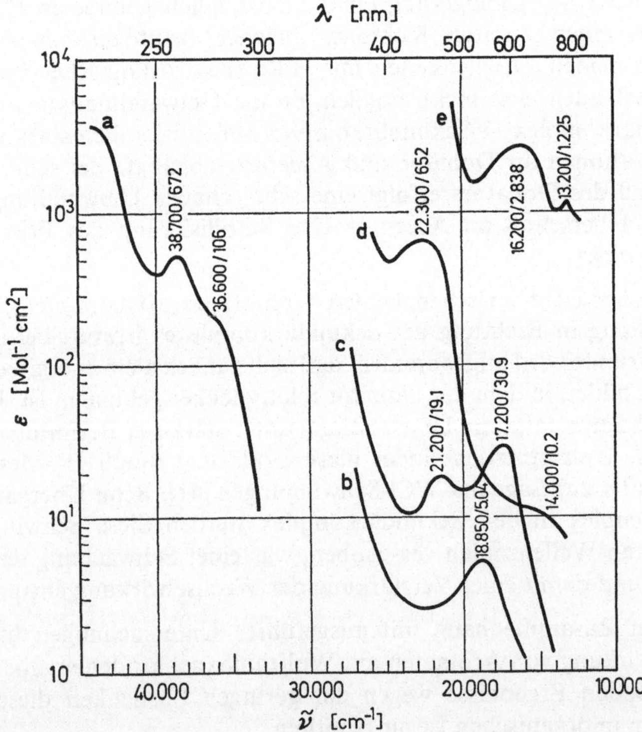

Abb. 38. Elektronenanregungsspektren von a $SbCl_3$ in n-Heptan bei Raumtemperatur, b Diphenyl in $SbCl_3$, c Naphthalin in $SbCl_3$, d Chrysen in $SbCl_3$ und e Tetracen
in $SbCl_3$. $T = 353$ K

sehr lange bekannt ist, sind bisher keine Untersuchungen über die Elektronenanregungsspektren dieser Molekülverbindungen bekanntgeworden. Vorläufige Untersuchungen von PERKAMPUS und SCHÖNBERGER [43] zeigen, daß diese Komplexe in Lösung nicht beständig sind. In organischen Lösungsmitteln ist deshalb eine Komplexbildung in verdünnten Lösungen nicht nachweisbar. Erhöht man die Konzentration von Aromat und Antimontrichlorid, so fällt ein gefärbter fester Komplex aus, ohne daß eine gefärbte Lösung auftritt. Eine Möglichkeit, Absorptionsbanden in flüssiger Phase zu messen, bietet jedoch die Schmelze von $SbCl_3$ als Lösungsmittel selbst. Aber auch hier sind die Ergebnisse wenig befriedigend. In einigen Fällen werden deutlich abgesetzte Absorptionsbanden beobachtet, wie z. B. für Diphenyl, Naphthalin, Chrysen und Tetracen in Abb. 38 dargestellt, in anderen Fällen werden nur Schultern als langwellige Ausläufer an der Absorptionskante des geschmolzenen $SbCl_3$ beobachtet. Einigermaßen deutlich sind noch Banden beim Benzol, Toluol, Äthylbenzol, 2-Methylnaphthalin und Diphenyl ausgeprägt. Die Maxima dieser Banden sind in Tabelle 23 zusammengestellt.

Die scheinbaren Extinktionskoeffizienten dieser MV-Banden liegen zwischen $\varepsilon' = 0{,}14\ Mol^{-1} \cdot cm^2$ für Benzol und $\varepsilon' = 2800\ Mol^{-1} \cdot cm^2$ für Tetracen. Eine lineare Abhängigkeit der Lage der MV-Banden von der Ionisierungsenergie der Aromaten ist nur unvollkommen ausgeprägt, so daß eine CT-Komplexbildung nur mit Vorbehalt anzunehmen ist. Zum Teil liegt dies daran, daß für die Schmelze nicht bekannt ist, ob es sich um Komplexe im Verhältnis 1 Aromat:1 $SbCl_3$ oder 1 Aromat:2 $SbCl_3$ handelt, die bei der Auftragung von $\tilde{\nu}_{max}$ gegen die Ionisierungsenergie nicht die gleiche lineare Abhängigkeit zeigen sollten. Hinzu kommt ferner, daß die schwachen Banden mit ε um $1\ Mol^{-1} \cdot cm^2$ in einigen Fällen Singulett-Triplett-Übergängen der Aromaten entsprechen.

Tabelle 23 Absorptionsmaxima einiger *Menshutkin-Komplexe* in $SbCl_3$ als Lösungsmittel bei $T = 353\ K$

Aromat	$\tilde{\nu}\ [cm^{-1}]$	$h \cdot \tilde{\nu}\ [eV]$	$I_D\ [eV]$
Benzol	21800	2,7	9,24
Toluol	20850	2,58	8,82
Äthylbenzol	20700	2,56	8,65
Naphthalin	21200	2,62	8,12
	17200	2,13	
2-Methylnaphthalin	20000	2,48	8,00
Diphenyl	18850	2,34	8,30
Chrysen	22300	2,76	8,72
Tetracen	16200	2,01	7,15

4.3.1.9. π-Donator/Quecksilberhalogenide. Aufgrund der Löslichkeitsuntersuchungen von Quecksilberhalogeniden in organischen Lösungsmitteln wurde von ELIEZER [44, 45] auf eine Komplexbildung zwischen Aromat und HgX_2 geschlossen, wie in 4.2.5. geschildert wurde. Diese Komplexbildung konnte von ELIEZER und AVINUR [46] auch UV-spektroskopisch nachgewiesen werden. Der Eigenabsorption der aromatischen Komponente ca. 3000 cm^{-1} vorgelagert, fanden die Autoren eine Bande mit einem scheinbaren Extinktionskoeffizienten in der Größenordnung von $\varepsilon' = 500$ Mol$^{-1} \cdot$ cm^2 bis $\varepsilon' = 6800$ Mol$^{-1} \cdot$ cm^2. Die Ergebnisse dieser Untersuchungen sind in Tabelle 24 zusammengestellt. Es ist zu erkennen, daß beim Übergang von $HgCl_2$ zu $HgBr_2$ und HgJ_2 die Lage der Bande praktisch nur geringfügig rotverschoben wird, dagegen die Intensität der Bande stark zunimmt. Die Lage der Maxima erfüllt wieder die lineare Abhängigkeit von der Ionisierungsenergie des Aromaten, woraus auf das Vorliegen eines CT-Komplexes Aromat/HgX_2 geschlossen wird.

Tabelle 24 Lage der MV-Banden und scheinbare Extinktionskoeffizienten im System Aromat/HgX_2 nach [46]

| Aromat | $HgCl_2$ | | $HgBr_2$ | | HgJ_2 | |
	$\tilde{v}_{max}$ [cm^{-1}]	ε'_{max} [Mol$^{-1} \cdot$ cm^2]	$\tilde{v}_{max}$ [cm^{-1}]	ε'_{max} [Mol$^{-1} \cdot$ cm^2]	$\tilde{v}_{max}$ [cm^{-1}]	ε'_{max} [Mol$^{-1} \cdot$ cm^2]
Benzol	36560	500	36500	2350	36350	5800
tert. Butylbenzol	36000	600	35945	1600	35820	5250
Toluol	35715	650	35700	2400	35665	6200
o-Xylol	35335	1140	35300	3300	35210	6800
m-Xylol	35335	900	35210	2450	35150	6500
Mesitylen	34905	1300	34870	2700	34845	6400
p-Xylol	34820	750	34805	2100	34760	5800
Tetralin	33820	360	33780	1200	33670	5100

Aus den Löslichkeitsuntersuchungen [44, 45] war abgeleitet worden, daß die Komplexstabilität in der Reihenfolge

$$HgCl_2 > HgBr_2 > HgJ_2$$

abnimmt. Die in dieser Reihenfolge dagegen zunehmende Intensität der Komplexbande kann darauf zurückgeführt werden, daß es sich bei der vorliegenden Wechselwirkung um einen Kontakt-CT-Komplex handelt [47, 48, 49].

4.3.2. Infrarotspektren

Sorgfältige Untersuchungen über die Änderungen der IR-Spektren der Donatormoleküle bei der Wechselwirkung mit Metallhalogeniden (Lewissäuren) sind relativ wenig durchgeführt worden. Dies liegt vor allem an den meßtechnischen Schwierigkeiten, insbesondere an der Forderung nach extremem Feuchtigkeitsausschluß. Wenn daher die Bildung von Proton-Additionskomplexen ausgeschlossen werden kann, so sollten nur geringe Änderungen in den IR-Spektren der π-Donatoren auftreten. In der Tat zeigten LUTHER und GEISSLER [50] an den Systemen m-Xylol/Aluminiumbromid und m-Xylol/Aluminiumchlorid, daß keine Änderung in dem IR-Spektrum des m-Xylols auftrat: Dagegen beobachteten TERENIN u. Mitarb. [51] bei der Einwirkung von Aluminiumbromid, Aluminiumchlorid und Zinntetrachlorid auf Cyclohexen eine Verschiebung der C=C-Valenzschwingung von 1650 nach $1525\ \mathrm{cm}^{-1}$. Eine derart starke Rotverschiebung der C=C-Valenzschwingung um $125\ \mathrm{cm}^{-1}$ liegt in der gleichen Größe wie bei den Metall-π-Komplexen [52] und würde daher für eine starke Wechselwirkung sprechen. Im Gegensatz hierzu stellten PERKAMPUS und BAUMGARTEN [53] am System Äthylen/Galliumchlorid nur eine Verschiebung von $50\ \mathrm{cm}^{-1}$ fest. In Übereinstimmung mit LUTHER und GEISSLER [50] konnten diese Autoren bei Benzol und weiteren Benzolderivaten bei der Wechselwirkung mit Aluminiumbromid keine Veränderung des IR-Spektrums der aromatischen Komponente feststellen [54].

Aus diesen Vorbemerkungen ist zu ersehen, daß sich die Olefine und Benzolderivate in ihrem Verhalten gegenüber den Metallhalogeniden unterscheiden und folglich getrennt besprochen werden sollen.

4.3.2.1. Das System: Alken/Me$_2^{\mathrm{III}}$X$_6$.

Bei diesen Systemen ist nach den vorstehenden Bemerkungen die Frage zu klären, ob die von TERENIN [51] beobachtete Verschiebung von $125\ \mathrm{cm}^{-1}$ oder die von PERKAMPUS und BAUMGARTEN [53] ermittelte Verschiebung von $50\ \mathrm{cm}^{-1}$ für die Wechselwirkung charakteristisch ist.

In Abb. 39 ist das IR-Spektrum des Systems Äthylen/Galliumchlorid dargestellt [53]. Dieses Spektrum wurde durch kurzes Tempern eines im Hochvakuum aufsublimierten Films von Äthylen und Galliumchlorid bei etwa 98 K erhalten. Die Wechselwirkung zwischen den Komponenten läßt sich an den Änderungen im IR-Spektrum des Äthylens sehr deutlich erkennen. Es treten zahlreiche neue Banden auf, von denen die bei $1575\ \mathrm{cm}^{-1}$ und $1025\ \mathrm{cm}^{-1}$ am charakteristischsten sind. Wird auf einen derartigen Film zusätzlich HCl gedampft, so resultiert ein IR-Spektrum wie in Abb. 40, das dem ternären System Äthylen/Aluminiumbromid/HCl zugehört. Dieses Spektrum ist völlig verschieden von dem eines

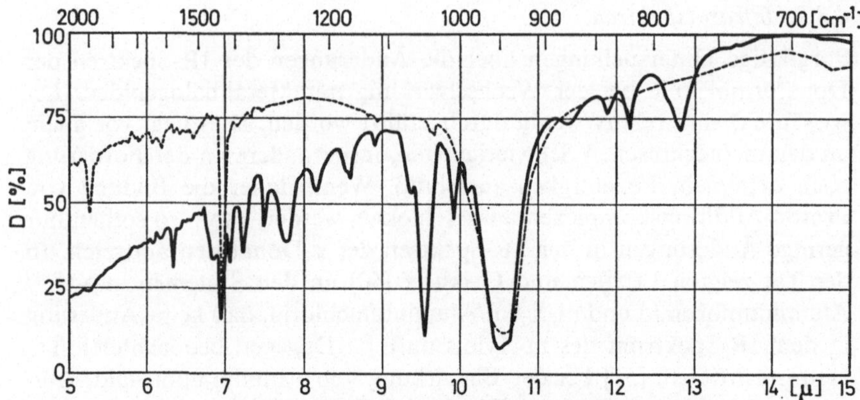

Abb. 39. IR-Spektrum des Systems C_2H_4/Galliumchlorid. $T = 98$ K. - - - Reiner
C_2H_4-Film, —— umgesetzter Film

binären Systems. Die Bande bei $1575\ cm^{-1}$ ist verschwunden. Dafür
tritt eine neue Bande bei $1525\ cm^{-1}$ auf.

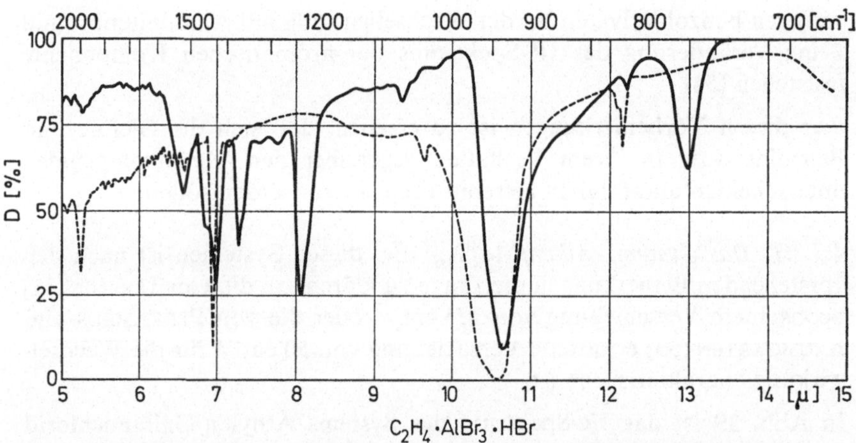

Abb. 40. IR-Spektrum des ternären Systems C_2H_4/Aluminiumbromid/HBr. $T =$
98 K. - - - Reiner Film s. Abb. 39, —— umgesetzter Film

In beiden Fällen dürfte es sich hierbei um die IR-inaktive $C=C$-Valenz-
schwingung handeln, die je nach der Stärke der Wechselwirkung unter-
schiedlich rotverschoben ist. Bezieht man auf die Lage dieser Schwingung
aus dem Ramanspektrum [55], so ergeben sich für die $C=C$-Valenz-
schwingung die folgenden Verschiebungen:

$$\text{Äthylen/Ga}_2\text{Cl}_6 \quad : \Delta\tilde{v} = -\ \ 50\ \text{cm}^{-1}$$
$$\text{Äthylen/Al}_2\text{Br}_6/\text{HCl} : \Delta\tilde{v} = -\ 100\ \text{cm}^{-1}$$

Im *ternären* System ergibt sich somit eine Verschiebung in der Größenordnung der von TERENIN u. Mitarb. beobachteten Rotverschiebung der C=C-Valenzschwingung am System Cyclohexen/Al$_2$Br$_6$.

Nach neueren Untersuchungen von WEISS [56] kann man auch am Cyclohexen zeigen, daß die starke Rotverschiebung von 125 cm^{-1} nur im ternären System auftritt. Für die Lage der C=C-Valenzschwingung und ihre Verschiebung ergeben sich die folgenden Werte:

$$\text{Cyclohexen} \qquad \tilde{v}\,(\text{C}=\text{C}) = 1648\ \text{cm}^{-1}$$
$$\text{Cyclohexen/Al}_2\text{Br}_6 \qquad \tilde{v}\,(\text{C}=\text{C}) = 1578\ \text{cm}^{-1};\ \Delta\tilde{v} = -\ \ 70\ \text{cm}^{-1}$$
$$\text{Cyclohexen/Al}_2\text{Br}_6/\text{HBr}\ \ \tilde{v}\,(\text{C}=\text{C}) = 1524\ \text{cm}^{-1};\ \Delta\tilde{v} = -\ 124\ \text{cm}^{-1}$$

Aus diesen Daten kann man ersehen, daß bei der von TERENIN beschriebenen Wechselwirkung mit Sicherheit Protonen vorhanden gewesen sind und die Verschiebung somit einem „Proton-Additions-Komplex" zuzuordnen ist. Das Beispiel gibt daher in eindrucksvoller Weise zu erkennen, wie schwierig wegen der Nebeneffekte die sichere Erkennung des Primärschrittes dieser Wechselwirkung ist.

Ausführlichere Untersuchungen über die Wechselwirkung von Alkenen mit Aluminiumbromid wurden von WEISS und PERKAMPUS [57] durchgeführt. Die Wellenzahlen der C=C-Valenzschwingungen der reinen Verbindungen und in den binären sowie ternären Systemen sind in Tabelle 25 zusammengefaßt. Aus Tabelle 25 ist zu entnehmen, daß im binären System die Rotverschiebung 50 bis 70 cm^{-1} beträgt, während im ternären System die Verschiebung auf $\sim$ 130 cm^{-1} anwächst. An Hand dieser Beispiele ist somit sichergestellt, daß die starke Rotverschiebung für ein ternäres System, d. h. einen Proton-Additions-Komplex charakteristisch ist.

Tabelle 25 Lage der C=C-Valenzschwingung einiger Alkene sowie ihre Verschiebung im π-Komplex und Proton-Additions-Komplex [57]

Substanz	$\tilde{v}\,\text{C}=\text{C}$ [cm^{-1}]	π-Komplex		Proton-Additions-Komplex	
		$\tilde{v}$ [cm^{-1}]	$\Delta\tilde{v}$	$\tilde{v}$ [cm^{-1}]	$\Delta\tilde{v}$
Äthylen	1623[a]	1575	48	1530	93
Propen-1	1641	1579	62	—	—
Buten-1	1632	1575	57	—	—
Penten-1	1639	1579	60	—	—
Hexen-1	1639	1581	58	—	—

Tabelle 25 (Fortsetzung)

Substanz	$\tilde{\nu}$ C $=$ C [cm^{-1}]	π-Komplex		Proton-Additions-Komplex	
		$\tilde{\nu}$ [cm^{-1}]	$\Delta\tilde{\nu}$	$\tilde{\nu}$ [cm^{-1}]	$\Delta\tilde{\nu}$
cis-Penten-2	1658	1596	62	1533	125
trans-Penten-2	1673 [bc]	1600	73	1531	142
trans-Hexen-2	1672 [bc]	1596	76	1533	139
trans-Hexen-3	1671 [b]	—	—	1533	138
Cyclopenten	1608	1493	115	—	—
Cyclohexen	1648	1578	70	1524	124
Cyclohepten	1653	1594	59	1533	120

[a] Raman-Daten s. [55]
[b] Raman-Daten s. [58]
[c] Raman-Daten s. [59]

Untersuchungen an längerkettigen Olefinen, wie z. B. den isomeren n-Undecenen, die durch die Arbeiten von ASINGER u. Mitarb. [60] zugänglich geworden sind, zeigen, daß das Problem der Trocknung der höher siedenden Olefine entscheidend ist. Die Verschiebung der C $=$ C-Valenzschwingung liegt für das System n-Undecen/Al$_2$Br$_6$ bei 130 bis 140 cm^{-1} und entspricht somit einem Proton-Additions-Komplex [56, 57].

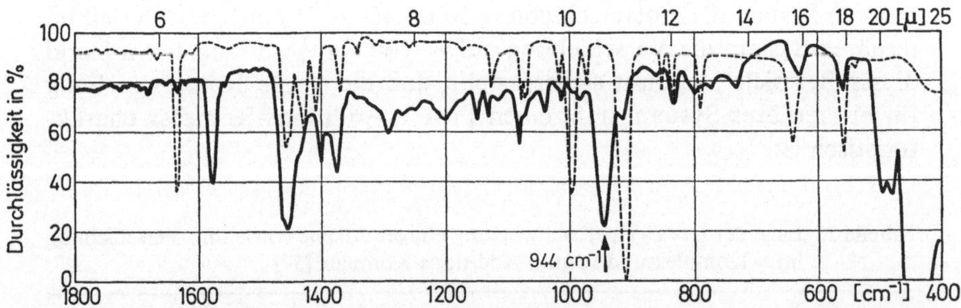

Abb. 41. IR-Spektren dünner Filme. Buten-1 (- - -), Buten-1/Al$_2$Br$_6$ (———). $T =$ 150 K

Eine genauere Betrachtung der IR-Spektren der π-Komplexe zeigt, daß weitere charakteristische Änderungen beobachtet werden können. In Abb. 41 ist das IR-Spektrum des Komplexes Buten-1/Al$_2$Br$_6$ zusammen mit dem eines reinen Buten-1-Filmes im Bereich von 1800 bis 400 cm^{-1} dargestellt. Besonders auffallend ist die intensive Bande bei 944 cm^{-1}, die auch bei den anderen Olefinen nach der Wechselwirkung zwischen 945 und 965 cm^{-1} auftritt. In diesem Bereich liegen die nicht-ebenen olefinischen CH-Deformationsschwingungen, die bekanntlich in ihrer Lage von der Art der Substitution an der Doppelbindung abhängen [55, 61]. Für alle Olefine mit endständiger Doppelbindung treten außerordentlich lagekonstant zwei intensive Banden bei 993 ± 3 cm^{-1} und 914 ± 4 cm^{-1} auf. Nach der Wechselwirkung mit Al_2Br_6 sind beide Banden verschwunden, und es tritt nur noch eine sehr intensive Bande im Bereich von 945 bis 965 cm^{-1} auf, die charakteristisch für trans-disubstituierte Olefine ist. Das bedeutet, daß sich die Lewissäure von einer Seite, wahrscheinlich von der dem Substituenten abgewandten Seite her, der Doppelbindung nähert und an den π-Elektronen der Doppelbindung anteilig wird. Dadurch werden die nichtebenen CH-Deformationsschwingungen der olefinischen Doppelbindung derart beeinflußt, daß eine trans-Disubstitution vorgetäuscht wird. Bemerkenswert ist in diesem Zusammenhang, daß die olefinischen CH-Valenzschwingungen oberhalb 3000 cm^{-1} nach der Wechselwirkung vollständig verschwunden sind, wie die Beispiele der Spektren des Buten-1 und Cyclohepten im Bereich von 2800 bis 3200 cm^{-1} in den Abb. 42 und 43 deutlich erkennen lassen.

Während die Beeinflussung der nicht-ebenen CH-Deformationsschwingungen auch aufgrund räumlicher Verhältnisse erklärt werden könnte, muß das Verschwinden der olefinischen CH-Valenzschwingungen ursächlich auf die Beeinflussung, d.h. die Schwächung der C=C-Doppel-

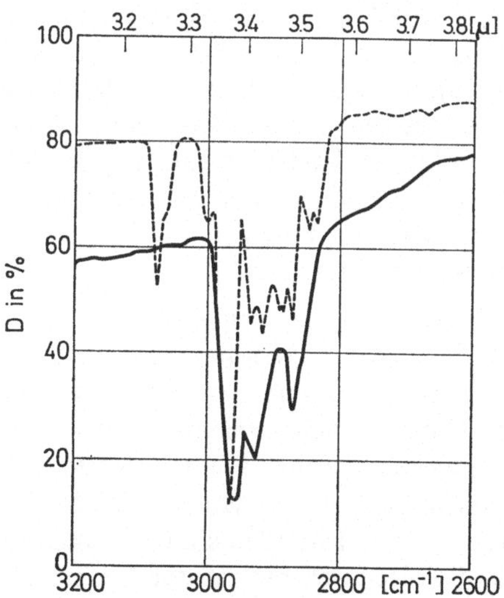

Abb. 42. IR-Spektren dünner Filme im Bereich der CH-Valenzschwingungen. Buten-1 (- - -), Buten-1/Al_2Br_6 (————). $T = 150$ K

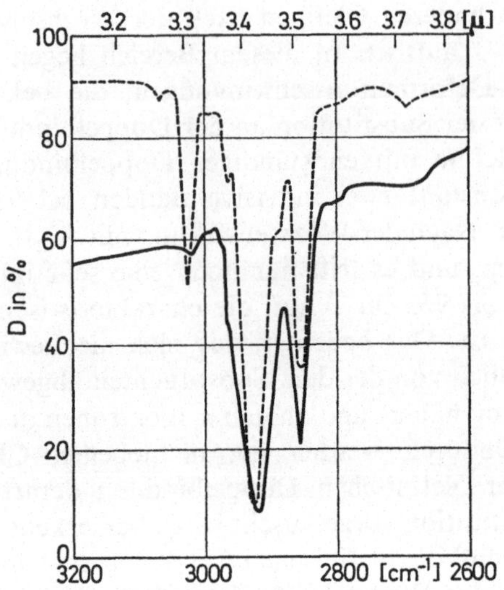

Abb. 43. IR-Spektren dünner Filme im Bereich der CH-Valenzschwingungen.
Cyclohepten (- - -), Cyclohepten/Al$_2$Br$_6$ (———). $T = 150$ K

bindung bei der Wechselwirkung zurückgeführt werden. Ein ähnlicher
Effekt ist bei Allyl-Metall-Komplexen beschrieben worden, bei denen
eine niederfrequente CH-Valenzschwingung bei $\tilde{\nu} = 2850$ cm^{-1} liegt [62].

Bei der Durchführung der geschilderten Versuche wurde ferner beobachtet, daß sich die „Addukte" bei endständigen Olefinen bereits bei der
Temperatur des flüssigen Stickstoffs bilden, während Olefine mit inner-
ständiger Doppelbindung erst bei höherer Temperatur (> 100 K) mit
Al$_2$Br$_6$ eine Reaktion zeigen. Daraus kann man ableiten, daß die endständigen Doppelbindungen basischer sind als die inneren Doppelbindungen. BOOTH u. Mitarb. [63] hatten dies bereits bei Messungen über
die Wechselwirkung von iso-Buten und cis- sowie trans-Buten mit
Schwefeldioxyd in n-Heptan festgestellt.

Analoge Untersuchungen wurden von WEISS [56, 57] an den Systemen
Cyclohexadien-1,4/Al$_2$Br$_6$ und Cyclohexadien-1,3/Al$_2$Br$_6$ durchgeführt.
Das unkonjugierte Dien zeigt eine Rotverschiebung der C=C-Valenz-
schwingung von 1 679 cm^{-1} nach 1 608 cm^{-1} ($\Delta\tilde{\nu} = -71$ cm^{-1}) und fügt
sich somit in das allgemeine Schema ein. Interessant ist, daß nach der
Wechselwirkung die intensiven Banden der reinen festen Substanz bei
957, 888 und 630 cm^{-1} verschwunden sind, wie man beim Vergleich der
in Abb. 44 dargestellten IR-Spektren sofort erkennen kann. Es liegt daher
nahe, anzunehmen, daß es sich bei diesen Banden um die nicht-ebenen
CH-Deformationsschwingungen an den Doppelbindungen handelt.

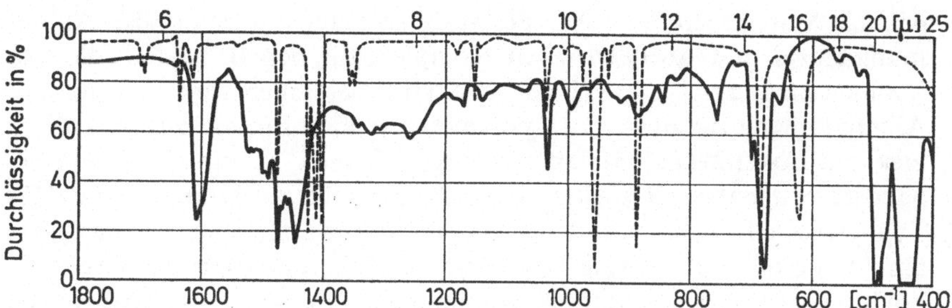

Abb. 44.   IR-Spektren dünner Filme.   Cyclohexadien-1,4   (- - -)   Cyclohexadien-1,
4/Al$_2$Br$_6$ (———). $T = 150$ K

Ausgehend von Cyclohexadien-1,4 stellten OLAH und TOLGYESI [64] die
festen Komplexe C$_6$H$_9$SbF$_6$ dar und diskutierten die UV-, IR- und
NMR-Spektren dieser Verbindungen. Die IR-Spektren unterscheiden
sich sehr stark von dem in Abb. 44 dargestellten Spektrum des binären
Systems C$_6$H$_8$Al$_2$Br$_6$, so daß die Ausbildung eines Komplexes C$_6$H$_9^+$ ·
AlBr$_4^-$ als Folge der Hydrolyse der Lewissäure bei den oben diskutierten
Untersuchungen ausgeschlossen werden kann.

Im Bereich der CH-Valenzschwingungen beobachtet man nach der Wechselwirkung eine breite Bande bei 2920 cm^{-1}. Die Banden oberhalb
3000 cm^{-1} haben an Intensität abgenommen. Auch dies kann als Beweis
dafür angesehen werden, daß die C=C-Doppelbindung bei der Wechselwirkung geschwächt wird und somit auch die olefinischen CH-Valenzschwingungen zu niederen Wellenzahlen verschoben werden, wie wir es
bereits bei den Olefinen gesehen hatten.

Beim Cyclohexadien-1,3 liegt ein konjugiertes π-Elektronensystem vor.
Die Bande der C=C-Valenzschwingung der reinen festen Substanz liegt
bei 1571 cm^{-1}, die des „Adduktes" bei 1520 cm^{-1}. Die Verschiebung
beträgt somit -51 cm^{-1} und entspricht in ihrer Größe der schwachen
Komplexbildung, die wir bei den Olefinen diskutiert hatten. Wie aus
Tabelle 25 hervorgeht, liegt unabhängig von der Struktur der Olefine im
Bereich um 1530 cm^{-1} die charakteristische Bande der Proton-Additions-
Komplexe. Dies erschwert zwar die Zuordnung, jedoch zeigte der Bereich
oberhalb 3200 cm^{-1} aufgrund fehlender Absorption, daß bei diesen
Untersuchungen Feuchtigkeit ausgeschlossen war, so daß die neu aufge-
tretene Bande bei 1520 cm^{-1} einem π-Komplex zugeordnet wird [56].
Von DENO u. Mitarb. [65] wurde am Beispiel des tetramethylsubstituier-
ten Cyclohexadiens-1,3 in 96%iger Schwefelsäure und feuchtem Al$_2$Cl$_6$
eine Bande des Proton-Additions-Komplexes bei 1533 cm^{-1} nachgewiesen, wodurch die Lagekonstanz dieser Bande erneut bestätigt wurde.

4.3.2.2. System: Alkin/Al$_2$X$_6$. Bei niederen Temperaturen bilden Aluminiumchlorid und Acetylen einen Komplex, für den BAND [66] die Zusammensetzung (Al$_2$Cl$_6$) · (C$_2$H$_2$)$_{12}$ angibt. Bei hohen Temperaturen übt Aluminiumchlorid einen stark polymerisierenden Einfluß aus [67]. GERBIER und LORENZELLI [68] haben flüssiges Hexin-1, -2 und -3 mit Jod behandelt und dabei IR-spektroskopisch Molekülassoziationen vom CT-Typ festgestellt. Diese Komplexe waren sehr instabil, denn die angelagerten Jodmoleküle reagierten besonders bei Belichtung mit der Dreifachbindung und gaben Additionsverbindungen. In reinen Hexin-3 wurde festgestellt, daß die Bande im $-C\equiv C$-Valenzschwingungsbereich sehr empfindlich auf Feuchtigkeitsspuren reagierte. Je länger Hexin-3 der Luftfeuchtigkeit ausgesetzt war, um so stärker wurde die Bande bei 2208 cm^{-1}. Während der Einwirkung von Jod waren die Banden im diskutierten Bereich auch intensiver, während sich im Restspektrum keine Änderungen zeigten. Nach der erwähnten Reaktion mit Jod waren diese Banden verschwunden und im Restspektrum erhebliche Änderungen eingetreten.

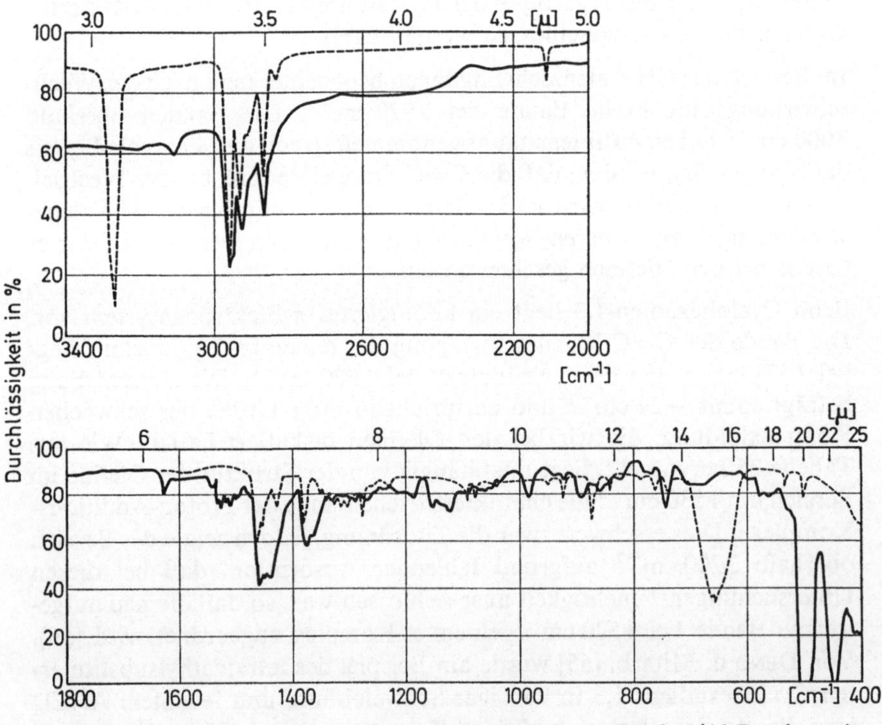

Abb. 45. IR-Spektren dünner Filme von Pentin-1 (- - -), Pentin-1/Al$_2$Br$_6$ (———).
$T = 150$ K

Wegen der Empfindlichkeit dieser Systeme wurde von WEISS [56] die Wechselwirkung einiger Alkine mit Al_2Br_6 mittels der Hochvakuum-küvettentechnik von PERKAMPUS und BAUMGARTEN [69] genauer untersucht.

Die Ergebnisse dieser Untersuchungen zeigen, daß auch bei den Alkinen eine Wechselwirkung mit Al_2Br_6 IR-spektroskopisch nachgewiesen werden kann [70].

Pentin-1 und Hexin-1 zeigen Al_2Br_6 gegenüber gleiches Verhalten. Die charakteristischen Schwingungen endständiger Alkine verschwanden. Aus Abb. 45 ist am Beispiel des Pentin-1 zu ersehen, daß die CH-Valenzschwingung bei $3272\ cm^{-1}$ und die $C\equiv C$-Valenzschwingung bei 2113 cm^{-1} nach der Wechselwirkung verschwunden sind; ebenfalls die Bande bei $653\ cm^{-1}$. Beim Hexin-1 liegen völlig analoge Verhältnisse vor. Dafür sind neue Banden aufgetreten bei $3120\ cm^{-1}$, $1620\ cm^{-1}$ und zwischen $1530\ cm^{-1}$ und $1490\ cm^{-1}$, wie Abb. 45 erkennen läßt. Man kann die Veränderungen des IR-Spektrums des Pentin-1 bei der Einwirkung von Al_2Br_6 deuten, wenn man annimmt, daß eine Polymerisation erfolgte. Dabei sind zahlreiche Stellen mit ungesättigtem olefinischem Charakter gebildet worden. Die neu aufgetretene schwache Bande bei $3120\ cm^{-1}$ entspricht einer olefinischen CH-Valenzschwingung und die neu aufgetretene Bande bei $1620\ cm^{-1}$ einer $C=C$-Valenzschwingung. Das bedeutet folglich, daß auch bei diesen Versuchen eine durch Al_2Br_6 katalysierte Polymerisation des Alkins erfolgte.

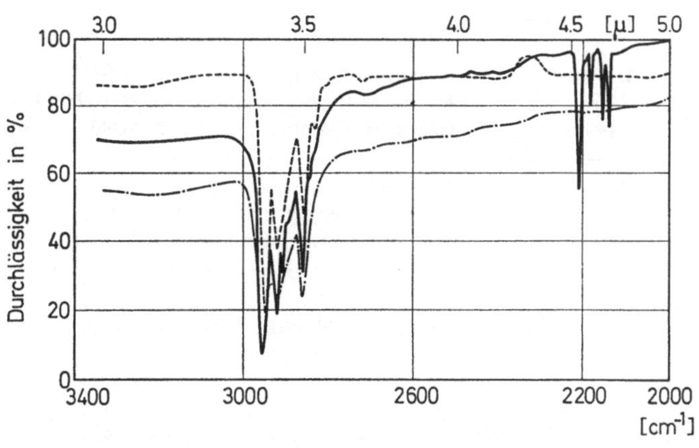

Abb. 46a—c. IR-Spektren dünner Filme von
a Hexin-2 (- - -), kristallin
b Hexin-2/Al_2Br_6 (———), $T = 170\ K$
c Hexin-2/Al_2Br_6 (—·—·—) $T = 200\ K$
im Bereich von 3400 bis $2000\ cm^{-1}$

Eine direkte Wechselwirkung zwischen Alkin und Al_2Br_6 kann dagegen bei den Alkinen nachgewiesen werden, die eine innerständige Dreifachbindung besitzen. Nach der Wechselwirkung mit Al_2Br_6 treten um 2200 cm^{-1} mehrere scharfe Banden auf, und zwar beim Pentin-2 und Hexin-3 je drei und beim Hexin-2 sogar vier [70]. Als Beispiel hierfür ist in Abb. 46 das IR-Spektrum des Hexin-2 vor und nach der Wechselwirkung mit Al_2Br_6 im Bereich von 3400 bis $2000\ cm^{-1}$ dargestellt. Die ausgezogene Kurve ist nach Tempern bei 168 K erhalten worden. In diesem Spektrum sind die Änderungen gegenüber dem IR-Spektrum des reinen kristallinen Hexin-2 deutlich zu erkennen. Besonders auffällig sind die vier neu auftretenden scharfen Banden um $2200\ cm^{-1}$ sowie im hier nicht wiedergegebenen Bereich unterhalb $2000\ cm^{-1}$ neu auftretende Banden bei $1103\ cm^{-1}$, $1080\ cm^{-1}$ und $1007\ cm^{-1}$.

In Tabelle 26 sind die im $C\equiv C$-Valenzschwingungsbereich um $2200\ cm^{-1}$ neu aufgetretenen Banden in ihrer Lage zusammengestellt.

Tabelle 26 Neu auftretende Banden im Bereich der $C\equiv C$-Valenzschwingung einiger Alkine und ihre Zuordnung [56, 70]

Alkin	Neue Banden $[cm^{-1}]$	Zuordnung	$\tilde{v}\ [cm^{-1}]$
Pentin-2	2230	$\tilde{v}$ —C≡C—	2238[a]
	2185	Oberschwingung	$: 2\cdot 1109 = 2218$
	2155	Kombinationsschwingung	$: 1109 + 1051 = 2160$
Hexin-2	2222	$\tilde{v}$ —C≡C—	2238[a]
	2193	Oberschwingung	$: 2\cdot 1103 = 2206$
	2161	Kombinationsschwingung	$: 1103 + 1080 = 2183$
	2147	Oberschwingung	$: 2\cdot 1080 = 2160$
Hexin-3	2233	$\tilde{v}$ —C≡C—	2231[b]
	2182	Oberschwingung	$: 2\cdot 1097 = 2194$
	2129	Kombinationsschwingung	$: 1113 + 1028 = 2141$

[a] Raman-Daten nach GREDY [71].
[b] Raman-Daten nach CLEVELAND [72] und MEISTER [73]

Zur Deutung der im Bereich um $2200\ cm^{-1}$ neu auftretenden Banden muß auf die Raman-Daten zurückgegriffen werden [71, 72, 73]. Bei allen alkyldisubstituierten Acetylenen werden im Raman-Spektrum zwei intensive Banden zwischen $2200\ cm^{-1}$ und $2300\ cm^{-1}$ beobachtet. Für 19 verschiedene Dialkylacetylene sind die zugehörigen Raman-Daten von

CLEVELAND u. Mitarb. [72] zusammengestellt und diskutiert worden. Danach liegen die entsprechenden Banden nahe bei 2230 cm^{-1} und 2300 cm^{-1}. Diese Verdoppelung der $-C\equiv C$-Valenzschwingung ist oft diskutiert worden und wird auf Fermi-Resonanz zwischen der $-C\equiv C$-Valenzschwingung und der ersten Oberschwingung einer antisymmetrischen IR-aktiven Schwingung der $C-C\equiv C-C$-Gruppe zurückgeführt, einer Gruppe, die im Butin-2 als Prototyp vorliegt. Die zugehörige Schwingung liegt bei 1126 cm^{-1} [74]. Für die Hexine wurde der Bereich zwischen 2100 cm^{-1} und 2300 cm^{-1} im IR- und Raman-Spektrum nochmals ausführlich von MARQUETON und GERBIER [75] untersucht und im Zusammenhang mit einer intermolekularen Wechselwirkung der Moleküle diskutiert.

Die nach der Wechselwirkung mit Aluminiumbromid im IR-Spektrum auftretenden Veränderungen können nur durch eine Komplexbildung Alkin/Al$_2$Br$_6$ erklärt werden. Die Folge dieser Komplexbildung ist eine Störung der Symmetrie gegenüber der reinen Verbindung, so daß die IR-inaktiven Schwingungen hierdurch IR-aktiv geworden sind. Die Banden oberhalb 2200 cm^{-1} für die Komplexe stimmen mit den entsprechenden Raman-Daten der reinen Alkine gut überein.

Zur Erklärung der neu auftretenden Banden unterhalb 2200 cm^{-1} muß man die Oberschwingungen und Kombinationsschwingungen der bei der Wechselwirkung aktivierten Schwingungen zwischen 1100 cm^{-1} und 1000 cm^{-1} heranziehen. Dann ergibt sich die in der Tabelle 26 aufgeführte Zuordnung für die Banden, die im Bereich von 2100 bis 2300 cm^{-1} nach der Wechselwirkung neu auftreten.

In der eingangs dieses Abschnittes zitierten Arbeit von GERBIER und LORENZELLI [68] werden im Bereich um 2200 cm^{-1} für den CT-Komplex Alkin/J$_2$ ähnliche Bandenlagen diskutiert. Auch hier werden die IR-inaktiven Schwingungen bei der Komplexbildung aktiviert. Allerdings sind im Bereich zwischen 1100 cm^{-1} und 1000 cm^{-1} keine neu auftretenden Banden feststellbar. Starke Veränderungen treten hier erst bei der Addition des Jods an die Dreifachbindung auf. Bezogen auf das Gesamtspektrum unterscheiden sich die „Komplexe" Alkin/Al$_2$Br$_6$ und Alkin/J$_2$ in ihren Spektren, so daß man daraus folgern kann, daß die Wechselwirkung graduell verschieden ist, obwohl es sich in beiden Fällen um die Wechselwirkung des gleichen π-Donators handelt. Der graduelle Unterschied ist durch den Acceptor bedingt, dessen Natur bei den Metallhalogeniden noch genauer diskutiert werden muß.

4.3.2.3. System: Aromat/Halogenide der 3. Hauptgruppe. Wie einleitend zu diesem Kapitel gesagt wurde, haben alle Versuche, eine Wechselwirkung zwischen Benzol und Aluminiumhalogeniden IR-spektroskopisch nachzuweisen, einen negativen Erfolg gehabt [50, 53]. In allen Fällen, wo geglaubt wurde, eine Wechselwirkung nachgewiesen zu haben, handelte es sich um Proton-Additions-Komplexe, was im allgemeinen bereits an der Gelbfärbung der Lösungen zu erkennen war [76]. Auch die Untersuchungen mit Galliumchlorid und Galliumbromid anstelle der Aluminiumhalogenide ergaben in IR-Spektrum des Benzols keinen eindeutigen Hinweis einer Wechselwirkung zwischen Benzol und diesen Lewissäuren [77, 78]. So liefern IR-Messungen im Bereich von 500 bis 200 cm^{-1} an Lösungen von Galliumtrichlorid und Galliumtribromid in n-Hexan und Benzol keinen Hinweis für eine Beeinflussung der Valenzschwingungen der dimeren Moleküle durch Benzol im Vergleich zu n-Hexan [79]. Wenn man annimmt, daß bei dieser Wechselwirkung die Brückenbindungen der Ga_2X_6-Molekel besonders stark beeinflußt werden, so wäre auch eine starke Beeinflussung der zugehörigen Valenzschwingung zu erwarten. Die Untersuchungen zeigen jedoch, daß die Schwingung Ga-Cl-Ga ($\tilde{v}_{13}$) nach BALLS [80] in n-Heptan und Benzol bei 306 cm^{-1} und die entsprechende Schwingung im Ga_2Br_6 bei 228 cm^{-1} in Benzol und 229 cm^{-1} im n-Heptan gefunden wird. Die Valenzschwingungen der endständigen Molekül-

gruppen $\begin{smallmatrix} X \\ \\ X \end{smallmatrix}\!\!\!>\!\!Ga\!\!<$ ($\tilde{v}_8$ und $\tilde{v}_{16}$ [80]) bleiben ebenfalls lagekonstant mit

$\tilde{v}_8 = 463$ (Ga_2Cl_6), 348 (Ga_2Br_6) und $\tilde{v}_{16} = 392$ (Ga_2Cl_6), 265 (Ga_2Br_6) cm^{-1} beim Wechsel des Lösungsmittels erhalten [79]. Daraus ist unmittelbar zu ersehen, daß etwas oberhalb Raumtemperatur eine direkte Wechselwirkung aus den IR-Lösungsspektren der Galliumhalogenide nicht abzulesen ist.

Erwähnenswert sind in diesem Zusammenhang die IR-Messungen am System Benzol/Ga_2X_4. MCMULLAN und CORBETT [81] haben bereits gefordert, daß Galliumdichlorid in Benzollösungen als Ionenpaar vorliegt. Aufgrund der IR-Messungen von KINSELLA u. Mitarb. [79] können die Spektren nur dadurch interpretiert werden, daß eine Komplexbildung des Ionenpaares mit Benzol angenommen wird. Im Ionenpaar $Ga^{I\oplus}$ $[Ga^{III}Cl_4]^{\ominus}$ ist das $Ga_I^{\oplus}$-Ion zur fünffachen Koordination gemäß einer sp^3d-Hybridisierung des Ga^I befähigt. Dies liefert einen Komplex, für den die Autoren die in Abb. 47 dargestellte Struktur vorschlagen.

Auch bei den Methylbenzolen konnte weder mit Aluminiumchlorid noch mit Aluminiumbromid IR-spektroskopisch eine Wechselwirkung festgestellt werden [50, 53, 78], obwohl durch makroskopische Untersuchungen eine Wechselwirkung nachgewiesen worden ist. Besonders aufgrund der sorgfältigen Dampfdruckmessungen von BROWN u. Mitarb. [82] ist ein π-Komplex zu fordern.

Das bedeutet folglich, daß eine eindeutige Wechselwirkung zwischen dem Molekül eines Benzolderivats und einer dimeren Aluminiumbromidmo-

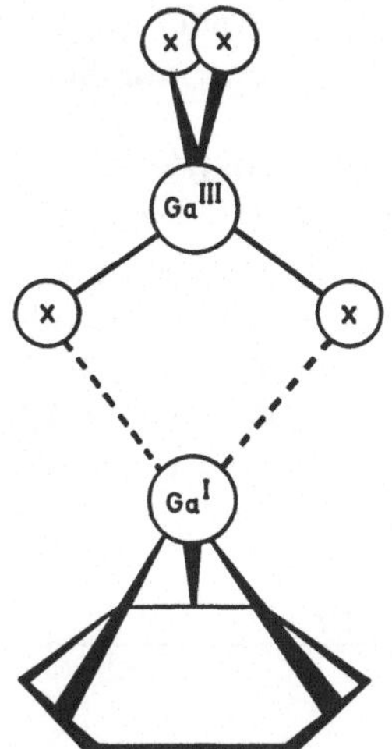

Abb. 47. Struktur des Komplexes $C_6H_6 \cdot Ga_2X_4$ [81]

lekel vorliegt. Eine derartige Wechselwirkung, für die BROWN und WALLACE eine Bildungsenthalpie zwischen 2 bis 10 Kcal/Mol aus Dampfdruckmessungen ermittelt haben, würde durchaus der Ausbildung eines CT-Komplexes entsprechen. Hierfür ergeben sich aus den UV-spektroskopischen Untersuchungen (vgl. 4.3.1.1) an einigen Benzolderivaten, in denen Aluminiumbromid gelöst worden war, Hinweise aus den Arbeiten von FAIRBROTHER und FIELD [4] sowie STAATS [6]. Aus den ausführlichen Untersuchungen an CT-Komplexen ist bekannt, daß bei diesen im IR-Spektrum selten signifikante Änderungen beobachtet worden sind. Im allgemeinen lassen sich die IR-Spektren der CT-Komplexe additiv aus den IR-Spektren der einzelnen Komponenten zusammensetzen [83]. Da die Metallhalogenide Al_2X_6 und Ga_2X_6 im Bereich der typischen Aromatenabsorption keine Banden aufweisen, ist es verständlich, daß bei dieser Wechselwirkung keine entscheidenden oder nur geringe Änderungen beobachtet werden. Hinzu kommt jedoch noch ein weiterer Faktor. ELEY u. Mitarb. [84] führten am festen Komplex Benzol/Al_2Br_6, wie in Kapitel 4.2.1.2 geschildert wurde, eine Kristallstrukturbestimmung aus, die in einem Schichtengitter eine regelmäßige Anordnung der Benzol- und Aluminiumbromidmolekel ergab. Das bedeutet aber, daß im festen Komplex eine relativ hohe Symmetrie vorliegt. Andererseits ergab diese Untersuchung, daß der Abstand zwischen den C-Atomen und den Brom-Atomen relativ groß ist.

Die Strukturanalyse bestätigt demnach die Annahme der schwachen Wechselwirkung und die Ähnlichkeit mit den CT-Komplexen, so daß die

Tatsache, daß keine drastischen Änderungen bei dieser Wechselwirkung im IR-Spektrum beobachtet werden, durchaus verständlich ist.

4.3.2.4. Benzol/BX$_3$. FINCH u. Mitarb. haben die Schwingungsspektren von Bortribromid und Bortrijodid im fernen IR in Lösung untersucht[85]. Dabei beobachteten sie für die symmetrische Valenzschwingung $\tilde{v}_1$ des Bortrijodids im Bereich um 200 cm^{-1} eine Intensivierung dieser Schwingung beim Übergang von Schwefelkohlenstoff als Lösungsmittel zu Benzol als Lösungsmittel. In Abb. 48 sind die IR-Spektren des BJ$_3$ in den genannten Lösungsmitteln im Bereich von 100 bis 400 cm^{-1} dargestellt.

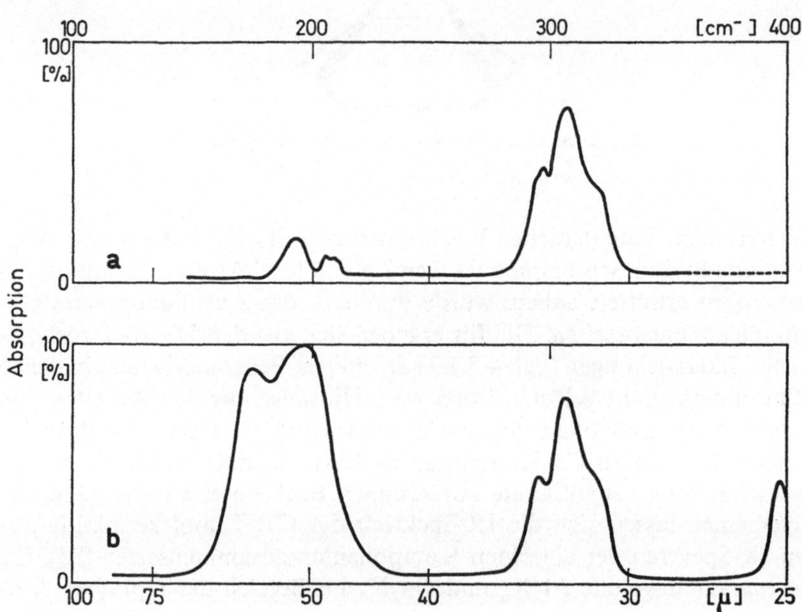

Abb. 48a u. b. IR-Spektren im fernen IR von BJ$_3$ in Schwefelkohlenstoff 50% a) und in Benzol 50% b) nach [85]

Aus dieser Abbildung ist deutlich die starke Intensitätszunahme der Schwingung $\tilde{v}_1$ in Benzol als Lösungsmittel zu ersehen. Die Autoren erklären diesen Effekt zunächst durch eine EDA-Wechselwirkung zwischen den π-Elektronen des Benzols und dem Bortrijodid. Als Folge dieser Wechselwirkung wird die ebene Struktur des BJ$_3$-Moleküls gestört. In Fortführung dieser Arbeiten führten FINCH u. Mitarb. [86] neben NMR-Untersuchungen am ^{11}B-Kern, über die in 4.3.3.2 berichtet wird, auch quantitative Messungen im IR durch.

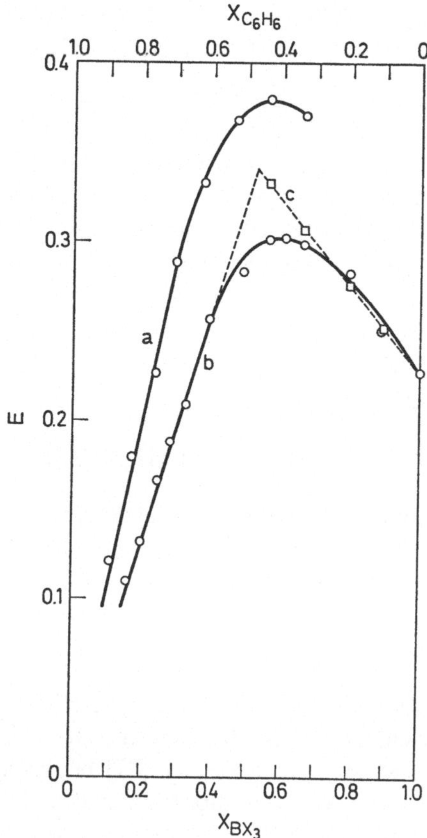

Abb. 49. Extinktion der B-X-Schwingungen in Abhängigkeit vom Molenbruch (X) der Systeme BX₃/Benzol [86]. a BJ₃+Benzol; b BBr₃+Benzol; c berechnet für b

Die Autoren verfolgten über den gesamten Molenbruch in den Systemen C_6H_6/BBr₃ und C_6H_6/BJ₃ die Intensität der symmetrischen Valenzschwingung $\tilde{\nu}_1$. Abb. 49 läßt erkennen, daß eine Kurve mit einem ausgeprägten Maximum bei einem Molenbruch von 0,5 entsprechend einem Molverhältnis von 1 : 1 erhalten wird. Für das System C_6H_6/BBr₃ lassen sich unter Annahme eines 1 : 1-Komplexes, aus den Anfangssteigungen und mit dem Grenzwert für die Extinktion des reinen BBr₃ die beiden Äste der Kurve, in der Abb. 49 gestrichelt gezeichnet, berechnen, deren Schnittpunkt ziemlich genau bei 0,5 liegt. Die analoge Darstellung im System C_6H_6/BJ₃ läßt sich wegen der begrenzten Löslichkeit des BJ₃ in Benzol nicht über den gesamten Bereich verfolgen. Die Berechnung der Extinktionskoeffizienten für den 1 : 1-Komplex ist jedoch in beiden Fällen möglich und liefert die Werte:

$$C_6H_6 \cdot BBr_3 \; : \; \varepsilon = 0{,}156 \; \mathrm{Mol}^{-1} \, \mathrm{cm}^2$$
$$C_6H_6 \cdot BJ_3 \; : \; \varepsilon = 0{,}328 \; \mathrm{Mol}^{-1} \, \mathrm{cm}^2$$

Der Wert für den 1:1-Komplex mit BJ_3 ist doppelt so groß wie der Wert für den Komplex mit BBr_3. Unter der Annahme, daß das partielle Depol-Moment der BBr-Bindung größer ist, als das der BJ-Bindung, bedeutet dies, daß die Störung der Planarität der BJ_3-Molekel durch die Komplexbildung mit Benzol größer ist, d.h., die Donator-Acceptor-Wechselwirkung ist in 1:1-Komplex $C_6H_6 \cdot BJ_3$ größer als im Komplex $C_6H_6 \cdot BBr_3$ [86].

Die in Abb. 49 auftretenden Abweichungen von den berechneten Geraden im System $C_6H_6 \cdot BBr_3$ führen die Autoren auf die Dissoziation des Komplexes zurück:

$$C_6H_6 \cdot BBr_3 \; \overset{K}{\rightleftharpoons} \; C_6H_6 + BBr_3$$

Unter Vernachlässigung der Aktivitäten berechnen die Autoren für die Bildungskonstante einen Wert von $K = 4{,}8 \pm 0{,}8 \; \mathrm{Mol}^{-1} \cdot \mathrm{lit}$. Wegen der begrenzten Mischbarkeit des Systems $C_6H_6 \cdot BJ_3$ ist eine analoge Auswertung nicht durchführbar, so daß ein Vergleich der K-Werte nicht möglich ist.

4.3.2.5. Aromat/Antimonhalogenide. Eine Wechselwirkung zwischen Benzol und Antimontrichlorid konnte Raman- und IR-spektroskopisch nachgewiesen werden. ASHKANAZI u. Mitarb. [87] beobachteten im Raman-Spektrum von Lösungen von Antimontrichlorid in Benzol das Neuauftreten von zwei Banden. Von PERKAMPUS und BAUMGARTEN [88] wurde IR-spektroskopisch die Verschiebung einer Bande im Bereich der Wagging-Schwingungen und eine neue Bande bei $493 \, \mathrm{cm}^{-1}$ als auffälligstes Merkmal festgestellt. IR-spektroskopische Untersuchungen wurden ferner von DAASCH durchgeführt, deren Interpretation durch Lösungsmitteleffekte in den interessierenden Bereichen erschwert war [89].

Aus den Untersuchungen ergibt sich, daß die Änderung im Spektrum des festen Komplexes gegenüber dem des festen Benzols gering ist [88]. Charakteristisch ist die starke Verschiebung der γ_{CH}-Schwingung von 682 auf $713 \, \mathrm{cm}^{-1}$. Die übrigen IR-aktiven Schwingungen des Benzols $\tilde{v}_{18}, \tilde{v}_{19}, \tilde{v}_{20}$ (Bezeichnung nach WILSON [90]) bei $1034 \, \mathrm{cm}^{-1}$, $1481 \, \mathrm{cm}^{-1}$ und $3049 \, \mathrm{cm}^{-1}$ erfahren keine Änderung. Es treten aber einige schwache Banden neu auf, und es werden einige schwache Banden des kristallinen Benzols in ihrer Intensität verstärkt. Hinzu kommt die bereits erwähnte Bande bei $493 \, \mathrm{cm}^{-1}$, die von ASHKANAZI u. Mitarb. [87] im Raman-Spektrum mit $477 \, \mathrm{cm}^{-1}$ angegeben wurde. Da die Normalschwingungen des $SbCl_3$ unterhalb $400 \, \mathrm{cm}^{-1}$ liegen [91], sind die neu auftretenden Banden nur einer Beeinflussung des Benzols zuzuschreiben. In der Tat entsprechen einige dieser Banden in ihrer Lage recht genau verbotenen Normalschwingungen des Benzols [92], wie aus Tabelle 27 zu ersehen ist.

Tabelle 27 Zuordnung der Banden im Komplex Benzol/SbCl$_3$ zu verbotenen Benzolschwingungen [88]

Lage der Bande in MV	Nr. der Benzolschwingung	Lage im Benzol IR-inaktiv	Art der Schwingung	Symmetriegruppen, in denen die Bande erlaubt ist
1314	14	1310	ω	$V_h, C_{2v}, C_{2h}, C_s, C$
1172	9	1178	δ	D_{3h}, C_{2v}, C_s, C
1151	15	1150	δ	$V_h, C_{2v}, C_{2h}, C_s, C$
1008	12	1010	ω	$V_h, C_{2v}, C_{2h}, C_s, C$
985	5	985	γ	D_{3h}, C_{2v}, C_s, C

Die Zuordnung der Banden läßt Schlüsse auf die Symmetrie des Komplexes zu. Danach muß der Komplex einer der Gruppen niedriger Symmetrie C_{2v}, C_s oder C angehören. Auch von DAASCH [89] wird dem Komplex im festen Zustand die Symmetrie C_{2v} zugeschrieben. IR-spektroskopische Untersuchungen an Lösungen von Antimontrichlorid in Benzol und Methylbenzolen wurden von GERBIER [93, 94] durchgeführt und mit den IR-Spektren der Lösungen von Jod in diesen aromatischen Kohlenwasserstoffen verglichen. Auch in Lösung treten, wie im Festkörper, in diesen Systemen Banden auf, die im reinen Donator IR-inaktiv sind. Die Verschiebung der Banden ist gering. Aufgrund der Ähnlichkeit mit den IR-Spektren der Systeme ArH/J$_2$ schließt GERBIER auf eine ähnliche Symmetrie und einen ähnlichen CT-Mechanismus der Wechselwirkung im System ArH/SbCl$_3$. Danach fungieren die Halogenatome als Acceptoren. Zu einem ähnlichen Ergebnis kommen KECKI und SKUP [95] aufgrund von Raman-Messungen am System Äthylbenzol/SbCl$_3$.

Bezüglich der Beeinflussung der Sb-X-Valenzschwingung wurden die Raman-Spektren des festen Komplexes C$_6$H$_6$ · 2SbBr$_3$ gemessen und mit denen des freien SbBr$_3$ verglichen [96]. Die Meßergebnisse lassen erkennen, daß die pyramidale Anordnung des SbBr$_3$ in der festen Verbindung stark gestört ist, was ursächlich auf die Wechselwirkung zwischen Benzol und SbBr$_3$ zurückzuführen ist.

Zu einem interessanten Effekt führt die Wechselwirkung von Benzol mit Antimonpentachlorid. Wie PERKAMPUS und BAUMGARTEN [88] IR-spektroskopisch zeigen konnten, kommt es hierbei zu einer Chlorierung des Benzols, die bereits bei 193 K erfolgt. Anschließend bildet sich dann ein

Komplex zwischen Chlorbenzol und Antimontrichlorid aus. Die Chlorierung geht weiter bis zum p-Dichlorbenzol, mit dem dann Antimontrichlorid ebenfalls einen Komplex bildet. Auch bei diesen Komplexen handelt es sich um schwache Wechselwirkungen wie bei dem System Benzol/$SbCl_3$.

Zur Chlorierung ist zu bemerken, daß sich zunächst der Komplex Benzol/$SbCl_3$ bildet, der dann bei höherer Temperatur chloriert wird. Aus der Temperaturabhängigkeit der Wechselwirkung im Bereich von 100 K bis 250 K läßt sich dies unmittelbar ersehen [88]. Die Wechselwirkung erfolgt also in Stufen nach folgendem Schema:

$$C_6H_6 + SbCl_5 \rightarrow (C_6H_6 \cdot SbCl_3) + Cl_2 \rightarrow (C_6H_5Cl \cdot SbCl_3) + HCl$$

Diese Reaktionsfolge entspricht den Angaben der Literatur, nach denen Antimonpentachlorid mit Aromaten unter HCl-Abspaltung und gleichzeitiger Chlorierung des Aromaten zu Antimontrichlorid zersetzt wird [97]. Mit Hilfe der Tieftemperaturspektroskopie läßt sich somit diese Reaktionsfolge in ihre Einzelschritte auflösen.

Ähnlich wie beim Benzol beschrieben beobachtet man auch bei den Methylbenzolen bei der Wechselwirkung mit $SbCl_3$ im festen Zustand eine Lageverschiebung der γ_{CH}-Schwingungen in der Größenordnung von 20 bis 30 cm^{-1} in Richtung zu größeren Wellenzahlen [88]. Auch hier ergibt sich somit nur der Hinweis für eine schwache Wechselwirkung.

4.3.3. Magnetische Resonanzmessungen

4.3.3.1. Allgemeiner Überblick und Protonenresonanz. Betrachten wir die Wechselwirkung zwischen π-Elektronensystemen und Metallhalogeniden bezüglich der NMR-spektroskopischen Eigenschaften, so können nicht nur die magnetischen Eigenschaften der Protonen im Donator, sondern auch die der Halogen- und Metallatome in den Metallhalogeniden zum Studium mittels magnetischer Resonanzmessungen herangezogen werden. Einige Kerneigenschaften der Halogene und der wichtigsten Metalle sind in Tabelle 28 zusammengestellt. Wie man aus dieser Tabelle ersehen kann, besitzen alle hier interessierenden Kerne mit Ausnahme des Zinns ein Quadrupolmoment. Dieses veranlaßt im allgemeinen aufgrund eines Relaxationsvorganges eine Verbreiterung der Resonanzlinien. Zum Teil wird dieser Nachteil durch die große chemische Verschiebung dieser Kerne wieder ausgeglichen. Wichtig ist, daß der Effekt der Quadrupolverbreiterung der Resonanzlinien mit dem Gradienten der elektrischen Feldstärke am Ort des Quadrupolkerns anwächst. In Molekülen oder Ionen, die bezüglich des Quadrupolkernes symmetrisch gebaut sind, ist der Gradient des elektrischen Feldes sehr klein und die Quadrupolrelaxation ist entsprechend nur schwach, so daß das zugehörige NMR-Spektrum

scharfe Linien zeigt. Dieser Effekt ist somit sehr wichtig, da er an Hand
der Linienbreite der Resonanzsignale Auskunft über die Symmetrie der
untersuchten Verbindungen, in unserem Fall über die Symmetrie der
Metallhalogenide in den Komplexen zu geben vermag.

Tabelle 28   Kerneigenschaften der wichtigsten Atome von Metallhalogeniden [98]

Kern	Natürliche Häufigkeit %	Kernspin	Larmor-Frequenz bei 10^4 Gauß MHz	Relative Empfind-lichkeit[a]	Quadrupol-moment
^{1}H	99,98	1/2	42,577	1,00	—
^{19}F	100,0	1/2	40,055	0,83	—
^{35}Cl	75,4	3/2	4,173	0,005	— 0,0789
^{37}Cl	24,6	3/2	3,474	0,003	— 0,0621
^{79}Br	50,6	3/2	10,700	0,08	+ 0,36
^{81}Br	49,4	3/2	11,530	0,10	+ 0,28
^{10}B	18,8	3	4,576	0,02	+ 0,06
^{11}B	81,2	3/2	13,67	0,17	+ 0,0036
^{27}Al	100,0	5/2	11,09	0,21	+ 0,156
^{47}Ti	7,75	5/2	2,400	0,002	—
^{49}Ti	5,51	7/2	2,401	0,004	—
^{51}V	100,0	7/2	11,21	0,38	+ 0,3
^{69}Ga	60,1	3/2	10,23	0,07	+ 0,18
^{71}Ga	39,9	3/2	12,99	0,14	+ 0,11
^{117}Sn	7,5	1/2	15,17	0,045	—
^{119}Sn	8,6	1/2	15,87	0,052	—
^{121}Sb	57,3	5/2	10,19	0,16	— 0,8
^{123}Sb	42,7	7/2	5,519	0,05	— 1,1

[a] Relative Empfindlichkeit, bezogen auf gleiche Feldstärke und gleiche Kernzahl [99]

Da bei der hier besprochenen Wechselwirkung auch das π-Elektronen-
system des Donators beeinflußt wird, sollte man in den magnetischen
Protonen-Resonanzspektren Verschiebungen der Resonanzsignale erwarten. Es ist daher überraschend, festzustellen, daß kaum NMR-spektroskopische Untersuchungen an Systemen π-Donator/Metallhalogenid mit
Hilfe der Protonenresonanzen durchgeführt worden sind. Dies ist zum
Teil dadurch zu erklären, daß die außerordentlich schwache Wechselwirkung zwischen Donator und Acceptor nur eine geringe Beeinflussung
der π-Elektronendichteverteilung im Donator bewirkt. Die dadurch be-
dingte Änderung der chemischen Verschiebung der Protonensignale kann
in der gleichen Größenordnung liegen wie die Konzentrationsabhängig-

keit der Lage des Protonensignals des Benzols. Es ist bekannt, daß Benzol und die Methylbenzole aufgrund der Orientierung im Magnetfeld zur Assoziation neigen, die bei dipollosen Benzolderivaten durch Dispersionskräfte und bei Dipolmolekülen zusätzlich durch eine Dipol-Dipol-Wechselwirkung hervorgerufen wird [100]. Wegen dieser zwischenmolekularen Wechselwirkung beeinflussen sich die Benzolmoleküle aufgrund ihrer Orientierung gegenseitig in ihren magnetischen Eigenschaften, was sich dadurch bemerkbar macht, daß das Protonensignal im reinen Benzol bei einem höheren Feld als in einer unendlich verdünnten Lösung liegt. Wird daher in einer Benzollösung zusätzlich ein Metallhalogenid, z. B. Al_2Br_6, gelöst und die Konzentration in weiten Grenzen variiert, so tritt ein Verdünnungseffekt auf, dem sich der schwache Effekt, hervorgerufen durch die Wechselwirkung zwischen Benzol und Aluminiumbromid, überlagert. Eine Verdünnungsreihe der angegebenen Art in CS_2 als inertem Lösungsmittel wurde von JANJIC u. Mitarb. [101] NMR-spektroskopisch vermessen. Die Lage des Protonensignals des Benzols verschiebt sich bei der Verdünnung mit CS_2 um ca. 0,8 ppm zu niederen Feldern. Die Verdünnungskurve zeigt einen einheitlichen Verlauf. Dieser Effekt stimmt mit den bekannten Verdünnungskurven überein, die allerdings auf einen externen Standard bezogen wurden [103]. Bei den hier geschilderten Untersuchungen wurde Mesitylen als interner Standard benutzt, d. h. ein Benzolderivat mit einer wesentlich größeren Basizität als das auf seine Wechselwirkung mit Al_2Br_6 zu untersuchende Benzol. Wird bei einer vorgegebenen Benzolkonzentration in CS_2 die Aluminiumbromid-Konzentration vom Molverhältnis $x = 0$ bis $x = 0,6$ variiert, bezogen auf die Benzolkonzentration, so beobachtet man keinen einheitlichen Verlauf der Verdünnungskurve mehr. Beim Molverhältnis $x = 0,25$ und 0,5 sind deutliche Haltepunkte zu erkennen. Sie stimmen in ihrem Molverhältnis C_6H_6/Al_2Br_6 (3:1 bzw. 1:1) mit Werten überein, die für die Komplexbildung in diesem System diskutiert wurden. Analoge Kurven fanden JANJIC u. Mitarb. [102] auch für die Abhängigkeit der DK vom Molenbruch des gelösten Al_2Br_6 im System $CS_2/C_6H_6/Al_2Br_6$, wie im Kapitel 4.4.1 beschrieben wird. In Kombination mit diesen Messungen machen die Autoren für die geschilderten Abweichungen des Kurvenverlaufs vom Idealfall die Bildung schwacher Komplexe verantwortlich. Es sind jedoch keine Arbeiten bekanntgeworden, die diesen Effekt weiter verfolgt und genauere Aussagen erlaubt hätten.

Im Zusammenhang mit den Ergebnissen IR-spektroskopischer Untersuchungen am System Cyclohexen/Al_2Br_6 [57] wurden NMR-spektroskopische Messungen in demselben System von PERKAMPUS und PRESCHER [104] durchgeführt. In Tabelle 29 sind die Ergebnisse derartiger Messungen für verschiedene Molverhältnisse zusammengestellt. Der Gehalt an

Aluminiumbromid lag in der Größenordnung von 0,1 g, der des Cyclo-hexens bei etwa 0,5 g und der des TMS als innerer Standard bei ca. 0,19 g.

Tabelle 29 Chemische Verschiebung der olefinischen Protonen-signale im System Cyclo-hexen/Aluminiumbromid bei $T = 303$ K; innerer Standard TMS ($\delta = 0$)

$\dfrac{n_{AlBr_3}}{n_{Cyclohexen}}$	δ [ppm]	$\Delta\,\delta$ [ppm]
0	5,60	—
0,056	5,71	0,11
0,068	5,75	0,15
0,091	5,78	0,18
0,310	5,91	0,31

Wie aus Tabelle 29 zu ersehen ist, nimmt die chemische Verschiebung mit zunehmender Konzentration an Aluminiumbromid zu. Die Verschiebung der Lage der olefinischen Protonensignale zu niederen Feldern (größeren ppm-Werten) entspricht völlig der Verschiebung der C=C-Valenzschwin-gung zu kleineren Wellenzahlen (vgl. Tabelle 25 [57]). Somit kann man auch aus dem NMR-Spektrum entnehmen, daß die π-Elektronen im Sinne einer Schwächung der Doppelbindung beansprucht werden. Mes-sungen bei verschiedenen Temperaturen zeigen, daß die $\Delta\delta$-Werte mit sinkender Temperatur zu- und steigender Temperatur abnehmen, so daß hier ein Gleichgewicht vorliegt:

$$\text{Cyclohexen} + (AlBr_3)_n \rightleftharpoons [\text{Cyclohexen} \cdot (AlBr_3)_n]$$

Eine genauere Untersuchung dieses Gleichgewichtes steht jedoch noch aus. Auch kann nicht unterschieden werden, ob $n = 1$ oder 2 ist.

4.3.3.2. ^{11}*B-Resonanz im System* C_6H_6/BX_3. In Verbindung mit IR-spektroskopischen Untersuchungen am System Benzol/BBr$_3$ bzw. Ben-zol/BJ$_3$ wurden auch NMR-spektroskopische Untersuchungen mit Hilfe der ^{11}B-Resonanz an diesen Systemen von FINCH u. Mitarb. [86] durch-geführt. Die Autoren gingen von der Beobachtung aus, daß die symme-trische Valenzschwingung $\tilde{\nu}_1$ des Bortrijodids, die in Schwefelkohlenstoff als Folge der Wechselwirkung mit dem Lösungsmittel eine sehr geringe Intensität aufweist, bei Zugabe von Benzol sehr stark an Intensität zu-nimmt [85], wie aus Abb. 48 zu ersehen ist. Das gleiche Verhalten wurde

auch für Bortribromid beobachtet. Eine quantitative Verfolgung dieses
Effektes zeigte, daß ein Maximum der Intensität für das Molverhältnis
1 BX_3 : 1 C_6H_6 erhalten wurde. Dies legte, wie in 4.3.2.4 beschrieben, den
Gedanken nahe, zwischen Benzol und BJ_3 bzw. BBr_3 eine Komplexbildung anzunehmen. Aus einem Phasendiagramm des Systems C_6H_6/BX_3
konnte kein Anhaltspunkt für die geforderte Wechselwirkung entnommen
werden. Jedoch ergab die Verfolgung der Lage der [11]B-Resonanzlinie in
Abhängigkeit vom Molenbruch eine interessante Aussage über die vorliegende Wechselwirkung. In Abb. 50 ist die chemische Verschiebung des
[11]B-Signals für die Systeme Cyclohexan/BBr_3 und Benzol/BBr_3 dargestellt. Beide Kurven zeigen zunächst mit steigender Verdünnung eine
Hochfeldverschiebung, deren Endwert beim System C_6H_6/BBr_3 doppelt
so hoch ist wie im System C_6H_{12}/BBr_3. Getrennte Signale für freies und
komplexiertes BBr_3 wurden nicht beobachtet, woraus auf einen schnellen
Austausch zwischen den in Wechselwirkung stehenden Molekülen geschlossen werden kann, so daß die chemische Verschiebung einen Mittelwert für die Lage des [11]B-Signals darstellt. Aus der Verschiebung des
Signals für unendliche Verdünnung, die 1,05 ppm beträgt, läßt sich nach
bekannten Gesetzmäßigkeiten [105] die mittlere Lebensdauer des Komplexes abschätzen. Die Autoren finden $\tau \leqslant 0.035$ sec.

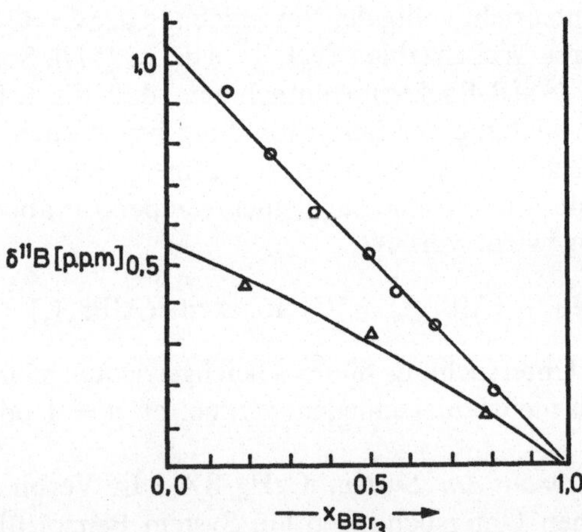

Abb. 50. Chemische Verschiebung des [11]B-Signals im System Cyclohexan/BBr_3
(— △ — △ —) und Benzol/BBr_3 (— O — O —) nach [86]

Bei der Verdünnung wächst die chemische Verschiebung aber auch durch
die Veränderung der diamagnetischen Suszeptibilität des Systems an. Die
Autoren ermittelten deshalb die Volumensuszeptibilität des BBr_3 zu

—0,900 c.g.s. Einheiten und korrigierten so die in Abb. 50 dargestellten Verdünnungskurven. Die Abhängigkeit der Lage des ^{11}B-Resonanzsignals von der Verdünnung in Cyclohexan verschwindet dann. Für das System Benzol/BBr$_3$ verbleibt für unendliche Verdünnung ein Wert von —0,48 ppm, so daß hier ein reeller Effekt vorliegt, der sich in einer Hochfeldverschiebung des ^{11}B-Signals bemerkbar macht.

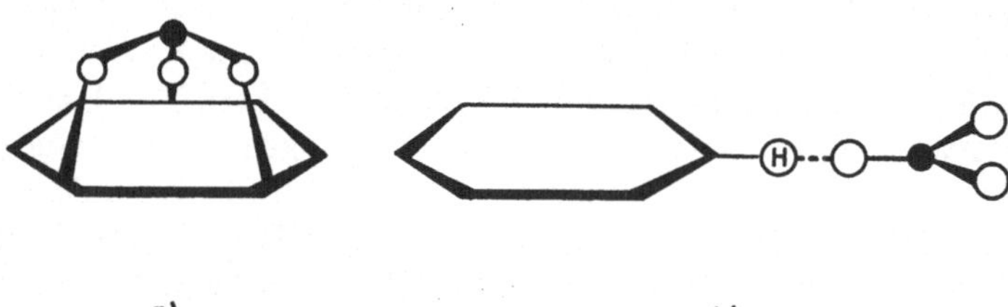

a)   b)

Abb. 51a u. b. Anordnungen der BBr$_3$-Molekel im Komplex C$_6$H$_6$ · BBr$_3$ (s. Text)

Berücksichtigt man den molekularen Kreisstrom des Benzols, so sind Aussagen über die gegenseitige Orientierung der beiden Moleküle möglich. Die Hochfeldverschiebung verlangt, daß die BBr$_3$-Molekel über oder unter der Benzolebene angeordnet ist (Abb. 51a), damit sie im Bereich des durch den Kreisstrom hervorgerufenen Zusatzfeldes liegt, das dem äußeren Magnetfeld entgegengerichtet ist. Würde die BBr$_3$-Molekel in der gleichen Ebene wie die Benzolmolekel liegen (Abb. 51b), d.h., würde also etwa eine H-Brücke zwischen einem Br-Atom und einem H-Atom des Benzols angenommen, so müßte wegen der Richtung der Feldlinien des molekularen Feldes des Benzols an dieser Stelle eine Niederfeldverschiebung des ^{11}B-Signals resultieren. Aus der Größe der korrigierten Hochfeldverschiebung haben die Autoren nach REEVES und SCHNEIDER [106] den mittleren Abstand des Boratoms vom Benzolring zu 4,7 Å berechnet.

Für eine unendlich verdünnte Lösung von BBr$_3$ in Mesitylen fanden die Autoren eine korrigierte Hochfeldverschiebung von 1,2 ppm. Daraus ist ersichtlich, daß die Wechselwirkung mit der Zunahme der Basizität des π-Donators anwächst. Auch der Abstand wird deshalb kleiner als im vorstehend diskutierten Beispiel sein. Für die Erklärung der Intensitätszunahme im IR-Spektrum folgt zwanglos, daß bei der hier beschriebenen Wechselwirkung die Planarität der BBr$_3$-Molekel gestört wird. Der große Abstand des Boratoms von der Ebene des Benzolringes mit 4,7 Å und die Tatsache, daß der Komplex die Struktur der Abb. 51a besitzt, spricht für einen $b\pi - a\sigma$-Komplex, da die Halogenatome aufgrund ihrer Anordnung eine bessere Überlappung des $a\sigma$-Orbitals mit den Orbitalen des π-Elektronensystems zulassen. Dem würde durchaus das kleine Dipolmoment des BBr_3-Moleküls in Benzol mit 0,2 Debye entsprechen [107], was ohne weiteres durch die Störung der Planarität der BBr_3-Molekel infolge der Wechselwirkung erklärt werden kann.

4.3.3.3. ^{27}*Al-Resonanz in Komplexen.* Die Lage des Resonanzsignals des ^{27}Al ist in zahlreichen Verbindungen und Komplexen untersucht worden. Eine größere Zahl von Aluminiumverbindungen wurde erstmals von O'REILLY [108] vermessen und die Lage und Breite der Resonanz bezüglich der Symmetrie um das Aluminium-Atom diskutiert. Von HARAGUCHI und FUJIWARA [109] wurden diese Untersuchungen erneut aufgegriffen und die Zahl der Beispiele besonders hinsichtlich der Komplexbildung vermehrt. Mit der Lage des ^{27}Al-Resonanzsignals in Ziegler-Katalysatoren befaßten sich DI CARLO und SWIFT [110]. SWIFT u. Mitarb. untersuchten ferner Komplexe des Triäthylaluminiums mit Donormolekülen, die Stickstoff, Sauerstoff und Schwefel enthielten [111].

Aus allen diesen Arbeiten sind wenig Informationen über die Wechselwirkung von Aluminiumhalogeniden mit aromatischen oder olefinischen Kohlenwasserstoffen zu entnehmen. O'REILLY [108] leitet aus der Breite des ^{27}Al-Signals in Toluol bei 298 K ab, daß Aluminiumchlorid monomer gelöst vorliegt. Zu dem gleichen Ergebnis kommen HARAGUCHI und FUJIWARA [109] für eine gesättigte Lösung von Aluminiumbromid in Benzol. Aufgrund der Diskussionen in Kapitel 4.2 kann diese Zuordnung nicht richtig sein. Es ist vielmehr anzunehmen, daß durch die Donator-Acceptor-Wechselwirkung eine Deformation der Aluminium-Halogen-Bindungen erfolgt, so daß eine Störung der Symmetrie am Al-Atom resultiert, die die Linienverbreiterung zu erklären vermag. Hinzu kommt außerdem, daß bei ungenügender Wasserfreiheit auch Austauschvorgänge zwischen $Al(OH)Br_3^{\ominus}$ und Al_2Br_6 stattfinden, die ebenfalls eine Verbreiterung des Resonanzsignals zur Folge haben können.

An diesen Systemen kann nochmals nachdrücklich gezeigt werden, wie wichtig die Trocknung ist, um Fehlinterpretationen zu vermeiden. Dies gilt auch für die Untersuchungen an Lösungen von Aluminiumhalogeniden in Äther bei denen die Ergebnisse der NMR-Messungen [108, 109] im Widerspruch zu anderen Untersuchungen mit extrem getrockneten Lösungsmitteln [112] und der Bestimmung der Dipolmomente der Aluminiumhalogenide in Äther stehen [113, 114].

4.3.3.4. NQR-Messungen. Während das Kernquadrupolmoment, wie im Falle der Kernresonanz des ^{27}Al in Lösung soeben kurz diskutiert wurde, eine Verbreiterung der kernmagnetischen Resonanzlinien bewirkt und auf diesem Wege sich indirekt bemerkbar macht, kann man im Festkörper direkt Kernquadrupolübergänge beobachten. Dies ist darauf zurückzuführen, daß im Festkörper die Lage der Kerne relativ zu den Kristallachsen und den anderen Kernen festgelegt ist. Durch die Elektronen bilden sich am Ort der Kerne elektrische Felder aus, die eine Richtungsquantelung der Kernquadrupole bewirken. Den verschiedenen Orientierungen des Quadrupols kommt eine unterschiedliche Energie zu, so daß bei Einstrahlung einer entsprechenden elektromagnetischen Strahlung Kernquadrupolübergänge induziert werden können.

Das elektrische Feld unterscheidet sich im allgemeinen nur wenig von demjenigen im freien Molekül, da bekanntlich die homöopolar gebundenen Moleküle beim Einbau im Kristall meist gut definiert bleiben und die entfernteren Ladungen nur einen geringen Beitrag zum elektrischen Feld liefern. Für die theoretische Behandlung wählt man die Symmetrieachse des inhomogenen elektrischen Feldes als die z-Achse des raumfesten Koordinatensystems und nimmt an, daß die Feldgradienten in der x- und y-Richtung einander gleich sind. In einem derart axial-symmetrischen Kristall hat ein Atomkern mit der Spinquantenzahl I und dem Quadrupolmoment $e \cdot Q$ die elektrische Kopplungsenergie [115, 116]:

$$E_Q = \frac{e \cdot Q \cdot V_{zz}}{4} \cdot \frac{3M_I^2 - I(I+1)}{I(2I-1)} = \frac{B}{4} \cdot \frac{3M_I^2 - I(I+1)}{I(2I-1)}$$

mit $e\,Q \cdot V_{zz} \equiv B$, der Kernquadrupol-Kopplungskonstanten, und V_{zz}, dem Gradienten des elektrischen Feldes in Richtung der z-Achse. Da die Komponente M_I des Kernspins in Richtung der Symmetrieachse im Quadrat eingeht, besitzen die Werte $\pm M_I$ die gleiche Energie. Aufgrund der Auswahlregel $\Delta M_I = 1$ existieren deshalb für die Kernspins $I = 1$ und $I = 3/2$ nur je ein Übergang, für $I = 5/2$ zwei und für $I = 7/2$ drei Übergänge, entsprechend der Zahl der Terme, die im Fall $I = 1$ und $I = 3/2$ zwei, $I = 5/2$ drei und $I = 7/2$ vier beträgt.

Aus Tabelle 28 ist zu ersehen, daß der Fall $I = 7/2$ mit drei Übergängen für ^{123}Sb zutrifft, während das Isotop ^{121}Sb mit $I = 5/2$ zwei Übergänge erwarten läßt.

Die Experimente haben jedoch sehr oft gezeigt, daß zum Teil erhebliche Abweichungen von der axialen Symmetrie auftreten. Eine Störungsrechnung liefert für diesen Fall ein Zusatzglied, das als *Asymmetriefaktor η* wie folgt definiert ist:

$$\eta = \frac{V_{xx} - V_{yy}}{V_{zz}}$$

V_{xx} und V_{yy} sind die Gradienten des elektrischen Feldes in x- bzw. y-Richtung. Dieser Asymmetriefaktor ist somit eine Größe, die die Abweichung von der Symmetrie ausdrückt und außerdem mit der Anzahl und Anordnung der Elektronen in den einzelnen Bindungen der Moleküle in Zusammenhang steht [116, 117].

Besonders ausführlich wurden NQR-Messungen an *Menshutkin-Komplexen* ausgeführt. Antimontrichlorid bzw. -bromid als das hier vorliegende Metallhalogenid ist hierfür besonders gut geeignet, da mehrere Kombinationen von Isotopen studiert werden können, die entsprechend ihrer natürlichen Häufigkeit in fast gleicher Konzentration nebeneinander vorliegen, z. B.: $^{121}Sb^{79}Br_3$, $^{121}Sb^{81}Br_3$, $^{123}Sb^{79}Br_3$ und $^{123}Sb^{81}B_3$. Das bedeutet, daß man die Konsistenz der Messungen und ihrer Aussagen an den isotopen Molekülen überprüfen kann.

Das reine $SbBr_3$ wurde bezüglich der Quadrupolresonanz des ^{79}Br zuerst von OGAWA [118] untersucht. Nach den obigen Ausführungen ist wegen $I = 3/2$ eine Linie zu erwarten. Das Experiment liefert jedoch drei Linien mit den Frequenzen 167,885, 161,887 und 161,667 MHz. Dies bedeutet, daß die Bromatome im kristallinen Antimontribromid somit drei nichtäquivalente Lagen einnehmen.

Kernquadrupolresonanzen von *Menshutkin-Komplexen* mit $SbBr_3$ wurden erstmals von GRECHISHKIN und KYUNTSEL [119] gemessen. Die Autoren haben die Resonanzen der beiden Bromisotope ^{79}Br und ^{81}Br, die, wie aus Tabelle 28 hervorgeht, in etwa gleicher Häufigkeit vorliegen, bei Raumtemperatur für Komplexe mit Benzol, Äthylbenzol, Äthoxybenzol, Methoxybenzol, o-Xylol, Diphenyl und Naphthalin vermessen. Die Ergebnisse dieser Messungen sind für die Kerne ^{79}Br und ^{81}Br in den Abb. 52 und 53 graphisch zusammengestellt. Zum Vergleich ist die Lage der drei Signale des ^{79}Br im reinen kristallinen $SbBr_3$ nach OGAWA [118] bei Raumtemperatur mit eingetragen. Man erkennt aus diesen Abbildungen, daß die drei nichtäquivalenten Positionen der Bromatome auch in den Komplexen vorhanden sind. Dies gilt auch für den Komplex $2SbBr_3 \cdot$ $\cdot$ Naphthalin, obwohl nur beim Komplex mit $Sb^{81}Br_3$ drei Linien beobachtet werden, wie aus Abb. 53 hervorgeht. Für die Komplexe $2SbBr_3 \cdot$ $\cdot$ Diphenyl und $2SbBr_3 \cdot$ o-Xylol werden dagegen jeweils nur zwei Linien für ^{79}Br und ^{81}Br gefunden, so daß daraus abzuleiten ist, daß in diesen Komplexen nur zwei nichtäquivalente Lagen der Bromatome vorkommen.

Ergänzt wurden diese Untersuchungen durch Messungen der Kernquadrupolresonanzen der in gleicher Häufigkeit vorliegenden beiden Antimonisotope und des ^{35}Cl. Wegen $I = 5/2$ für ^{121}Sb und $I = 7/2$ für ^{123}Sb können hier auch die Übergänge $\Delta M_I = 3/2 \to 5/2$ bzw. $5/2 \to 7/2$ beobachtet werden. Beim Chlorisotop ^{35}Cl ist wegen $I = 3/2$ wieder nur ein Übergang zu beobachten.

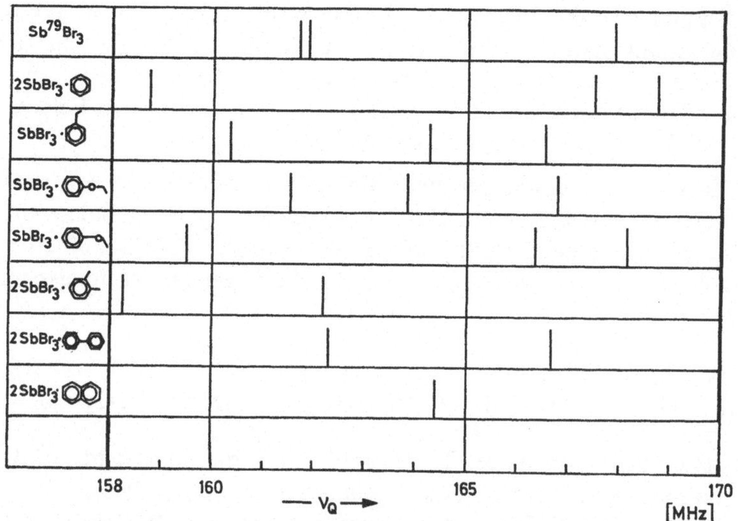

Abb. 52. NQR-Spektren des Kernes ^{79}Br in einigen *Menshutkin-Komplexen* nach [119].

/ Methylgruppe ⌐ Äthylgruppe

Methoxy- und Äthoxygruppe

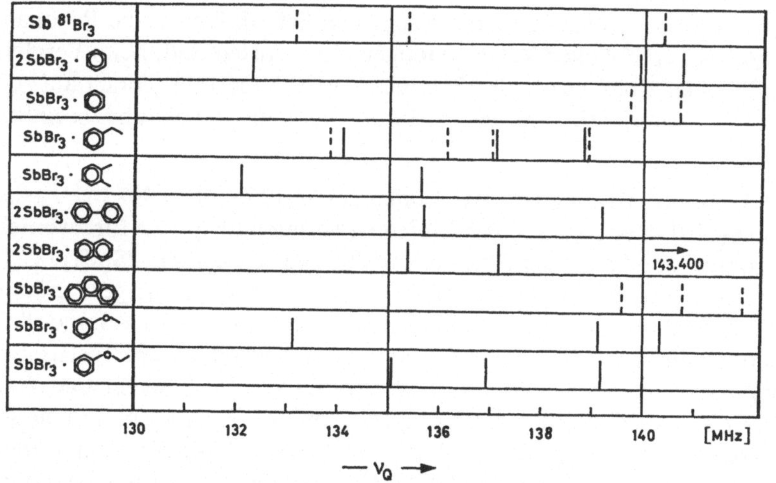

Abb. 53. NQR-Spektren des Kernes ^{81}Br in einigen *Menshutkin-Komplexen* nach [119]
(s. Abb. 52 bezüglich der Substituenten)

Die Messung des zweiten Überganges $\Delta M = 3/2 \to 5/2$ beim ^{121}Sb sowie des zweiten und dritten Überganges $\Delta M = 3/2 \to 5/2$ und $\Delta M = 5/2 \to 7/2$ für ^{123}Sb gestattet es, die Kernquadrupol-Kopplungskonstante und den Asymmetriefaktor für die Antimonisotope zu bestimmen. Während die Kernquadrupol-Kopplungskonstante für die beiden Isotope unterschiedliche Werte besitzt, ist η in den isotopen Halogeniden konstant, da diese Größe allein durch die Asymmetrie des elektrischen Feldes, das von den Elektronen erzeugt wird, bestimmt wird.

Ausführliche Messungen an einer Reihe von Komplexen wurden von GRECHISHKIN und KYUNTSEL [120] durchgeführt. Die Ergebnisse sind in Tabelle 30 zusammengestellt. Neben den in dieser Tabelle aufgeführten Beispielen wurden von den Autoren ferner die folgenden Komplexe untersucht:

$$2SbCl_3 \cdot C_6H_5-OH; \quad SbCl_3 \cdot C_6H_5-OCH_3; \quad SbBr_3 \cdot C_6H_5-OCH_3;$$
$$SbCl_3 \cdot C_6H_5-OC_2H_5; SbBr_3 \cdot C_6H_5-OC_2H_5 \text{ und } SbCl_3 \cdot C_6H_5-COCH_3.$$

Von diesen Systemen ist der 2:1-Komplex mit Phenol besonders interessant, da hier vier Linien auftreten, was bedeutet, daß in diesem Komplex vier nichtäquivalente Lagen der Antimonatome im Gitter berücksichtigt werden müssen.

Tabelle 30 läßt erkennen, daß sowohl in der Kernquadrupol-Kopplungskonstanten als auch im Asymmetriefaktor η erhebliche Abweichungen in den Komplexen gegenüber den reinen Antimonhalogeniden auftreten. Die Abb. 54 und 55 zeigen außerdem sehr deutlich, daß auch die Resonanzfrequenzen erheblichen Verschiebungen unterworfen sind. Beim Vergleich der Resonanzfrequenzen der Halogene in Abb. 56 fällt jedoch auf, daß die Lage beim ^{35}Cl nur wenig durch die Komplexbildung beeinflußt wird.

In reinem $Sb^{35}Cl_3$ werden zwei Linien bei 19,175 und 20,907 MHz beobachtet [120]. Der Abstand der Linien ist gering und spricht für zwei relativ äquivalente Lagen der Chloratome. Bei den Komplexen $2SbCl_3 \cdot C_6H_6$ und $SbCl_3 \cdot C_6H_5-C_2H_5$ nähern sich die Signale bei nur geringfügiger Änderung ihrer Lage noch weiter an, so daß man folgern kann, daß die elektronische Umgebung der Kerne ^{35}Cl nur wenig bei der Wechselwirkung beeinflußt wird. Sorgfältige Messungen von BIEDENKAPP und WEISS [121] zeigten jedoch, daß im Komplex $2SbCl_3 \cdot C_6H_6$ sechs Linien auftreten. In Verbindung mit den Werten in Tabelle 30 für die Antimonresonanzfrequenzen im Komplex $2SbCl_3 \cdot C_6H_6$ ist dies durchaus verständlich, denn zwei Antimonsignale bedeuten unterschiedliche Lagen der beiden $SbCl_3$-Moleküle im Komplex, so daß 6 Linien für ^{35}Cl erkennen lassen, daß alle 6 Chloratome im Komplex einander nicht äquivalent sind. Ein ähnliches Ergebnis ergibt sich für den Komplex $2SbCl_3 \cdot$ Diphenyl, während die Komplexe $2SbCl_3 \cdot$ p-Xylol und $2SbCl_3 \cdot$ Naphthalin nur drei Linien für die Cl-Atome ergeben (vgl. Abb. 56). Das bedeutet in Verbin-

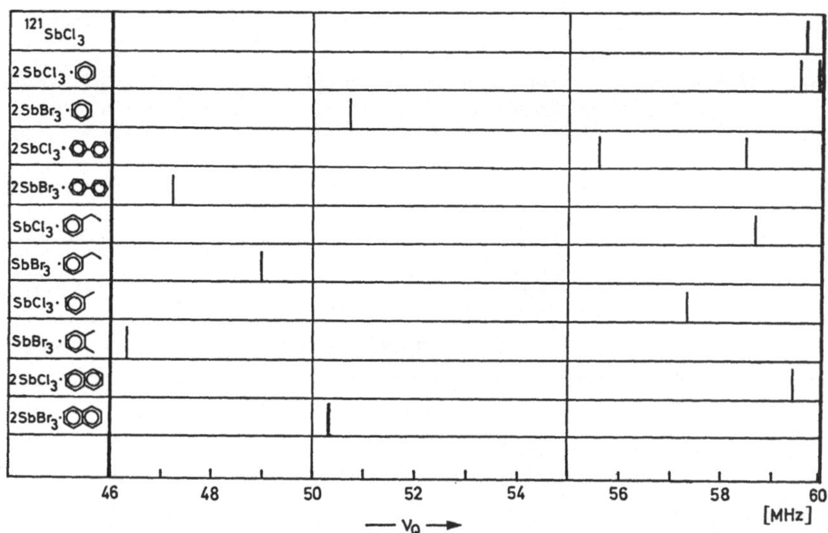

Abb. 54. NQR-Spektren des Kernes ^{121}Sb in einigen *Menshutkin-Komplexen* nach [120] (vgl. Tabelle 30)

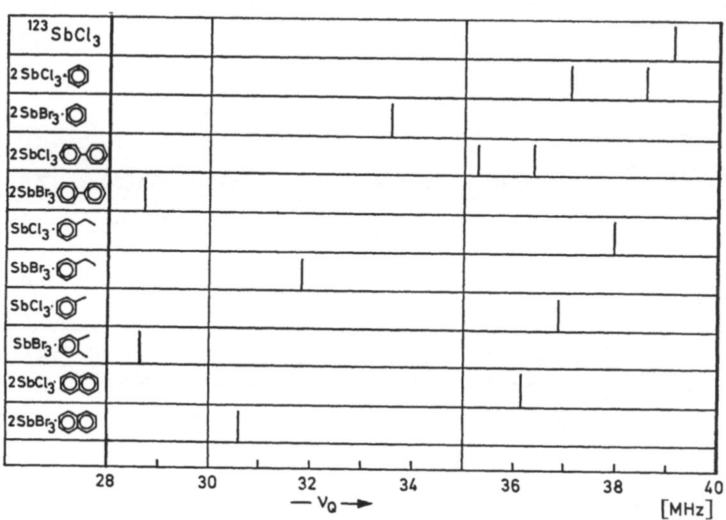

Abb. 55. NQR-Spektren des Kernes ^{123}Sb in einigen *Menshutkin-Komplexen* nach [120] (vgl. Tabelle 30)

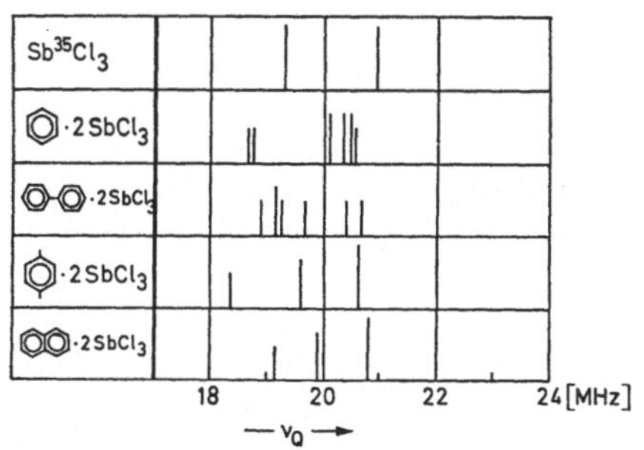

Abb. 56. NQR-Spektren des Kernes ^{35}Cl in einigen *Menshutkin-Komplexen* nach [121]

Tabelle 30 Kernquadrupolfrequenzen für die Übergänge $\Delta M = 1/2 \to 3/2$, Kernquadrupol-Kopplungskonstanten und Asymmetriefaktoren der beiden Antimonisotope in einigen MENSHUTKIN-Komplexen bei 77 K nach [120]

	^{121}Sb			^{123}Sb		
	$v^{1/_2 \to {}^3/_2}$ [MHz]	$e \cdot Q \cdot V_{zz}$	η [%]	$v^{1/_2 \to {}^3/_2}$ [MHz]	$e \cdot Q \cdot V_{zz}$	η [%]
$SbCl_3$	59,685	383,108	18,8	39,096	488,363	18,8
$2SbCl_3 \cdot$ (Benzol)	59,565 / 59,955	392,678 / 388,691	10,3 / 16,1	37,096 / 38,554	500,562 / 495,480	16,1 / 16,1
$2SbBr_3 \cdot$ (Benzol)	50,717	323,395	20,4	33,568	412,231	20,4
$SbCl_3 \cdot$ (Toluol)	57,312	371,597	16,1	36,860	473,690	16,1
$SbCl_3 \cdot$ (Ethylbenzol)	58,689	379,191	17,0	37,988	483,370	17,0
$SbBr_3 \cdot$ (Ethylbenzol)	48,992	316,024	17,5	31,817	402,848	17,5
$SbBr_3 \cdot$ (Xylol)	46,323	306,457	8,4	28,627	390,653	8,4
$2SbCl_3 \cdot$ (Biphenyl)	55,578 / 58,491	362,870 / 385,815	13,9 / 9,9	35,259 / 36,356	462,561 / 491,814	13,9 / 9,9
$2SbBr_3 \cdot$ (Biphenyl)	47,208	314,412	3	28,717	400,793	3
$2SbCl_3 \cdot$ (Naphthalin)	59,427	396,180	0	36,058	505,026	0
$2SbBr_3 \cdot$ (Naphthalin)	50,301	334,724	4,1	30,654	426,686	4,1
$SbBr_3$ [a]	50,273	343,950	10,0	31,186	422,897	9,5

[a] Nach S. OGAWA [118] bei 77 K.

dung mit Tabelle 30, aus der zu ersehen ist, daß im Fall des Komplexes $2SbCl_3 \cdot$ Naphthalin auch nur eine Antimonfrequenz auftritt, daß die beiden $SbCl_3$-Moleküle völlig gleichwertig sind, die Komplexe folglich symmetrisch gebaut sind, wie aufgrund der Strukturanalyse am Komplex $2SbCl_3 \cdot$ Naphthalin auch zu erwarten ist (vgl. Kapitel 4.2.3.2 S. 79 f.).

In Abb. 56 sind die Resonanzsignale des ^{35}Cl in den von BIEDENKAPP und WEISS [121] untersuchten Komplexen im gleichen Maßstab wie in den Abb. 52 und 53 graphisch zusammengestellt. Man erkennt hieraus im Vergleich zu den Abb. 52 und 53, daß die Verschiebungen der Signale des ^{35}Cl wesentlich geringer sind als die der Bromisotope. Aus dem Vergleich dieser Abbildungen kann man daher ableiten, daß die Bromatome stärker durch die Wechselwirkung beeinflußt werden als die Chloratome. Allerdings muß bei der Diskussion dieser Werte berücksichtigt werden, daß das reine $SbBr_3$ in zwei Kristallformen vorliegt [122], was natürlich auch von Einfluß auf die Zuordnung der Lage der Resonanzfrequenzen ist.

Ein weiterer Hinweis auf den Unterschied der Wechselwirkung zwischen $SbCl_3$ und $SbBr_3$ ist auch daran zu erkennen, daß in den entsprechenden Komplexen $2SbBr_3 \cdot C_6H_6$ und $2SbBr_3 \cdot$ Diphenyl nur jeweils eine Antimonfrequenz beobachtet wird. Das bedeutet, daß die beiden $SbBr_3$-Moleküle in diesen Komplexen völlig gleichwertig sind im Gegensatz zu den entsprechenden Komplexen mit $SbCl_3$.

Betrachtet man die Ergebnisse der Kernquadrupolresonanzmessungen der Antimonisotope in den Komplexen mit $SbCl_3$ und $SbBr_3$, so ist eines der wichtigsten Merkmale die starke Änderung der Asymmetriefaktoren im Vergleich zum Asymmetriefaktor in den reinen Antimonhalogeniden. Wie aus Tabelle 30 zu ersehen ist, stimmt dieser Faktor beim $SbCl_3$ und $SbBr_3$ für beide Antimonisotope erwartungsgemäß überein. Die Werte weichen erheblich von 0 ab (18,8 und 10 %), was auf eine gestörte Symmetrie hinweist. Die Änderungen bei der Komplexbildung sind recht erheblich. Während jedoch in den Komplexen $SbCl_3 \cdot$ Aromat bzw. $2SbCl_3$ fast durchweg eine Abnahme des Asymmetriefaktors zu verzeichnen ist, ist die Tendenz in den Komplexen mit $SbBr_3$ nicht so eindeutig ausgeprägt. Von Interesse ist, daß man, wie die Beispiele der Komplexe $2SbCl_3 \cdot C_6H_6$ und $2SbCl_3 \cdot$ Diphenyl erkennen lassen, für die beiden nichtäquivalenten Antimonsignale auch unterschiedliche Asymmetriefaktoren findet, wodurch die starke Asymmetrie dieser Komplexe ebenfalls zum Ausdruck kommt. Entsprechend unterscheiden sich auch die Quadrupol-Kopplungskonstanten, wie aus Tabelle 30 zu entnehmen ist. Eine kritische Betrachtung dieser zusätzlichen Werte läßt jedoch erkennen, daß kein einheitliches Prinzip abzuleiten ist. Da der Asymmetriefaktor eng mit dem Kristallaufbau zusammenhängt, bedarf die genaue Diskussion der Kernquadrupolmessungen einer genauen Kenntnis des Kristallaufbaus der Komplexe, die jedoch bisher nur für die Komplexe $2SbCl_3 \cdot$ Naphthalin und $2SbCl_3 \cdot$ Phenanthren vorliegt [123, 123a] (vgl. auch 4.2.3.2).

Die wichtigsten Informationen dieser Messungen können deshalb vorerst nur aus der Lage und Zahl der Resonanzlinien gewonnen werden. Hierbei zeigt sich, daß die Effekte in den Brom-Resonanzen stärker ausgeprägt sind als in den Chlor-Resonanzen, woraus abgeleitet werden kann, daß die Beanspruchung der Bromatome größer ist als die der Chloratome. Die Beeinflussung der Antimonresonanz kann dann einmal über die Br-Sb-Bindung erfolgen. Zum anderen ist aus den Röntgenstrukturuntersuchungen am Komplex $2SbCl_3 \cdot$ Naphthalin von HULME u. Mitarb. [123] abzuleiten, daß eine Umhybridisierung des Sb-Atoms erforderlich ist, was einer Änderung der elektronischen Umgebung des Sb-Atoms entspricht. Um die Verhältnisse am Ort der Kerne beschreiben zu können, wären Angaben über die Asymmetriefaktoren der Chlor- und Bromresonanzen erforderlich, die bisher fehlen. Lediglich für die Komplexe $2SbCl_3 \cdot C_6H_6$ und $SbCl_3 \cdot C_6H_5 - C_2H_5$ sind diese Faktoren von GRECHISHKIN und KYUNTSEL ermittelt worden [120].

Für $Sb^{35}Cl_3$ fanden diese Autoren $\eta = 0$, was auch für die Komplexe gilt. Wenn daher im Komplex $2SbCl_3 \cdot C_6H_6$ sechs verschiedene Linien beobachtet werden (vgl. Abb. 56), bedeutet dies wegen $\eta = 0$ für die Chloratome, daß nur eine Beeinflussung über die $Sb - Cl$-Bindung erfolgt, dagegen nicht durch eine Wechselwirkung mit den π-Elektronen des aromatischen Systems. Die Gradienten des elektrischen Feldes V_{xx} und V_{yy} werden durch die Änderung in der z-Richtung offensichtlich nicht oder gleichsinnig beeinflußt. Bei einer Wechselwirkung mit den π-Elektronen müßte dagegen, wegen der unterschiedlichen Orientierung auch eine unterschiedliche Beeinflussung des elektrischen Feldes in der x- und y-Richtung zu erwarten sein. Man kann daraus schließen, daß die Wechselwirkung der Halogenatome mit den π-Elektronen im Falle des $SbCl_3$ relativ schwach ist.

Von NEGITA u. Mitarb. [122] wurden die Kernquadrupolresonanzen des ^{81}Br in den *Menshutkin-Komplexen* $SbBr_3 \cdot$ Phenanthren und $SbBr_3 \cdot$ Äthylbenzol gemessen. Die Autoren schlossen aufgrund ihrer Meßergebnisse bei 77 K und Raumtemperatur für den erstgenannten Komplex, daß im Kristall nur eine leicht gestörte Konfiguration vorliegt. Ähnlich wie im Komplex $2SbBr_3 \cdot$ Naphthalin sind drei nichtäquivalente Positionen der Bromatome zu diskutieren. Im Komplex $SbBr_3 \cdot$ Äthylbenzol finden NEGITA u. Mitarb. im Gegensatz zu GRECHISHKIN und KYUNTSEL [119] bei Raumtemperatur vier Linien im Intensitätsverhältnis 2:2:2:1 von höheren zu niederen Frequenzen. Bei 77 K beobachten sie dagegen in Übereinstimmung mit GRECHISHKIN und KYUNTSEL drei Linien im Intensitätsverhältnis 1:2:1. Aufgrund der Anzahl der Linien und der

Intensitätsverhältnisse folgern NEGITA u. Mitarb., daß in diesem Komplex mehr als eine Konfiguration vorliegt.

Es sei ergänzend bemerkt, daß die ersten Informationen über Kernquadrupolresonanzspektren in Komplexen des $AlCl_3$ und $SnCl_4$ über die Resonanzen des ^{35}Cl und ^{37}Cl von DEHMELT [124] mitgeteilt worden sind. Allerdings war die Donator-Komponente vom n-Typ, so daß die Ergebnisse hier nicht zu verwerten sind.

4.3.3.5. Relaxationseffekte. In der Kernresonanzspektroskopie werden die longitudinale oder Spin-Gitter-Relaxationszeit T_1 und die transversale oder Spin-Spin-Relaxationszeit T_2 unterschieden, die in einem einfachen Zusammenhang stehen, soweit es sich um Flüssigkeiten handelt [125]. Im wesentlichen wird T_2 durch T_1 bestimmt. Bei Kernquadrupolen wird T_1 außerordentlich stark erniedrigt, was natürlich auch in T_2 zum Ausdruck kommt. Die Folge dieser starken Verkürzung der Relaxationszeiten ist die bereits erwähnte Linienverbreiterung der Kernresonanzsignale dieser Kerne. Die Quadrupolrelaxation hängt nun aber vom Gradienten des elektrischen Feldes am Ort des Quadrupolkernes ab. Im vorhergehenden Abschnitt wurde am Beispiel der *Menshutkin-Komplexe* gezeigt, daß bei der Komplexbildung erhebliche Änderungen in der Kernquadrupol-Kopplungskonstanten und im Asymmetriefaktor zu beobachten sind. Da es sich hierbei aber ebenfalls um Effekte handelt, die durch die Änderung des elektrischen Feldes am Quadrupolkern hervorgerufen werden, ist folglich auch eine Beeinflussung der Relaxationszeiten der Kernquadrupole zu erwarten.

Von GRECHISHKIN u. Mitarb. ist dieser Effekt mit Hilfe der Quadrupol-Spin-Echo-Methode an einer größeren Zahl von *Menshutkin-Komplexen* für die Isotope ^{121}Sb, ^{123}Sb, ^{35}Cl untersucht worden [126 bis 129]. Einige Ergebnisse dieser Autoren sind in den Tabellen 31 und 32 zusammengestellt.

Aus diesen Daten geht hervor, daß die Relaxationszeit T_2 für den Übergang $1/2 \rightarrow 3/2$ im Antimonkern bei der Komplexbildung abnimmt, während die Relaxationszeit T_1 zunimmt. Bezüglich T_2 gilt dies auch für den Kern ^{35}Cl, wie aus dem Beispiel in Tabelle 32 zu ersehen ist.

Die starke Abnahme der Spin-Spin-Relaxationszeit T_2 in den Komplexen zeigt ein Anwachsen des Magnetfeldes am Ort der Sb-Kerne an. Dieses Anwachsen wird verursacht durch ein Magnetfeld, das durch die magnetischen Momente der Protonen in der aromatischen Komponente des Komplexes erzeugt wird. Als Beweis für die magnetische Wechselwirkung in den Komplexen führen die Autoren die Beobachtung an, daß bei Anlegen eines Magnetfeldes die Werte für T_2 in den Komplexen ansteigen, und zwar bei einem Feld von 10 Gauß um einen Faktor 2 bis 3. Beim

Tabelle 31 Kernquadrupolresonanzfrequenzen ^{121}Sb und ^{123}Sb und zugehörige Relaxationszeiten T_2 und T_1 für einige *Menshutkin-Komplexe* bei 77 K nach [128]

	Übergang ΔM_I	^{121}Sb			^{123}Sb		
		ν [MHz]	T_2 [μsec]	T_1 [msec]	ν [MHz]	T_2 [μsec]	T_1 [msec]
SbCl$_3$	$1/2 \to 3/2$	59,685	500	7,7	39,096	340	10,6
	$3/2 \to 5/2$				68,6	1 600	13,7
2 SbCl$_3$ • (Benzol)	 $1/2 \to 3/2$	59,565	180	14,7	38,554	220	24,5
		59,955	180	18,9	37,096	220	20,0
SbCl$_3$ • (Ethylbenzol)	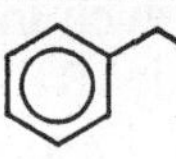 $1/2 \to 3/2$	58,689	200	32,0	37,988	260	21,5
SbCl$_3$ • (o-Xylol)	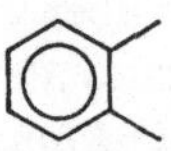 $1/2 \to 3/2$				38,534	200	18,2
2 SbCl$_3$ • (Diphenylmethan)	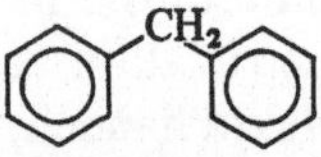 $1/2 \to 3/2$	57,510	200	8,3	35,706	280	30
	$3/2 \to 5/2$				68,7	1 500	4,7
2 SbCl$_3$ • (Naphthalin)	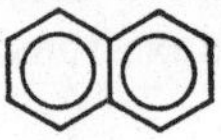 $1/2 \to 3/2$	59,427	200	10	36,058	250	18
	$3/2 \to 5/2$				72,151	2 200	4,6
2 SbCl$_3$ • (Anthracen)	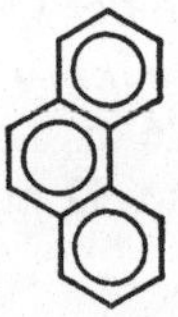 $1/2 \to 3/2$	59,350	170	7,2	38,160	300	20

reinen SbCl$_3$ ist dagegen nur ein sehr geringer Effekt zu beobachten. Die Erklärung hierfür ist, daß bei Anlegen eines Magnetfeldes die Kerne Präzessionsbewegungen ausführen, wodurch das lokale Magnetfeld auf einen durchschnittlichen Wert im gesamten Kristall gemittelt wird und seinen Einfluß verliert bzw. in umgekehrter Richtung wirksam wird. In ihren Arbeiten weisen die Autoren darauf hin, daß die bekannten Ansätze zur theoretischen Behandlung der Spin-Spin-Relaxation für CT-Komplexe unzureichend sind und erweitert werden müssen [128, 129]. Insbesondere leiten die Autoren aus NMR-Untersuchungen ab, daß die Moleküle im Gitter eine relativ große Beweglichkeit besitzen. Das Signal der Protonen-

Tabelle 32 Kernquadrupolresonanzfrequenz des
^{35}Cl und Relaxationszeit T_2 für SbCl$_3$
und das System SbCl$_3$ · Äthylbenzol
bei 77 K nach [128]

	ν^{35}Cl [MHz]	T_2 [μsec]
SbCl$_3$	19,7	1 100
	20,9	1 300
SbCl$_3$ ·	19,200	300
	19,555	400
	20,076	600

resonanzen im festen Komplex 2SbCl$_3$ · C$_6$H$_6$ ist bei Raumtemperatur
sehr breit, und die Kernquadrupolfrequenzen zeigen eine starke Temperaturabhängigkeit. Die daraus abzuleitende Beweglichkeit der Moleküle im
Gitter ist in den bisherigen Theorien nicht enthalten.

Zu einem ähnlichen Ergebnis bezüglich der Beweglichkeit der Benzolmoleküle im Gitter kommen MIYAMOTO u. Mitarb. [130] aufgrund von
T_1-Messungen der Protonensignale am Komplex SbCl$_3$ · C$_6$H$_6$. Die Autoren finden einen Wert von $\sim$800 sec, der im Vergleich zum reinen Benzol, welches Spuren von Sauerstoff enthielt, mit $T_1 = 2,7$ sec und zu
einer Lösung in CS$_2$ mit $T_1 = 60$ sec außerordentlich hoch liegt. Die
Autoren nehmen für den Komplex eine Clathratstruktur an, in der die
Benzolmoleküle voneinander isoliert in das Gastgitter des SbCl$_3$ eingelagert sind. Der Vergleich mit ähnlichen Gitterstrukturen zeigt, daß T_1
in diamagnetischen Clathraten, z.B. CdHg(SCN)$_6$ · C$_6$H$_6$, bei $(2 \pm 0,5)$ ·
· 10^2 sec liegt. Für paramagnetische Clathrate ergeben sich dagegen die
folgenden Werte:

$$\text{Ni(NH}_3)_2\text{Ni(CN)}_4 \cdot (\text{C}_6\text{H}_6)_2 \; ; \quad T_1 = 2 \pm 0,5 \text{ sec}$$
$$\text{Cu(NH}_3)_2\text{Ni(CN)}_4 \cdot (\text{C}_6\text{H}_6)_2 \; ; \quad T_1 = 0,1 \qquad \text{sec}$$
$$\text{Cd(NH}_3)_2\text{Ni(CN)}_4 \cdot (\text{C}_6\text{H}_6)_2 \; ; \quad T_1 = 15 \pm 3 \text{ sec}$$

Aus der Linienbreite in den NMR-Spektren, der Größe $\langle \Delta H \rangle$ und der
Größe des 2. Moments $\langle \Delta H^2 \rangle$ leiten die Autoren eine Rotationsbewegung der Benzolmolekel um die Hauptdrehachse (C_{6v}) des Benzols ab,
wobei der Molekülmittelpunkt in einem Gitterpunkt fixiert bleibt. Die
großen T_1-Werte für die Benzolprotonen im Komplex SbCl$_3$ · C$_6$H$_6$ und
diamagnetischen Clathraten können danach als ein Maß für die Relaxationszeit angesehen werden, die durch eine intramolekulare Spin-Gitter-Wechselwirkung bestimmt wird.

Die Ergebnisse können verglichen werden mit NMR-Messungen am festen Komplex Benzol-Silberperchlorat. GILSON und MCDOWELL [131] ermittelten aus diesen Messungen das zweite Moment $\langle \Delta H^2 \rangle$ bei Raumtemperatur zu 0,9 Gauß^2 und bei 77 K zu 6,1 Gauß^2. Aufgrund theoretischer Betrachtungen ist der niedrige Wert bei Raumtemperatur mit einer Rotation des Benzolmoleküls um die sechszählige Drehachse vereinbar, während der hohe Wert bei 77 K für eine im Kristallgitter festgelegte Benzolmolekel verbindlich ist. Ähnliche Aussagen wurden für Komplexe des Hexafluorbenzols mit Benzol, Mesitylen und Durol sowie des Tetrabromäthans mit Benzol und Durol von den gleichen Autoren aus NMR-Messungen angeleitet [132].

Dieser Vergleich zeigt, daß die hier besprochenen *Menshutkin-Komplexe* in vielen physikalischen Eigenschaften ein ähnliches Verhalten zeigen wie die „*normalen*" Charge-Transfer-Komplexe.

Zusammenfassend läßt sich sagen, daß an Hand von Relaxationsmessungen eine Wechselwirkung zwischen den Komponenten der hier beschriebenen Komplexe festgestellt werden kann. Während jedoch bei der Ermittlung der Kernquadrupolresonanzfrequenzen bereits aus ihrer Anzahl eine einfache qualitative Aussage über die Symmetrieverhältnisse der Komplexe im Festkörper abgeleitet werden kann, bedürfen die Ergebnisse der Relaxationsmessungen ausführlicher theoretischer Diskussionen, die zum Teil in ihren Ansätzen noch unzureichend sind.

4.3.3.6. Elektronen-Spin-Resonanz. Unter der Annahme eines Charge-Transfer-Mechanismus für die Deutung der Wechselwirkung zwischen π-Donatoren und Metallhalogeniden kann man eine Änderung der magnetischen Eigenschaften für den Komplex im Vergleich zu den diamagnetischen Komponenten erwarten, so wie es z. B. für feste CT-Komplexe Aromat/J$_2$ u. a. mittels der Elektronen-Spin-Resonanz nachgewiesen wurde. Einen Überblick gibt BRIEGLEB in seiner Monographie [133].

Ein Beispiel für die Anwendung der ESR-Spektroskopie zum Nachweis eines Ladungsüberganges wurde von KRAUSS und DEFFNER [134] für den Komplex Aromat/VOCl$_3$ gegeben. Die Autoren haben die ESR-Spektren 10^{-2} molarer Lösungen von VOCl$_3$ in Benzolkohlenwasserstoffen bei 77 K gemessen und dabei Spektren beobachtet, die nur durch eine beim Ladungsübergang in geringem Umfange erzeugte Zahl von ungepaarten Elektronen zu erklären ist (vgl. hierzu Abb. 57). Interessant ist, daß die integrierten Spektren, die unter genau gleichen Bedingungen für verschiedene Methylbenzole gemessen worden waren, eine starke Abhängigkeit der relativen Intensität vom Aromaten zeigten. In der Reihe Benzol, Toluol, m-Xylol, Mesitylen nahm die Intensität stark zu, d.h. in der

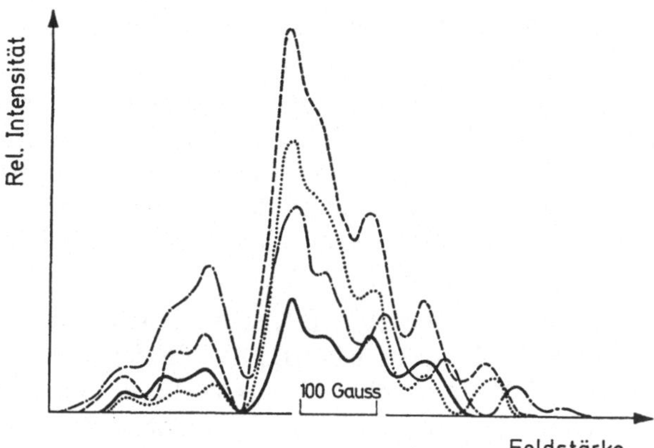

Abb. 57. ESR-Signale für die Systeme: Benzol/VOCl$_3$ (———), Toluol/VOCl$_3$ (— · — · —), m-Xylol/VOCl$_3$ (· · · · · · · · · · ·), Mesitylen/VOCl$_3$ (- - - - -) nach [134]
$c = 10^{-2}$ mol · l^{-1} VOCl$_3$, $T = 77$ K

Reihenfolge, wie die Ionisierungsenergie des Aromaten abnahm. In Abb. 58 sind diese Verhältnisse anschaulich dargestellt. Die Werte für ortho- und p-Xylol fallen aus dieser Gesetzmäßigkeit heraus, was von den Autoren auf das Kohlenwasserstoff-Radikal zurückgeführt wird, das durch

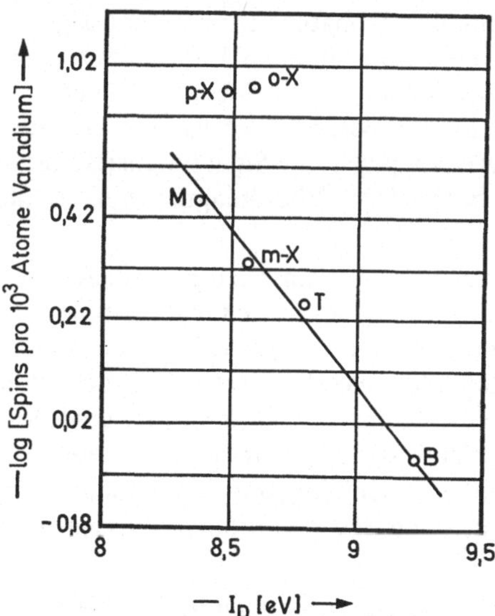

Abb. 58. Freier Spin pro Atom Vanadium in Abhängigkeit vom Ionisationspotential des Donators. B Benzol, T Toluol, mX m-Xylol, M Mesitylen, oX o-Xylol, pX p-Xylol

Hyperkonjugation der Methylgruppen besonders in ortho- und para-Stellung stabilisiert wird.

Die Signalintensität entspricht der Spinkonzentration, die in den Komplexen vorliegt. Ein Vergleich mit Vanadyl-Acetylacetonat, in dem sämtliche Vanadin-Atome ein ungepaartes Elektron besitzen, erlaubt eine Abschätzung der Spinkonzentration in den eingefrorenen Komplexen. Die Autoren finden eine Spinkonzentration in der Größenordnung von 0,1% der Vanadinkonzentration.

Analoge Untersuchungen wurden von KRAUSS u. Mitarb. [135] auch an Komplexen π-Donator/TiX$_4$ ausgeführt. Die ESR-Signale liegen für alle Komplexe bei $g = 2,005$. Anzeichen für das Vorliegen von Ti^{3+} konnten nicht beobachtet werden. In der Reihe der untersuchten π-Donatoren nimmt die Signalintensität wieder mit abnehmender Ionisierungsenergie des Aromaten zu. Die Autoren schätzten auch den Anteil der ionaren Struktur A^+D^- am Grundzustand des Komplexes Phenanthren · TiCl$_4$ aus optischen Messungen ab. Sie fanden hierfür 2,9%. Der Paramagnetismus beträgt jedoch nur 0,1%, so daß die ionare Struktur überwiegend einem diamagnetischen Singulettzustand entspricht. In den Komplexen mit TiBr$_4$ ist der paramagnetische Anteil noch geringer; er liegt gerade an der Nachweisgrenze. Dies bedeutet, daß der ionare Anteil hier ausschließlich als Singulettzustand vorliegt. Für das Auftreten der ESR-Signale sind die Anteile der Biradikal-Struktur in A^-D^+ verantwortlich zu machen. Die Autoren zeigten ferner, daß durch die optische Anregung in festen Lösungen des Donators in überschüssigem Acceptor durch Lichteinstrahlung eine etwa 10fache Intensitätssteigerung des ESR-Signals beobachtet werden kann. Die dabei gebildeten zusätzlichen Biradikale bleiben bei tiefer Temperatur auch nach Ausschalten der Belichtung beständig. Bei Erwärmung geht die Signalintensität auf ihren Dunkelwert zurück. Der hier beobachtete Photomagnetismus ist demnach als Festkörpereffekt zu deuten.

Weitere ESR-Untersuchungen an Charge-Transfer-Komplexen wurden von BENDERSKII u. Mitarb. [136] sowie GRECHISHKIN u. Mitarb. [137, 138] ausgeführt. Im Komplex Anthracen/SbCl$_3$ beobachteten die letztgenannten Autoren eine Signalintensität, die etwa 25% der Intensität ausmachte, die am klassischen CT-Komplex Chloranil/p-Phenylendiamin als Bezugswert gemessen worden war [137]. Durch die Messung wurde jedoch lediglich qualitativ ein Elektronenübergang vom Donator zum Acceptor wahrscheinlich gemacht, ohne daß quantitative Aussagen gewonnen werden konnten.

Weitere Messungen wurden an Perylen in flüssigem SbCl$_3$ [139] und an Tetracen und Pentacen in SbCl$_3$ [140] durchgeführt. Die Ergebnisse sind jedoch durch Störeffekte beeinflußt.

4.3.4. Literatur

1. GUSTAVSON, G. G.: Ber. Deut. Chem. Ges. 11, 1841, 2151 (1878); J. Prakt. Chem. 42, 250 (1890); 68, 209 (1903); 72, 57 (1905).
2. ELEY, D. D., KING, P. J.: J. Chem. Soc. 4972 (1952).
3. LUTHER, H., POCKELS, G.: Z. Elektrochem. 59, 159 (1955).
4. FAIRBROTHER, F., FIELD, K.: J. Chem. Soc. 2614 (1956).
5. GEISLER, G.: Dissertation. Bergakademie Clausthal 1959.
6. STAATS, G.: Dissertation. Bergakademie Clausthal 1962.
7. COSTANZO, S. J., JURINSKII, N. B.: Tetrahedron 23, 2571 (1967).
8. DALLINGA, G., MACKOR, E. L., STUART, V.: Mol. Phys. 1, 123 (1958).
9. FLURREY, R. L., SYKOS, P. G.: J. Am. Chem. Soc. 85, 1033 (1963).
10. DEWAR, M. J. S.: Tetrahedron 19, Suppl. 2, 89 (1963).
11. DEL PINO, C., GREENWOOD, N. N.: Anal. Fiz. Quim. Ser. B 61, 1211 (1965).
12. MULLIKEN, R. S.: J. Am. Chem. Soc. 74, 811 (1952).
13. BROWN, H. C., MELCHIORE, J.: The catalytic halides, XXXV, private Mitteilung.
14. REID, C.: J. Am. Chem. Soc. 76, 3264 (1954).
15. MACKOR, E. L., HOFSTRA, A., VAN DER WAALS, J. H.: Trans. Faraday Soc. 54, 186 (1958).
16. HEDGES, R. M., MATZEN, F. A.: J. Chem. Phys. 28, 950 (1958).
17. BRIEGLEB, G.: Elektronen-Donator-Acceptor-Komplexe. In: Molekülverbindungen und Koordinationsverbindungen i. E., S. 74 ff. Berlin-Göttingen-Heidelberg: Springer 1961.
18. NAKANE, R., WATANABE, T., OYAMA, T.: Bull. Chem. Soc. Japan 37, 381 (1964).
19. LEWIS, G. N., SEABORG, G. T.: J. Am. Chem. Soc. 61, 1886, (1939).
20. TSUBOMURA, H.: Bull. Chem. Soc. Japan 27, 1 (1954).
21. COMYNS, A. E., HOWALD, R. A., WILLARD, J. E.: J. Am. Chem. Soc. 78, 3989 (1956).
22. SATCHELL, D. P. N.: J. Chem. Soc. 4388 (1960).
23. MYHER, J. J., RUSSELL, H. E.: Can. J. Chem. 42, 1555 (1964).
24. MINC, S., KECKI, Z., IZDEBSKA, B.: Rozniki Chemii 39, 624, (1965).
25. BRACKMAN, D. S., PLESCH, P. H.: J. Chem. Soc. 1289 (1953).
26. ELLIOTT, B., EVANS, A. G., OWEN, D. E.: J. Chem. Soc. 689 (1962).
27. DIJKGRAAF, J. C.: Spectrochim. Acta 21, 769 (1965).
28. KRAUSS, H. L., HÜTTMANN, H.: Z. Naturforsch. 18 b, 976 (1963).
29. DIJKGRAAF, J. C.: J. Phys. Chem. 69, 660 (1965).
30. OTT, J. B., GOATES, J. R., JENSEN, R. J., MANGELSON, N. F.: J. Inorg. Nucl. Chem. 27, 2005 (1965).
31. JOB, P.: Amer. Chem. Phys. 9, 113 (1928); vgl. auch H. L. SCHLÄFER: Komplexbildung in Lösung. In: Molekülverbindungen und Koordinationsverbindungen i. E., S. 232 ff. Berlin-Göttingen-Heidelberg: Springer 1961.
32. BENESI, H. A., HILDEBRAND, J. H.: J. Am. Chem. Soc. 71, 2703 (1949). KETELAAR, J. A., STOLPE, C. VAN DE, COULDSMIT, A., DZEUBES, W.: Rec. Trav. Chim. 71, 1104 (1952).
33. BRIEGLEB, G., CZEKALLA, J.: Z. Elektrochem. 58, 249 (1954).
34. HÜTTMANN, H.: Dissertation. TH München 1966.
35. KRAUSS, H. L., NICKL, J.: Z. Naturforsch. 20 b, 630 (1965).
36. BRIEGLEB, G., CZEKALLA, J., REUSS, G.: Z. Physik. Chem., N. F. 30, 316 (1961).
37. BEDSON, P. P.: Liebigs Ann. Chem. 180, 235 (1875).
38. KRAUSS, H. L., HUBER, W.: Chem. Ber. 94, 2864 (1961).
39. KRAUSS, H. L., GNATZ, G.: Chem. Ber. 95, 1023 (1962).
40. KRAUSS, H. L., DEFFNER, U.: Z. Naturforsch. 19 b, 1 (1964).

41. KRAUSS, H. L., OSTERMAIER, G.: Staatsexamensarbeit G. OSTERMAIER. TH München 1968.
42. Literatur s. Kapitel 4.2.3 [32, 33].
43. PERKAMPUS, H.-H., SCHÖNEBRGER, E.: Unveröffentlicht. Diplomarbeit. Universität Düsseldorf 1971.
44. ELIEZER, I.: J. Chem. Phys. **41**, 3276 (1964).
45. ELIEZER, I.: J. Chem. Phys. **42**, 3625 (1965).
46. ELIEZER, I., AVINUR, P.: Private Mitteilung (im Druck).
47. EVANS, D. F.: J. Chem. Phys. **23**, 1424 (1955).
48. MULLIKEN, R. S.: Rec. Trav. Chim. **75**, 845 (1956).
49. ORGEL, L. E., MULLIKEN, R. S.: Proceedings of the International Conference on Coordination Compounds, Amsterdam 1955, S. 336. J. Am. Chem. Soc. **79**, 4839 (1957).
50. LUTHER, H., GEISSLER, G.: Unveröffentlichte Messungen s. auch GEISSLER: Dissertation. Clausthal 1959.
51. TERENIN, A.: Z. Elektrochem. **62**, 180 (1958).
52. FISCHER, E. O., WERNER, H.: Metall-π-Komplexe mit di- und oligoolefinischen Liganden, S. 6. Weinheim: Verlag Chemie 1963.
53. PERKAMPUS, H.-H., BAUMGARTEN, E.: Ber. Bunsenges. Physikal. Chemie **68**, 496 (1964).
54. PERKAMPUS, H.-H., BAUMGARTEN, E.: Ber. Bunsenges. Physikal. Chemie **67**, 576 (1963).
55. SHEPPARD, N., SIMPSON, D. M.: Quart. Rev. (London) **6**, 1 (1952).
56. WEISS, W.: Dissertation. Braunschweig 1969.
57. WEISS, W., PERKAMPUS, H.-H.: Ber. Bunsenges. Physikal. Chemie **75**, 446 (1971).
58. GOUBEAU, J.: Beiheft Angew. Chemie **56** (1948).
59. REA, D. O.: Anal. Chem. **32**, 1638 (1960).
60. ASINGER, F., FELL, B., STEFFAN, G.: Chem. Ber. **97**, 1555 (1964).
61. Vgl. hierzu L. J. BELLAMY: Advances in infrared group frequencies, S. 38ff. London: Methuen & Co. 1968.
62. TSUTSUI, M., LEVY, M. N., NAKAMURA, A., ICHIKAWA, M., MORI, K.: Introduction to metal-π-complex chemistry, pp. 53—54. New York-London: Plenum Press 1970.
63. BOOTH, D., DAINTON, F. S., JOIN, H. J.: Trans. Faraday Soc. **71**, 1293 (1959).
64. OLAH, G. A., TOLGYESI, W. S.: J. Am. Chem. Soc. **83**, 5031 (1961).
65. DENO, N. C., RICHEY, H. G., jr., HODGE, J. D., WISOTSKY, M. J.: J. Am. Chem. Soc. **84**, 1498 (1962).
66. BAND, E.: Ann. Chem. Phys. **1**, 36 (1904).
67. HUNTER, H. W., YOKE, R. V.: J. Am. Chem. Soc. **55**, 1248 (1933).
68. GERBIER, J., LORENZELLI, V.: Spectrochim. Acta **23**A, 1469 (1966).
69. PERKAMPUS, H.-H., BAUMGARTEN, E.: Spectrochim. Acta **17**, 1295 (1961).
70. WEISS, W., PERKAMPUS, H.-H.: Z. Naturforschg. 1973 (im Druck) s. [56].
71. GREDY, B.: Bull. Soc. Chim. **2**, 1951 (1935).
72. CLEVELAND, F. F., MURRAY, M. F., TAUFEN, H. J.: J. Chem. Phys. **10**, 172 (1942).
73. MEISTER, A. G., CLEVELAND, F. F.: J. Chem. Phys. **12**, 393 (1944).
74. CROWFORD, B.: J. Chem. Phys. **7**, 555 (1939); **8**, 526 (1940).
75. MARQUETON, Y., GERBIER, J.: J. Mol. Struct. **1**, 197 (1967/68).
76. PERKAMPUS, H.-H., ORTH, G.: Angew. Chem. **78**, 908 (1966).
77. PERKAMPUS, H.-H., BAUMGARTEN, E.: Ber. Bunsenges. Physikal. Chemie **68**, 70 (1964).
78. PERKAMPUS, H.-H., BAUMGARTEN, E.: Z. Physik. Chem., N. F. **40**, 144 (1964).
79. KINSELLA, E., CHADWIEK, J., COWARD, J.: J. Chem. Soc. A 969 (1968).

80. BALLS, A., DOWNS, A. J., GREENWOOD, N. N., STRAUGHAN, B. P.: Trans. Faraday Soc. **62**, 521 (1966).
81. McMULLAN, R. H., CORBETT, J. D.: J. Am. Chem. Soc. **80**, 4761 (1968).
82. BROWN, H. C., WALLACE, J.: J. Am. Chem. Soc. **75**, 6265 (1953).
83. Vgl. hierzu BRIEGLEB, G., loc. cit. [17], S. 94ff.
84. ELEY, D. D., TAYLOR, J. H., WALLWERK, S. C.: J. Chem. Soc. 3867 (1961).
85. FINCH, A., HYAMS, I. J., STEELE, D.: Trans. Faraday Soc. **61**, 398 (1965).
86. FINCH, A., GATES, P. N., STEELE, D.: Trans. Faraday Soc. **61**, 2623 (1965).
87. ASHKANAZI, M. S., KURNOSOVA, P. U., FINKELSTEIN, V. S.: J. Physikal. Chem. (USSR) **8**, 438 (1936).
88. PERKAMPUS, H.-H., BAUMGARTEN, E.: Z. Phys. Chem., N. F. **39**, 1 (1963).
89. DAASCH, L. W.: J. Chem. Phys. **28**, 1005 (1958); Spectrochim. Acta **15**, 726 (1959).
90. WILSON, E. B.: Phys. Rev. **45**, 706 (1930).
91. NAKAMOTO, K.: Infrared spectra of inorganic and coordination compounds, p. 86. New York-London: Interscience Publ. John Wiley & Sons 1963.
92. WHIFFEN, D. H.: Phil. Trans. Roy. Soc. London, Ser. A. **248**, 131 (1955).
93. GERBIER, J.: Compt. Rend. **262**, 1611 (1966).
94. GERBIER, J.: Compt. Rend. **264**, 444 (1967).
95. KECKI, Z., SKUP, A.: Rozniki Chemii **38**, 1235 (1964).
96. KOZULIN, A. T.: Opt. Spectr. **17**, 189 (1965).
97. GMELINS Handbuch anorganischer Chemie, Antimon Teil B, Syst. Nr. 18, S. 446. Weinheim: Verlag Chemie 1950.
98. LÖSCHE, A.: Kerninduktion, S. 510ff. Berlin: Deutscher Verlag der Wissenschaften 1957.
99. STREHLOW, H.: Magnetische Kernresonanz und chemische Struktur, 2. Aufl., S. 148f. Darmstadt: Steinkopff 1968.
100. PERKAMPUS, H.-H., KRÜGER, W., KRÜGER, U.: Z. Naturforsch. 24b, 1365 (1969).
101. JANJIC, D., DELMAU, J., SUSZ, B.-P., BENE, G.: Compt. Rend. **250**, 2889 (1960).
102. JANJIC, D., SUSZ, B.-P.: Helv. Chim. Acta **43**, 2019 (1960).
103. POPLE, J. A., SCHNEIDER, W. G., BERNSTEIN, H. J.: High-resolution nuclear magnetic resonance, p. 424ff. New York-Toronto-London: McGraw-Hill 1959.
104. PERKAMPUS, H.-H., PRESCHER, G.: Z. Physik. Chem., N. F. **77**, 333 (1972).
105. GUTOWSKY, H. S., HOLEN, C. H.: J. Chem. Phys. **25**, 1228 (1957).
106. REEVES, L. W., SCHNEIDER, W. G.: Can. J. Chem. **35**, 251 (1965).
107. ROLLIER, A. M.: Gazz. Chim. Ital. **77**, 372 (1947).
108. O'REILLY, D. E.: J. Chem. Phys. **32**, 1007 (1960).
109. HARAGUCHI, H., FUJIWARA, S.: J. Phys. Chem. **73**, 3467 (1969).
110. DI CARLO, E. N., SWIFT, H. E.: J. Phys. Chem. **68**, 551 (1964).
111. SWIFT, H. E., POOLE, Ch. P., ITZEL, J. F.: J. Phys. Chem. **68**, 2509 (1964).
112. ORTH, G.: Dissertation. TU Braunschweig 1967.
113. NESPITAL, W.: Z. Physik. Chem. B **16**, 153 (1932).
114. PERKAMPUS, H.-H., ORTH, G.: Z. Physik. Chem., N. F. **73**, 155 (1970).
115. s. hierzu KOPFERMANN, H.: Kernmomente, 2. Aufl., S. 314ff. Frankfurt a. M.: Akademische Verlagsgesellschaft 1956.
116. GORDY, W.: Chemical applications of spectroscopy. In: Technique of organic chemistry, vol. IX (ed. W. WEST), p. 105ff. New York-London: Interscience Publ. John Wiley & Sons 1956.
117. DAS, T. P., HAHN, E. L.: Nuclear quadrupole resonance-spectroscopy. In: Solid state physics, Suppl. vol. I (eds. F. SEITZ and D. TURNBULL), p. 1. New York-London: Academic Press 1958.

118. OGAWA, S.: J. Phys. Soc. Japan **13**, 618 (1958).
119. GRECHISHKIN, V. S., KYUNTSEL, I. A.: Opt. Spectr. **15**, 453 (1963).
120. GRECHISHKIN, V. S., KYUNTSEL, I. A.: Opt. Spectr. **16**, 87 (1964).
121. BIEDENKAPP, D., WEISS, A.: Z. Naturforsch. **19**a, 1518 (1964).
122. NEGITA, H., OKUDA, T., KASHIMA, M.: J. Chem. Phys. **45**, 1076 (1966).
123. HULME, R., TSZYMANSKI, J.: Acta Cryst. B **25**, 753 (1969).
124. DEHMELT, H. O.: J. Chem. Phys. **21**, 380 (1953).
125. SILLESCU, H.: Kernmagnetische Resonanz, Einführung in die theoretischen Grundlagen, S. 97f. Berlin-Heidelberg-New York: Springer 1968.
126. GRECHISHKIN, V. S., GORDEYEV, A. D.: Opt. Spectr. **18**, 96 (1965).
127. GRECHISHKIN, V. S., GORDEYEV, A. D.: Zh. Strukt. Khim. **7**, 205 (1966).
128. GRECHISHKIN, V. S., GORDEYEV, A. D., AINBINDER, N. E.: Zh. Strukt. Khim. **7**, 465 (1966).
129. GRECHISHKIN, V. S.: Opt. Spectr. **21**, 289 (1966).
130. MIYAMOTO, T., JEWAMOTO, T., SASAKI, Y., FUJIWARA, S.: J. Chem. Phys. **45**, 752 (1966).
131. GILSON, D. F. R., McDOWELL, C. A.: J. Chem. Phys. **39**, 1825 (1963).
132. GILSON, D. F. R., McDOWELL, C. A.: Can. J. Chem. **44**, 945 (1966).
133. BRIEGLEB, G.: Elektronen-Donator-Acceptor-Komplexe. In: Molekülverbindungen und Koordinationsverbindungen i. E., S. 247ff. Berlin-Göttingen-Heidelberg: Springer 1961.
134. KRAUSS, H.-L., DEFFNER, U.: Z. Naturforsch. **19** b, 1 (1964).
135. KRAUSS, H.-L., HÜTTMANN, H., DEFFNER, U.: Z. Anorg. Allgem. Chem. **341**, 164 (1965).
136. BENDERSKII, V. A., SHEVCHONKO, J. B., BLYUMENFELD, A. L.: Opt. Spectr. **16**, 254, (1964).
137. AINBINDER, N. E., GRECHISHKIN, V. S., SUBBOTIN, G. J.: Opt. Spectr. **18**, 608 (1965).
138. GRECHISHKIN, V. S.: Opt. Spectr. **20**, 300 (1966).
139. ATKINSON, J. R., JONES, T. P., BAUGHAN, E. C.: J. Chem. Soc. 5808 (1964).
140. BAUGHAN, E. C., JONES, T. P., STOODLEY, L.: Proc. Chem. Soc. 274 (1963).

4.4. Dipolmomente

4.4.1. System Benzol/Al_2X_6

Die ersten DK-Messungen an diesen Systemen stammen von ULICH [1] und NESPITAL [2] aus dem Anfang der 30er Jahre. Für das System Benzol/Al_2Cl_6 konnten sie wegen der geringen Löslichkeit dieser Verbindung in Benzol nur einen angenäherten Wert für die Molpolarisation angeben.

Im System Benzol/Al_2Br_6 beobachtete NESPITAL [2] eine starke Abhängigkeit der Molpolarisation P_2 des gelösten Aluminiumbromids von der Konzentration. Und zwar nimmt P_2 mit abnehmendem Molenbruch des Al_2Br_6 stark zu und erreicht Werte in der Nähe von 600 cm^3. Aus dem extrapolierten Grenzwert $P_{2\infty}$, ~800 cm^3, errechnet sich für das Dipolmoment des Al_2Br_6 in Benzol ein Wert von $\mu = 5{,}2$ Debye. Dies hohe Dipolmoment wurde dadurch erklärt, daß unterhalb des Molenbruchs von $x_2 = 0{,}002$ eine Dissoziation des Aluminiumbromids gemäß

$$Al_2Br_6 \rightleftharpoons 2\,AlBr_3$$

erfolgt und daß das monomere $AlBr_3$ einen Komplex mit Benzol bildet. Im Gegensatz zu den Ergebnissen in Benzol fanden die Autoren in CS_2 als Lösungsmittel für das Dipolmoment des Aluminiumbromids den Wert $\mu = 0$ Debye [2].

Für Aluminiumjodid ergibt sich in Benzol das Dipolmoment zu $\mu = 2,5$ Debye. Auch in diesem System nimmt die Molpolarisation mit abnehmendem Molenbruch des Al_2J_6 zu, jedoch wesentlich geringer als im Falle des Al_2Br_6 [2]. Für das System Benzol Al_2Br_6 wurden diese Messungen mehrfach wiederholt [3, 4].

Auffällig an diesen Untersuchungen war jedoch, daß die Farbe der vermessenen Lösungen mit „fahlgelb" bezeichnet wurde. Berücksichtigt man, daß Lösungen von Aluminiumhalogeniden in Benzol bei Gegenwart von Protonen durch die Bildung von Proton-Additions-Komplexen gelb gefärbt sind, so muß besonders bei den verdünnten Lösungen eine starke Verfälschung der Messungen angenommen werden. NESPITAL [2] weist bereits darauf hin, daß wegen nicht zu entfernender Flüssigkeitshäute in den Meßzellen, durch Hydrolyse des Al_2Br_6, HBr entsteht, was eine Verfälschung der Meßergebnisse zur Folge hat. Da zur damaligen Zeit der Proton-Additions-Komplex des Benzols weder bekannt noch bewiesen war, konnte der Einfluß einer derart polaren Verunreinigung auf die DK-Messungen nicht berücksichtigt und diskutiert werden.

Hinzu kommt außerdem, daß aufgrund der relativ geringen Assoziationsenthalpie zwischen Benzol und Al_2Br_6 nicht verständlich ist, wie die hierzu im Vergleich relativ hohe Dissoziationsenergie der dimeren Molekel aufgebracht werden kann, um den geforderten Komplex Benzol · $AlBr_3$ zu bilden. Um die Widersprüche zu klären, die sich einmal aus meßtechnischen Erfahrungen, zum anderen aus den bekannten Verhältnissen bei CT-Komplexen ergeben, wurden neuere DK-Messungen von ROMM und GUR'YANOVA [5] sowie PERKAMPUS und ORTH [6] ausgeführt. Während von den erstgenannten Autoren der Einfluß von Spuren Feuchtigkeit auf die DK ausführlich untersucht und auf die Trocknung des Lösungsmittels besonderer Wert gelegt wurde, haben PERKAMPUS und ORTH nicht nur das Lösungsmittel, sondern auch die gesamte Apparatur einer Trocknung unterzogen, um auch die störenden Flüssigkeitshäute zu entfernen [7]. ROMM und GUR'YANOVA konnten so zeigen, daß die DK der Lösungen von Al_2Br_6 in Benzol mit Spuren Feuchtigkeit oberhalb der DK liegt, die an einer *trockenen* Lösung gemessen worden war. Bei der Darstellung der DK als Funktion der Aluminiumbromidkonzentration in Benzol beobachteten die Autoren bei etwa $4 \cdot 10^{-2}$ Mol/l einen Knick in der Kurve, die im gesamten Konzentrationsbereich durch zwei Geraden angenähert werden konnte. Die Gerade oberhalb $4 \cdot 10^{-2}$ molar verläuft flacher und wurde von den Autoren zur Extrapolation des $P_{2\infty}$-Wertes benutzt. Mit $P_{2\infty} = 111$ cm³ und einer Molrefraktion des Al_2Br_6 von $R_{2\infty} = 90$ cm³ ergibt sich ein Dipolmoment von $\mu = 1{,}0$ Debye. Dieser Wert liegt erheblich niedriger als der von NESPITAL [2] angegebene Wert.

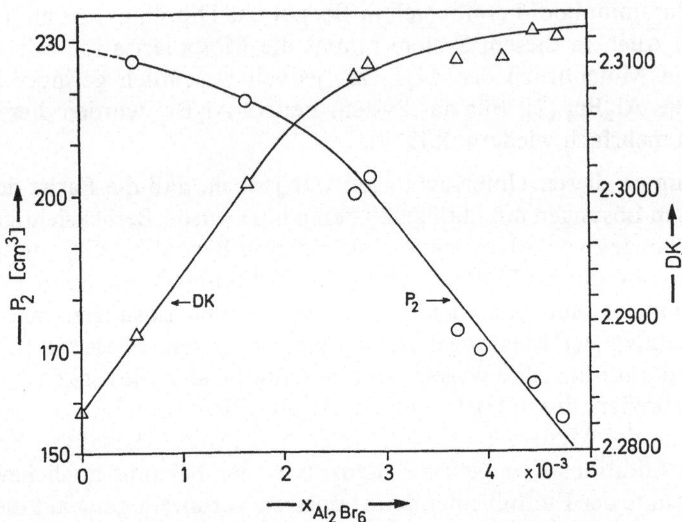

Abb. 59. Molpolarisation des gelösten Aluminiumbromids und DK des Systems Benzol/Al_2Br_6 bei 293 K als Funktion des Molenbruchs an Al_2Br_6 nach [6]

PERKAMPUS und ORTH finden dagegen einen etwas anderen Verlauf der DK und der P_2-Werte in Abhängigkeit von der Konzentration des Aluminiumbromids. Wie aus Abb. 59 zu ersehen ist, ergibt sich ein Grenzwert der Molpolarisation für unendliche Verdünnung von $P_{2\infty} = 230$ cm³, der wesentlich höher ist als der von ROMM u. Mitarb. angegebene Wert. Mit $R_{2\infty} = 75 \pm 5$ cm³ ergibt sich damit das Dipolmoment nach

$$\mu = 1{,}28 \cdot 10^{-2} \cdot \sqrt{(P_{2\infty} - 1{,}1 \cdot R_{2\infty}) \cdot T} \text{ [Debye]}, \text{ zu}$$

$$\mu = 1{,}28 \cdot 10^{-2} \cdot \sqrt{(230 - 1{,}1 \cdot 75) \, 293{,}2} = 2{,}5 \text{ [Debye]}$$

bei $T = 293{,}2$ K.

Der Wert für die Molrefraktion des gelösten Al_2Br_6 wurde experimentell ermittelt und stimmt mit dem Wert überein, der aus den Atomrefraktionen berechnet werden kann. Er stimmt ferner etwa mit dem doppelten Wert überein, den ULICH und NESPITAL [1, 2] für $AlBr_3$ angeben. Demgegenüber erscheint der Wert von ROMM [5] mit $R_{2\infty} = 90$ cm³ zu hoch.

Der Wert für das Dipolmoment mit $\mu = 2,5$ Debye dürfte dem wahren Verhalten entsprechen, da die DK als Funktion des Molenbruchs für $x_{Al_2Br_6} \to 0$ linear in den DK-Wert für Benzol einmündet. Im Bereich von $x_2 = 0,000$ bis etwa 0,003 ergeben sich innerhalb der Fehlergrenze praktisch konstante P_2-Werte, wie aus der Abb. 59 unmittelbar zu ersehen ist. Erst bei höheren Konzentrationen fallen die Werte etwas ab und nähern sich den Werten, die auch von NESPITAL [2] gefunden worden waren. Aufgrund dieser Ergebnisse kann mit Sicherheit gesagt werden, daß das Dipolmoment von ~ 5 Debye nicht für einen Komplex $C_6H_6 \cdot$ AlBr$_3$ verbindlich ist, sondern durch einen Proton-Additions-Komplex $C_6H_7^+ \cdot$ AlBr$_4^-$ vorgetäuscht worden ist.

Das Dipolmoment, das somit in der Größenordnung von 2 bis 2,5 Debye für in Benzol gelöstes Al$_2$Br$_6$ liegt, fügt sich gut in die Werte ein, die für CT-Komplexe zwischen unpolaren Donatoren und Acceptoren, wie z.B. Benzol und Jod, angegeben werden [8]. So wurde für das System Benzol/ Jod in Cyclohexan ein Dipolmoment von 1,8 Debye gemessen [9].

SUSZ und JANJIC [10] untersuchten das System Benzol/Al$_2$Br$_6$ in Schwefelkohlenstoff als inertem Lösungsmittel. DK, Dichte und Brechungsindex wurden bei vorgegebenem Molverhältnis CS$_2$:C$_6$H$_6$ als Funktion der Aluminiumbromidkonzentration gemessen und diskutiert. Für die DK der Lösungen ergeben sich Kurven, die mehrere Extrema oder Sattelpunkte aufweisen und bei bestimmten Molverhältnissen $x =$ Al$_2$Br$_6$:C$_6$H$_6$ lagen; so z.B. bei $x = 1:2$ und $x = 1:4$. Ferner wurde eine Unregelmäßigkeit bei einem Molverhältnis von 3:8 beobachtet. Die Autoren deuten diese Molverhältnisse als Anzeichen für eine Komplexbildung, die allerdings mehr einer Solvatbildung entspricht. Lediglich der Wert 1:2 würde mit älteren Beobachtungen übereinstimmen und praktisch wieder die Formulierung des Komplexes Al$_2$Br$_6 \cdot 2$C$_6$H$_6$, also AlBr$_3 \cdot$ C$_6$H$_6$, verlangen. Bei der Interpretation des Verlaufs ihrer Kurven $P_{1,2} = f(x)$ verwenden die Autoren die Vorstellungen von ULICH und NESPITAL [1, 2], die jedoch durch die weiter oben geschilderten Untersuchungen nicht mehr zutreffend sein dürften. Bezüglich des Dipolmomentes des Al$_2$Br$_6$ in CS$_2$ bei Anwesenheit von Benzol schätzen die Autoren einen Wert von 0,9 Debye ab, der in diesem System somit für eine schwache Wechselwirkung zwischen Benzol und Al$_2$Br$_6$ spricht.

Zusammenfassend kann man sagen, daß für die Wechselwirkung zwischen Benzol und Aluminiumbromid aufgrund der Dipolmessungen eine schwache $b\pi$-$a\sigma$-Komplexbildung anzunehmen ist, da sie derjenigen ähnelt, die im System Benzol/J$_2$ vorliegt. Die hohen Dipolmomente, die mit 5 Debye eine Dissoziation des dimeren Aluminiumbromids verlangten, dürften mit großer Wahrscheinlichkeit durch die ungenügende Wasserfreiheit der Lösungen und der gesamten Meßanordnung hervorgerufen sein.

GERBIER [11, 12] teilt für das System p-Xylol/Al_2Cl_6 ein Dipolmoment des Aluminiumchlorids von $\mu = 3,18$ Debye mit und ordnet dieses einem Komplex $CH_3 - C_6H_4 - CH_3 \cdot AlCl_3$ zu. Ferner nimmt GERBIER an, daß das nach sp^3 hybridisierte Al-Atom über dem Mittelpunkt des Benzolkernes liegt.

4.4.2. Andere Systeme

Im Zusammenhang mit den im vorigen Abschnitt diskutierten Untersuchungen von NESPITAL [2] wurde auch das System Benzol/BCl_3 vermessen. Es ergibt sich für das Dipolmoment des Bortrichlorids in Benzol der Wert $\mu = 0$ Debye. Das bedeutet, daß Bortrichlorid als ungestörte symmetrische Molekel vorliegt, wie auch durch unabhängige Messungen nachgewiesen worden ist [13]. Dagegen wurde von ROLLIER [14] für BBr_3 in Benzol ein Dipolmoment von $\mu = 0,2$ Debye angegeben. In Verbindung mit den Messungen im fernen IR von FINCH u. Mitarb. [15, 16] muß dieser Wert als reell angesehen werden und entspricht einer Störung der planaren Struktur der BBr_3-Molekel infolge einer Wechselwirkung mit dem Lösungsmittel (vgl. hierzu 4.3.2.4 und 4.3.3.2).

Von ULICH u. Mitarb. [17] wurde das System $SnCl_4$/Benzol untersucht. Die Autoren fanden ein Dipolmoment von $\mu = 0,8$ Debye für $SnCl_4$ in Benzol als Lösungsmittel und ordnen dieses einem 1:1-Komplex Benzol · $SnCl_4$ zu. Bei der Auswertung der Messungen wurde angenommen, daß die Konzentration des Komplexes gleich der Benzol-Konzentration ist. Von TSUBOMURA [18] wurde das System Naphthalin/$SnCl_4$ in $SnCl_4$ als Lösungsmittel vermessen und ein Wert von $\mu = 1,2$ Debye ermittelt. Aus den Messungen konnte abgeleitet werden, daß das Naphthalin bei 18 °C zu 80 % assoziiert ist. Unter der Annahme, daß das Dipolmoment des Komplexes Naphthalin/$SnCl_4$ temperaturunabhängig ist, wurde aus der Temperaturabhängigkeit der Molpolarisation die Assoziationsenthalpie zwischen 2 bis 4 Kcal/Mol abgeschätzt. Dipolmoment und Assoziationsenthalpie sprechen somit auch hier für eine schwache Wechselwirkung.

Von GERBIER [11] wurde das Dipolmoment von Antimontrichlorid in Hexan, Benzol, p-Xylol und Mesitylen bestimmt. Der Autor findet die folgenden Werte:

	Hexan	Benzol	p-Xylol	Mesitylen
μ_{SbCl_3}	2,56	3,93	4,02	4,14 Debye

Im Gegensatz zu den dimeren Aluminiumhalogeniden besitzt Antimontrichlorid auch in n-Hexan ein beträchtliches Dipolmoment in der Größe von $\mu = 2{,}56$ Debye. Das gemessene Dipolmoment in Benzol, p-Xylol und Mesitylen ist eine Überlagerung des Moments des $SbCl_3$ mit dem Moment des Komplexes. Wenn man das wahre Moment des Komplexes daraus erhalten will, muß man folglich die Geometrie des Komplexes genau kennen. Ähnliche Verhältnisse liegen bei EDA-Komplexen vor, bei denen eine oder sogar beide Komponenten bereits ein Dipolmoment besitzen, z.B. im Fall des Systems Pyridin/Jod [8]. Die Angabe des Dipolmomentes des Komplexes als Differenz zwischen gemessenem Dipolmoment und dem Dipolmoment des Antimontrichlorids liefert folglich nur die Größenordnung des Komplexmomentes, das nach diesen Messungen für Benzol bei 1,37 und für Mesitylen bei 1,58 Debye liegt.

DK-Messungen am System $C_6H_6/VOCl_3$ wurden von KRAUSS und DEFFNER [19] ausgeführt. Wegen der korrodierenden Wirkung des gelösten $VOCl_3$ auf das Elektrodenmaterial mußten die Autoren eine Meßzelle mit Außenelektroden verwenden, wodurch die Empfindlichkeit und Genauigkeit der Messungen beeinträchtigt wurde. Aus diesem Grunde konnte durch diese Messungen daher nur aus der Änderung der DK in Abhängigkeit von dem Molverhältnis $C_6H_6 : VOCl_3$ die Bildung eines 1:1-Komplexes nachgewiesen werden.

Ausführliche Untersuchungen wurden ferner über die Dipolmomente der Quecksilberhalogenide in der Dampfphase [20] und in verschiedenen organischen Lösungsmitteln [21, 22, 23] durchgeführt. Während die Messungen im Dampf die lineare Struktur der Quecksilberhalogenide bestätigen, d.h. $\mu = 0$, werden in organischen Lösungsmitteln wie Dioxan [21, 23] und Benzol [22] Dipolmomente in der Größenordnung von 1 Debye gefunden. Diese Übereinstimmung der Dipolmomente in Dioxan und Benzol veranlaßte TOURKY u. Mitarb. [22] zu der Feststellung, daß Benzol ein inertes Lösungsmittel für die Quecksilberhalogenide sei. ELIEZER [24] hat diese Frage erneut diskutiert und kommt zu dem Ergebnis, daß die Dipolmomente in dieser Größenordnung nur durch eine Wechselwirkung der gelösten Quecksilberhalogenide mit dem Lösungsmittel zu deuten sind, was durch die Löslichkeitsuntersuchungen, die in Kapitel 4.2.6 geschildert worden sind [25], unterstützt wurde. Danach liegen die Quecksilberhalogenide in Benzol gewinkelt vor, was auf die Bildung eines Komplexes zwischen HgX_2 und Benzol zurückgeführt werden kann.

4.4.3. Literatur

1. ULICH, H., NESPITAL, W.: Z. Elektrochem. **37**, 559 (1931).
2. NESPITAL, W.: Z. Physik. Chem. B **16**, 153 (1932).
3. PLOTNIKOV, V. A., SHEKA, I. A., YANKELEVICH, Z. A.: Zit. Chem. Abstr. **32**, 7791/2 (1938).

4. TOURKY, A. R., RIZK, H. A.: J. Phys. Chem. **61**, 1255 (1957).
5. ROMM, I. P., GUR'YANOVA, E. N.: Zhurn. Obshch. Khim. **36**, 393 (1966).
6. PERKAMPUS, H.-H., ORTH, G.: Z. Physik. Chem. N. F. **58**, 327, (1968).
7. ORTH, G.: Dissertation. TU Braunschweig 1967.
8. BRIEGLEB, G.: Elektronen-Donator-Acceptor-Komplexe. In: Molekülverbindungen und Koordinationsverbindungen i. E., S. 16ff. Berlin-Göttingen-Heidelberg: Springer 1961.
9. KORTÜM, G., WALZ, H.: Z. Elektrochem. **57**, 73 (1953).
   KORTÜM, G.: J. Chem. Phys. **49**, 127 (1952).
10. JANJIC, D., SUSZ, B.-P.: Helv. Chim. Acta **43**, 2019 (1960).
11. GERBIER, J.: Compt. Rend., Ser. B **261**, 5037 (1965); **262**, 685 (1966).
12. GERBIER, J., LORENZELLI, V.: Lincei-Rend. Sc. fis. mat. e nat. **40**, 440 (1966).
13. HESLOP, N. R., LINNETT, J. W.: Trans. Faraday Soc. **49**, 1262 (1953).
   ATOJE, M., LOPSCOMB, W. H.: J. Chem. Phys. **27**, 195 (1957); **28**, 335 (1958).
   RING, M. A. J., DOMAY, D. H., KOSKI, W. S.: J. Inorg. Chem. **1**, 109 (1962).
14. ROLLIER, A. M.: Gazz. Chim. Ital. **77**, 372 (1947).
15. FINCH, A., HYAMS, I. J., STEELE, D.: Trans. Faraday Soc. **61**, 398 (1965).
16. FINCH, A., GATTS, P. N., STEELE, D.: Trans. Faraday Soc. **61**, 2623 (1965).
17. ULICH, H., HERTEL, E., NESPITAL, W.: Z. Physik. Chem. B **17**, 369 (1932).
18. TSUBOMURA, H.: Bull. Chem. Soc. Japan **27**, 1 (1954).
19. KRAUSS, H.-L., DEFFNER, U.: Z. Naturforsch. **19** b, 1 (1964).
20. BRAUNE, H., LINKE, R.: Z. Physik. Chem. B **38**, 466 (1938).
21. CURRAN, B. C.: J. Am. Chem. Soc. **63**, 1470 (1941); **64**, 830 (1942).
22. TOURKY, A. R., RIZK, H. A.: Can. J. Chem. **35**, 630 (1957).
23. TOURKY, A. R., RIZK, H. A., GIRGIS, Y. M.: J. Phys. Chem. **64**, 565 (1960).
24. ELIEZER, I.: J. Chem. Phys. **41**, 3276 (1964).
25. ELIEZER, I.: J. Chem. Phys. **42**, 3625 (1965).

4.5. Zusammenfassender Überblick

In den vorhergehenden Abschnitten sind die experimentellen Ergebnisse verschiedenartiger Untersuchungen über die Wechselwirkung von π-Elektronensystemen mit Metallhalogeniden dargestellt worden. Nur in Einzelfällen wurde hierbei bereits auf die Bindungsverhältnisse in den Komplexen eingegangen. Grundsätzlich muß nach den Bemerkungen in 4.1 (vgl. auch Tabelle 1, S. 5) zwischen einer $b\pi-v$- und einer $b\pi-a\sigma$-Wechselwirkung unterschieden werden. Für eine $b\pi-v$-Komplexbildung muß der Acceptor ein freies Orbital zur Verfügung stellen. Für die am häufigsten untersuchten Aluminium- und Galliumhalogenide bedeutet dies, da sie in schwach basischen Benzolkohlenwasserstoffen dimer vorliegen, daß zunächst eine Dissoziation in die Monomeren erfolgen muß. Aber auch dann bleibt die Frage immer noch offen, ob es sich um eine $b\pi-v$- oder $b\pi-a\sigma$-Komplexbildung handelt. Eine eindeutige Entscheidung ist in den Fällen möglich, wo an Komplexen im festen Zustand eine Röntgenstrukturanalyse durchgeführt werden kann. Diese wurde bisher für die Komplexe $Al_2Br_6 \cdot C_6H_6$ [1] $2SbCl_3 \cdot$ Naphthalin [2a] und $2SbCl_3 \cdot$ Phenanthren [2b] durchgeführt, vgl. hierzu 4.2.1.2 und 4.2.3.2.

Vergleicht man die hier vorliegende Wechselwirkung mit der in den bedeutend umfangreicher untersuchten CT-Komplexen, so sind besonders spektroskopische Daten dazu geeignet, weiteren Aufschluß über die Art der Wechselwirkung in Elektronen-Donator-Acceptor-Komplexen zu geben [3, 4, 5].

Da gerade die am längsten bekannten CT-Komplexe zwischen Aromaten und Halogeniden vom $b\pi - a\sigma$-Typ sind, liegt hier eine gewisse Ähnlichkeit vor, so daß man versuchen kann, durch vergleichende Betrachtungen Schlüsse für Bindungsverhältnisse zu ziehen.

Zum anderen bieten besonders die elektronenspektroskopischen Untersuchungen die Möglichkeit, den CT-Charakter der Wechselwirkung erkennen zu können, obwohl diese Untersuchungen besonders empfindlich gegen Verunreinigungen sind und daher oft zu Fehlinterpretationen geführt haben.

Neben diesen experimentellen Befunden spielen theoretische Überlegungen, besonders bezüglich der Symmetrie der in Wechselwirkung tretenden Orbitale von Donator und Acceptor, eine entscheidende Rolle, sowie auch rein sterische Fakten, wodurch das in der Theorie zum Ausdruck kommende Prinzip der maximalen Überlappung empfindlich gestört werden kann [4].

4.5.1. π-Donator-Halogenide der 3. Hauptgruppe

Aufgrund der Ergebnisse der Röntgenstrukturuntersuchung von ELEY u. Mitarb. [1] muß man für die Komplexe $ArH \cdot Al_2Br_6$ eine $b\pi - a\sigma$-Wechselwirkung annehmen, da ein Br-Atom den geringsten Abstand zur Ebene des Benzolringes aufweist und das zentrale Aluminiumatom weitgehend abgeschirmt ist. Diese Feststellung gilt für den festen Komplex. Sie ist jedoch mit großer Wahrscheinlichkeit auch auf die Lösung von Aluminiumbromid in Benzol übertragbar, da in diesen Lösungen DALLINGA u. Mitarb. [6] nachgewiesen hatten, daß in der Lösung zwei gestörte Tetraeder eines Al_2Br_6-Moleküls vorliegen. Aufgrund dieser röntgenographischen Befunde kann man daher schließen, daß es sich um eine $b\pi - a\sigma$-Wechselwirkung im System ArH/Al_2Br_6 handelt. Ähnliches ist dann auch für das System ArH/Ga_2X_6 anzunehmen. Zur weiteren Unterstützung der Annahme einer CT-Wechselwirkung kann man die Ergebnisse anderer Untersuchungen heranziehen. BROWN u. Mitarb. stellten fest, daß die aus Phasenstudien ermittelten freien Dissoziationsenthalpien ΔG der Komplexe $ArH \cdot Al_2Br_6$ den Ionisierungsenergien der Aromaten proportional sind, wie es in Abb. 14, S. 64 dargestellt ist [7]. Eine ähnliche Proportionalität wurde auch für die $b\pi - a\sigma$-Komplexe des Jods mit Benzol-kohlenwasserstoffen festgestellt [3]. Es ist in diesem Zusammenhang interessant festzustellen, daß die $b\pi - a\sigma$-Komplexe diese Abhängigkeit weit besser erfüllen als die CT-Komplexe mit n-Donatoren.

Typische CT-Banden für die Systeme $ArH/M_2^{III}X_6$ sind nur für Komplexe des m-Xylols und o-Xylols mit Al_2Br_6 [8] sowie für einige Methylderivate des Benzols in ihren Komplexen mit Ga_2Cl_6 und Ga_2Br_6 [9] bestätigt worden. In allen anderen Fällen handelt es sich bei den beschriebenen Maxima von CT-Banden [10] mit sehr großer Wahrscheinlichkeit um Proton-Additions- oder σ-Komplexe.

Diese Bemerkungen beziehen sich auf die Wechselwirkung von Benzol und Methylbenzolen mit dimerem Aluminiumbromid. Berücksichtigt man diese Dimerenstruktur, so kann man für die Komplexbildung einen $b\pi - a\sigma$-Mechanismus annehmen, da ein $b\pi - v$-Typus aus sterischen Gründen ausscheiden dürfte. Das $a\sigma$-Orbital des Halogenatoms ist dann ein leeres d-Orbital. Theoretische Untersuchungen zu diesem Bindungsproblem liegen nicht vor. Ebenfalls sind Messungen unter diesen Aspekten bisher nicht durchgeführt worden.

Für die monomeren Metallhalogenide der 3. Hauptgruppe wäre es naheliegend, einen $b\pi - v$-Typus bei der Komplexbildung anzunehmen. Dem Prinzip der maximalen Überlappung folgend, sollte das Aluminiumatom über einer $C-C$-Bindung angeordnet sein, wie es für die Benzol-AgClO$_4$-Komplexe von MULLIKEN [11] theoretisch gefordert und von SMITH und RUNDLE [12] mit Hilfe der Röntgenstrukturanalyse am festen Komplex auch nachgewiesen worden war. Die direkte Übertragung dieses Bildes auf die hier vorliegende Wechselwirkung ist nur mit Vorbehalt möglich, da es sich bei den Komplexen des Benzols und anderer π-Donatoren, wie z. B. den Olefinen [13], mit AgClO$_4$ und AgNO$_3$ um einen Komplex der Form $(D\text{-}Ag^+ \cdot ClO_4^-)$ bzw. $(D\text{-}Ag^+ \cdot NO_3^-)$ handelt, d.h., das Anion ist in einem Ionenpaar mit dem Komplex $(D\text{-}Ag^+)$ verknüpft. Für eine Reihe von Metall-π-Komplexen mit Rhodiumchlorid und Cu_2Cl_2 sind Strukturen vorgeschlagen und durch Röntgenstrukturuntersuchungen z. T. bestätigt worden, bei denen eine direkte Wechselwirkung der Doppelbindung mit den Orbitalen des Metallatoms aufgrund der Symmetrie sofort anschaulich und plausibel ist [14 bis 18]. Bei all diesen Komplexen beobachtet man auch eine mehr oder weniger starke Beeinflussung der $C=C$-Valenzschwingung im IR- und Ramanspektrum [17 bis 21]. Ferner zeichnen sich diese Komplexe durch eine relativ große Stabilität im festen Zustand und in Lösung aus [18]. All diese Kriterien für Metall-π-Komplexe treffen für die schwache Wechselwirkung zwischen Benzolderivaten und AlBr$_3$, GaCl$_3$ und GaBr$_3$ nicht zu. Es gelingt hier nur der indirekte Nachweis einer Wechselwirkung mittels Phasenstudien [9, 22].

Infrarotuntersuchungen von PERKAMPUS und BAUMGARTEN [23] am binären System ergeben derart drastische Änderungen in den IR-Spektren, daß die Erklärung durch einen π-Komplex ausscheidet und stattdessen die Ausbildung eines σ-Komplexes angenommen werden muß. Bei einer Wechselwirkung, die ähnlich der bei den Metall-π-Komplexen ist, sollte man erwarten, daß besonders die C=C-Valenzschwingung und die nicht-ebenen CH-Deformationsschwingungen beeinflußt werden. Man beobachtet jedoch eine völlige Änderung des IR-Spektrums und das Auftreten zahlreicher neuer, intensiver Banden.

Eine analoge Formulierung, wie bei den oben erwähnten Metall-π-Komplexen, wäre möglich, wenn man unter Mitwirkung des π-Donators die Ausbildung eines Kation-Komplexes ($b\pi - v^{+}$-Typ) annimmt:

$$D + Al_2Br_6 \rightleftharpoons (D \cdot AlBr_2)^{+} \cdot AlBr_4^{-}$$

In dieser Form läge in der Tat eine Ähnlichkeit zu den Metall-Komplexen mit Silberperchlorat sowie zu den Komplexen $ArH \cdot AgAlCl_4$ [24] und $ArH \cdot CuAlCl_4$ [25] vor. Da in Lösung dieser Komplex dann als Ionenpaar vorliegen sollte, wäre zu erwarten, aus Leitfähigkeitsmessungen in Kombination mit deren Temperaturabhängigkeit weitere Informationen zu erhalten. Bei Vorliegen eines derartigen Komplexgleichgewichtes sollte die Leitfähigkeit mit zunehmender Temperatur abnehmen. Ein Hinweis auf ein derartiges Verhalten fand ORTH [26] bei Untersuchungen der Leitfähigkeit farbloser Lösungen von Aluminiumbromid in Äther und Pyridin. In beiden Systemen nahm die Leitfähigkeit mit steigender Temperatur ab, was durch die folgende Formulierung der Dissoziationsgleichgewichte erklärt werden kann:

$$\underset{R}{\overset{R}{>}}\overset{\oplus}{O}-AlBr_2 + AlBr_4^{-} \rightleftharpoons \underset{R}{\overset{R}{>}}O + Al_2Br_6$$

$$C_5H_5\overset{\oplus}{N}I\ AlBr_2 + AlBr_4^{-} \rightleftharpoons C_5H_5NI + Al_2Br_6$$

Allerdings handelt es sich in diesen Fällen um n-v- bzw. in der hier dargestellten Struktur um n-v^{+}-Komplexe. Immerhin wäre es durchaus von Interesse, auch unter diesem Gesichtspunkt diese Systeme zu untersuchen.

Ein Hinweis, daß es sich bei den Systemen mit monomeren Metallhalogeniden der Hauptgruppe auch um $b\pi - a\sigma$-Komplexe handeln kann, ist durch die Arbeiten von FINCH u. Mitarb. am System Benzol-BX_3 gegeben [27, 28]. Mit Hilfe von NMR-Messungen an ^{11}B im System Benzol/BBr_3 zeigten die Autoren [28], daß das Boratom in einem Abstand von

4,7 Å über dem Mittelpunkt der Benzolringebene liegt. Die gleichzeitige Aktivierung der IR-verbotenen BBr-Schwingung zeigt eine Störung der planaren Struktur an. Da die Lage und der Abstand des Boratoms zur Ringebene eine maximale Überlappung ausschließt, muß hier die Wechselwirkung zwischen den π-Elektronen und den freien d-Orbitalen der Halogenatome erfolgen, also vom $b\pi - a\sigma$-Typ sein, wie es in Abb. 51a dargestellt ist. Es wäre deshalb von großem Interesse, analoge NMR-Untersuchungen an den Aluminium- und Galliumhalogeniden durchzuführen.

Zusammenfassend kann man sagen, daß für die dimeren Molekeln Al_2X_6 und Ga_2X_6 wohl eine $b\pi - a\sigma$-Wechselwirkung mit der Donatorkomponente im Falle der Aromaten anzunehmen ist, während für die Systeme mit monomeren AlX_3 bzw. GaX_3 und basischeren Aromaten als Donatoren die Frage, ob es sich um einen $b\pi - a\sigma$- oder um einen $b\pi - v$- bzw. $b\pi - v^+$-Typ der Komplexbildung handelt, noch keineswegs geklärt ist.

Bei den Olefinen als π-Donator nehmen FAIRBROTHER und NIXON [29] aufgrund von Molmassebestimmungen und Löslichkeitsuntersuchungen die Bildung eines 1:1-Komplexes Olefin/$AlBr_3$ an. Im Gegensatz zu den aromatischen Systemen konnte hier im IR-Spektrum eine Verschiebung der $C=C$-Valenzschwingung in der Größenordnung von 50 bis 70 cm^{-1} zu kleineren Wellenzahlen beobachtet werden sowie eine Beeinflussung der nichtebenen CH-Deformationsschwingungen [30]. Damit ähnelt diese Wechselwirkung bereits der der Metall-π-Komplexe, wenngleich auch hier noch weitere Untersuchungen dringend erforderlich sind.

4.5.2. π-Donatoren-Halogenide der 4. Gruppe

In dieser Gruppe sind sowohl Halogenverbindungen der Haupt- als auch der Nebengruppenelemente untersucht worden. Besonders intensiv wurde die Wechselwirkung von Aromaten mit $CHCl_3$, CCl_4, $CHBr_3$ und CBr_4 untersucht. Als erster wies SCHEIBE [31] aufgrund UV-spektroskopischer Beobachtungen auf eine Wechselwirkung zwischen $CHCl_3$ und CCl_4 und den in diesen Lösungsmitteln gelösten Aromaten hin. Ausführliche quantitative UV-spektroskopische Messungen mit Hexamethylbenzol als π-Donator wurden von DÖRR u. Mitarb. [32] durchgeführt. Die Ergebnisse dieser Untersuchungen sprechen eindeutig für eine CT-Komplexbildung zwischen Hexamethylbenzol und $CHCl_3$, CCl_4, $CHBr_3$ und CBr_4.

Von anderen Autoren wurden feste Molekülverbindungen zwischen CCl_4 und Benzolderivaten an Hand von Phasendiagrammen nachgewiesen [33 bis 39]. Für Siliciumtetrachlorid und Zinntetrachlorid konnten dagegen mit Hilfe von Phasenstudien keine analogen definierten Molekülverbindungen nachgewiesen werden [40], obwohl aufgrund der Farbänderung beim Lösen von $SnCl_4$ in Benzolderivaten als Lösungsmittel eine zwischenmolekulare Wechselwirkung angenommen werden muß [41, 42]. Das gleiche gilt auch für Titantetrachlorid, wo das Phasendiagramm des Systems $TiCl_4$/Benzol nur ein Eutektikum, aber kein Dystektikum erkennen läßt [43]. Ein Dystektikum wird dagegen im Phasendiagramm $TiCl_4$/Anisol und $TiCl_4$/Phenetol beobachtet. Es liegt beim Molenbruch 0,5 und entspricht somit einem 1:1-Komplex. Die Schmelzpunkte dieser Molekülverbindungen liegen bei 317 und 282 K. Aber auch für die Systeme TiX_4/ArH wurden, wie bei den Systemen $SnCl_4$/ArH, bei allen Untersuchungen stets die beobachteten Farbänderungen hervorgehoben.

UV-Untersuchungen an Systemen $ArH/SnCl_4$ wurden von MYHER und RUSSEL [44] durchgeführt. Sie bestätigten die Bildung eines 1:1-Komplexes in Lösung. Die Auswertung der Temperaturabhängigkeit ergab sehr kleine Bildungsenthalpien, die außerdem wegen unterschiedlicher Lösungsmittel nicht miteinander verglichen werden können. MINC u. Mitarb. [45] haben sehr genaue UV-spektroskopische Untersuchungen am System p-Xylol/$SnCl_4$ durchgeführt und wiederum an Hand der Auswertung einen 1:1-Komplex nachgewiesen. Da es aber in keinem dieser Fälle möglich war, eine definierte Bande einer Molekülverbindung in ihrer genauen Lage zu isolieren, ist es nicht möglich, das Material hinsichtlich der Abhängigkeit der Lage der Maxima von der Ionisierungsenergie der Donatorkomponente kritisch zu analysieren. Dies ist jedoch an den analogen Systemen $ArH/TiCl_4$ durchgeführt worden [46, 47 bis 49].

Die Ergebnisse von KRAUSS [47] und DIJKGRAAF [48] lassen hier eindeutig eine Abhängigkeit der Maxima der MV-Banden von der Ionisierungsenergie erkennen (vgl. Abb. 29 und 33), so daß die Annahme eines CT-Komplexes in Lösung gerechtfertigt ist. Dies gilt auch für die Systeme $ArH/TiBr_4$. Die beiden Geraden, die erhalten werden, fallen praktisch zusammen, was bedeutet, daß die Elektronenaffinitäten von $TiCl_4$ und $TiBr_4$ sich nicht wesentlich unterscheiden. Interessant ist an diesem System ferner, daß im Falle einiger kondensierter Aromaten als Donatoren zwei CT-Banden gefunden werden [48], deren Abstand vergleichbar ist mit der in den Spektren typischer CT-Komplexe von BRIEGLEB u. Mitarb. [50] beobachteten Aufspaltung der CT-Bande. Aufgrund dieser Befunde kann man für die in Lösung untersuchten Molekülverbindungen π-Donator/TiX_4 einen echten CT-Mechanismus annehmen. Im übertragenen Sinne kann man dies auch für die ebenfalls nur in Lösung untersuchten Systeme Aromat/$SnCl_4$ folgern, obwohl hier eine kritische Auswertung, wie oben erwähnt, nicht möglich war. Der Grund hierfür ist in der im Vergleich zu $TiCl_4$ und $TiBr_4$ geringeren Elektronenaffinität des $SnCl_4$ zu suchen. Nimmt man eine gegenüber $TiCl_4$ um 0,5 eV kleinere Elektronenaffinität an, so ergibt sich eine hypsochrome Verschiebung der

MV-Banden von CT-Komplexen mit denselben π-Donatoren von ca. 4000 cm^{-1}. D.h., die CT-Banden würden bei den Methylbenzolen auf der Flanke der Eigenabsorption zu liegen kommen. Für Tetrachlorkohlenstoff ist die Elektronenaffinität mit 0,6 eV angegeben worden [51]. Gegenüber dem von KRAUSS angegebenen Wert für TiCl$_4$ ($E_A = 1,57$ eV [52]) ist dieser Wert rd. 1 eV niedriger, was einer hypsochromen Verschiebung der CT-Bande für das System Benzol/CCl$_4$ um 8000 cm^{-1} entspricht, so daß die CT-Banden mit der Eigenabsorption des Benzols zusammenfallen würden.

Zur Annahme einer derartigen Überlagerung der Banden kommen TRAMER [53] sowie BAHNIK u. Mitarb. [54] aufgrund ihrer UV-spektroskopischen Messungen am System Cyclohexan/Benzol/CBr$_4$. Man muß hierbei noch berücksichtigen, daß die Elektronenaffinität des TiCl$_4$ mit $E_A = 1,57$ eV [52] sehr wahrscheinlich zu niedrig ist, so daß die CT-Bande des Systems CCl$_4$/Benzol noch stärker hypsochrom verschoben sein dürfte gegen die CT-Bande im System TiCl$_4$/Benzol, als oben abgeschätzt wurde. Dies gilt sicher auch für die Bande im System SnCl$_4$/ArH, deren hypsochrome Verschiebung gegenüber dem Bezugssystem größer als 4000 cm^{-1} sein wird. Man kann aber aus dieser Betrachtung ersehen, daß die zunehmende bathochrome Verschiebung der CT-Banden in der Reihe CX$_4$, SnCl$_4$, TiCl$_4$, TiBr$_4$ in guter Näherung durch die Elektronenaffinität bestimmt wird und daß offensichtlich keine weiteren Effekte von entscheidenderer Bedeutung sind. Daraus ist aber ferner abzuleiten, daß die CT-Komplexe dieser Systeme den gleichen Aufbau haben müssen, oder genauer gesagt, die Acceptoren CX$_4$, SnX$_4$, TiX$_4$ müssen vom gleichen Typ sein. An Hand des gleichmäßigen Aufbaus des festen Komplexes CBr$_4$ · p-Xylol, der durch eine Röntgenstrukturanalyse aufgeklärt worden ist [55], kann man auf einen $b\pi - a\sigma$-Typ bei der hier vorliegenden Wechselwirkung schließen. Dies bedeutet jedoch nicht, daß die Anordnung von Donator und Acceptor im gelösten Komplex der Anordnung im Festkörper entspricht, da gerade der als Beispiel zitierte Komplex als 1:2-Komplex im festen Zustand vorliegt: jedes CBr$_4$-Molekül ist zwei p-Xylolmolekülen zugeordnet.

Die hier diskutierte lineare Abhängigkeit der CT-Anregungsenergie von der Elektronenaffinität ist natürlich nur eine grobe Annäherung, da ja bekanntlich die Differenz zwischen der Ionisierungsenergie (I_D) und der Elektronenaffinität (E_A) der Coulombenergie (E_c) und der VAN DER WAALSschen Energie (W_O) in einem zweiten Term umgekehrt proportional eingehen [56]:

$$h \cdot \nu_{\text{CT}} = I_D - (E_A - E_C + W_O) + \frac{\beta_0^2 + \beta_1^2}{I_D - (E_A - E_C + W_O)}. \tag{1}$$

β_0 und β_1 sind Parameter, die aufgrund der quantenmechanischen Behandlung der *E-D-A*-Wechselwirkung eingehen [3]. Die Voraussetzungen, die eine vereinfachte Anwendung dieser Beziehung gestatten, wurden von BRIEGLEB und CZEKALLA [57] ausführlich diskutiert (vgl. auch S. 96). Die Tatsache, daß die vereinfachte Betrachtungsweise hier offensichtlich zu einer vernünftigen Abstufung führt, spricht dafür, daß es sich in allen Fällen um eine gleichartige Funktion der Acceptormoleküle handelt.

Auch die kleinen Dipolmomente, die für den Komplex Benzol $SnCl_4$ von ULICH und NESPITAL [58] mit 0,8 Debye und für den Komplex Naphthalin · $SnCl_4$ von TSUBOMURA [59] mit 1,2 Debye angegeben wurden, sind vergleichbar mit Dipolmomenten typischer $b\pi - a\,\sigma$-CT-Komplexe. So geben KORTÜM und WALZ [60] für den CT-Komplex Naphthalin · I_2 1,8 und den CT-Komplex Diphenyl · I_2 2,9 Debye an. Diese Werte sind in Cyclohexan als indifferentem Lösungsmittel gemessen worden. Der Wert von 0,8 Debye für den Komplex Benzol · $SnCl_4$ ist dagegen in Benzol als Lösungsmittel selbst und der Wert von 1,2 Debye für den Komplex Naphthalin · $SnCl_4$ ist in $SnCl_4$ als Lösungsmittel ermittelt worden. Unter diesen Voraussetzungen handelt es sich um „scheinbare Dipolmomente", aus denen auf die tatsächlichen Dipolmomente der EDA-Komplexe nur mit Vorbehalt geschlossen werden kann [61].

Immerhin sind das Dipolmoment des Jods als typischer $a\,\sigma$-Acceptor, gemessen in Benzol zu 0,6 Debye [62], und das Dipolmoment des $SnCl_4$ als Acceptor, ebenfalls in Benzol mit 0,8 Debye gemessen [58], vergleichbar, was als weitere Stütze für einen CT-Komplex vom $b\pi - a\,\sigma$-Typ angesehen werden kann.

4.5.3. *π-Donator-Halogenide der 5. Gruppe*

In der 5. Gruppe des Periodensystems sind die Halogenide des Antimons, des Vanadins, Niobs und Tantals untersucht worden. Beim Vanadin sind das Vanadinoxotrichlorid und Vanadintetrachlorid als Acceptoren hinsichtlich der Wechselwirkung mit π-Donatoren untersucht worden [48, 63 bis 67]. VCl_4 schließt sich hinsichtlich seiner Eigenschaft als Acceptor an $TiCl_4$ und $TiBr_4$ an. Die entsprechenden CT-Banden sind gegenüber denen der Systeme mit $TiCl_4$ und $TiBr_4$ bathochrom verschoben. Die Anregungsenergie der Komplexe VCl_4 · ArH steht mit der Ionisierungsenergie der π-Donatoren in einem linearen Zusammenhang [66, 67], wie Abb. 34, S. 104 in 4.3.1.5 erkennen läßt. Die Bathochromie an diesen Systemen ist auf die größere Elektronenaffinität des VCl_4 gegenüber der des $TiCl_4$ zurückzuführen.

Auch die Maxima der Komplexe in den Systemen $VOCl_3$ · ArH befolgen die lineare Abhängigkeit von der Ionisierungsenergie der aromatischen Komponente [63], wie aus den Abb. 32 und 33, S. 102 unmittelbar zu ersehen ist. Die Bildung der 1:1-Komplexe wurde spektroskopisch mittels der Methode nach JOB für die Komplexe $VCl_4 \cdot$ Mesitylen [67] und $VOCl_3 \cdot$ Benzol [65] als Beispiele nachgewiesen.

In die Gesetzmäßigkeit, die für $TiCl_4$, $TiBr_4$, VCl_4 und $VOCl_3$ gefunden wurde, fügen sich auch die Chloride der Niobs und Tantals ein [66]. Für $NbCl_5$ und $TaCl_5$ ist ebenfalls die lineare Abhängigkeit der Lage der Maxima der CT-Banden von der Ionisierungsenergie der π-Donatoren bestätigt worden, wie aus Abb. 35, S. 104 deutlich zu ersehen ist. Die beiden Geraden sind parallel gegeneinander verschoben, was wiederum auf die unterschiedliche Elektronenaffinität dieser beiden Halogenide zurückzuführen ist. Beim Niobpentachlorid ist zu berücksichtigen, daß dieses in CCl_4 dimer als Nb_2Cl_{10} vorliegt [68]. In Benzol als Lösungsmittel konnte HÜTTMANN [66] jedoch mit Hilfe von Molmassebestimmungen das einfache Molgewicht feststellen, so daß in den CT-Komplexen mit den π-Donatoren das monomere $NbCl_5$ als Acceptor vorliegt, d.h. aber, daß in diesen Lösungsmitteln eine Dissoziation des Nb_2Cl_{10} erfolgen muß, wie es auch in Lösungsmitteln, die als n-Donatoren wirken, festgestellt worden ist [68]. Auch für das Tantalpentachlorid ist eine Dimerenstruktur entsprechend der Formel Ta_2Cl_{10} in CCl_4 als Lösungsmittel nachgewiesen worden [69]. In Lösung entsprechen die CT-Komplexe jedoch einem 1:1-Komplex mit monomerem Tantalpentachlorid. Die Struktur der monomeren Halogenide $NbCl_5$ und $TaCl_5$ gleicht einer trigonalen Bipyramide entsprechend einer d^3sp- bzw. dsp^3-Hybridisierung des Metallatoms. Im Dimeren haben die beiden Oktaeder eine gemeinsame Kante gebildet durch zwei Cloratome, die an beide Niob- bzw. Tantalatome gebunden sind [70]. Die gleiche Anordnung einer trigonalen Bipyramide haben auch Molybdänpentachlorid und Antimonpentachlorid [71, 72].

Betrachtet man daher die Struktur der Halogenide der 4. und 5. Gruppe, so liegen $SnCl_4$, $TiCl_4$, $TiBr_4$, VCl_4 und $VOCl_3$ als Tetraeder und $NbCl_5$, $TaCl_5$ und $SbCl_5$ als trigonale Bipyramiden vor. Dieser Unterschied in der Molekülstruktur der Acceptoren hat aber praktisch keinen Einfluß auf die Wechselwirkung mit den π-Donatoren, wie aus der Abhängigkeit der Maxima der CT-Banden von der Ionisierungsenergie hervorgeht. Aus Abb. 60, ist zu ersehen, daß die entsprechenden Geraden nahezu parallel gegeneinander verschoben sind, was ein eindeutiger Hinweis für die Gleichartigkeit der vorliegenden Wechselwirkung ist. Eine $b\pi - n\nu$-Wechselwirkung würde in allen Fällen eine Umhybridisierung der Metallatome erfordern, wodurch bei der Koordination der π-Donatoren recht erhebliche sterische Hinderungen auftreten könnten. Auch dürfte bei einem derartigen Typus der EDA-Wechselwirkung kaum eine so gut übereinstimmende Gesetzmäßigkeit für die Maxima der CT-Banden beobachtet werden.

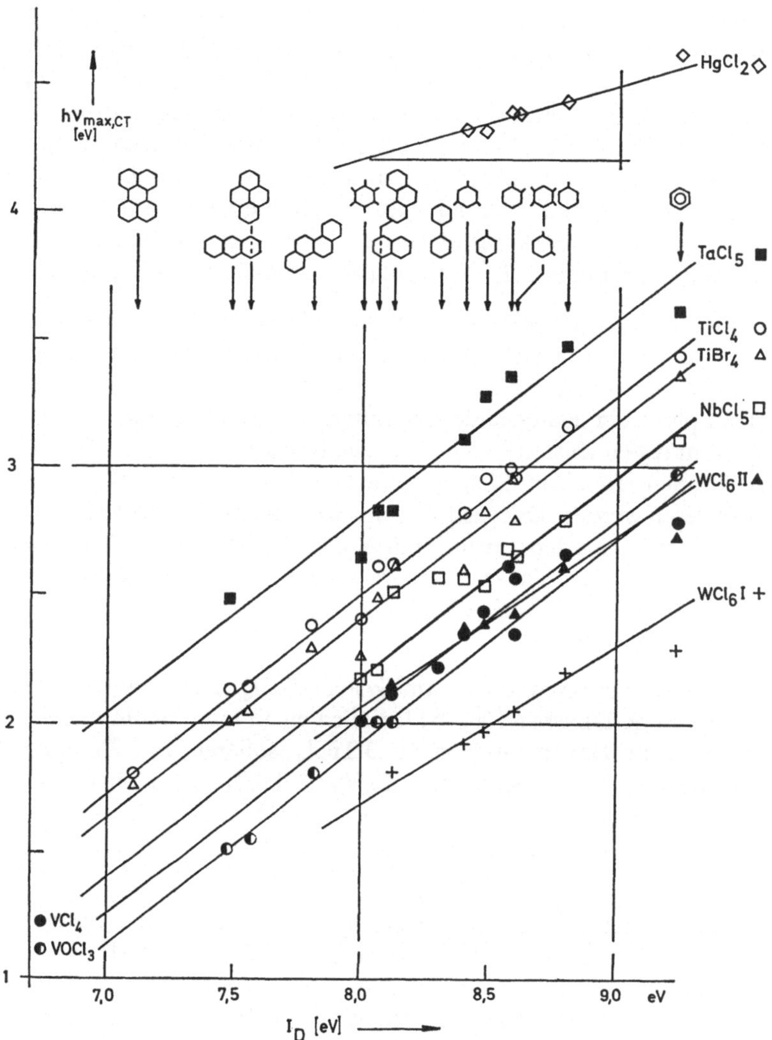

Abb. 60. Vergleichende Darstellung von $h\nu_{max\,CT} = f(I_D)$ für verschiedene Systeme (Erläuterung s. Text)

Ein typisches Beispiel für die Umhybridisierung des Metallatoms liegt beim Antimonatom in dem *Menshutkin-Komplex* 2 SbCl₃ · Naphthalin vor. Die Anordnung von Donator und Acceptor ist aufgrund einer ausführlichen Röntgenstrukturanalyse von HULME und SZYMANSKI [2] angegeben worden (vgl. Abb. 23). Danach geht das SbCl₃ aus einem sp³-Zustand, der einem gestörten Tetraeder zukommt [73, 74], in einen sp³d-

Zustand über, der einer trigonalen Bipyramide entspricht. Ein freies Orbital dieses Hybrids tritt mit den π-Elektronen des Naphthalin in Wechselwirkung und führt zu einer d-π-Rückbindung. Das freie Elektronenpaar des Antimonatoms liegt mit zwei Cl-Atomen äquatorial, wie es in Abb. 23, S. 81 für den Komplex $2 \, SbCl_3 \cdot$ Naphthalin dargestellt ist. Diese Anordnung von Acceptor zum π-Donator entspricht weitgehend der Struktur der Metall-π-Komplexe, obwohl hierbei darauf hingewiesen werden muß, daß der Abstand von der Ebene des π-Elektronenpaares zum Antimonatom mit 3,2 Å für Metall-π-Komplexe relativ groß ist.

Ein wesentlicher Unterschied zu den Komplexen der übrigen Halogenide der 5. Gruppe und den Halogeniden der 4. Gruppe besteht auch darin, daß die *Menshutkin-Komplexe* im festen Zustand sehr stabil sind, während die Komplexe der Halogenide des Zinns, Titans, Vanadins, Niobs und Tantals im festen Zustand nicht dargestellt werden können. Diese Komplexe können jedoch in Lösung aufgrund ihrer Farbe spektroskopisch nachgewiesen werden. Dagegen sind die *Menshutkin-Komplexe* in Lösung, insbesondere in inerten Lösungsmitteln, nicht beständig. Das bedeutet aber, daß hier in der Tat eine andere Wechselwirkung vorliegt und daß zur Stabilität der *Menshutkin-Komplexe* im festen Zustand zusätzlich die Gitterkräfte beitragen.

Innerhalb der Untersuchungen am System $TiCl_4/ArH$ konnten KRAUSS, HÜTTMANN und DEFFNER [66, 75] lediglich einen festen Komplex der Zusammensetzung Hexamethylbenzol $\cdot$ 3 $TiCl_4$ isolieren. Ein Komplex der entsprechenden Zusammensetzung $C_6H_6 \cdot$ 3 $TiCl_4$ war bereits von CULLINANE u. Mitarb. vorgeschlagen worden [76], dessen Existenz durch Phasenstudien von GOATES, OTT u. a. jedoch nicht bestätigt werden konnte [49, 77].

Allen Komplexen, die nur in Lösung nachgewiesen werden konnten, ist auch gemeinsam, daß die IR-Spektren praktisch der Überlagerung der Einzelspektren der Donatoren und Acceptoren entsprechen. Entscheidende Verschiebungen, wie z. B. die der C=C-Valenzschwingungen der Aromaten, sind nicht beobachtet worden, was jedoch der Fall sein müßte, wenn es sich bei der Wechselwirkung um eine quasi lokalisierte Beeinflussung der π-Elektronen einer C=C-Bindung handeln würde. Andererseits müßten auch in den M-X-Schwingungen infolge der notwendigen Umhybridisierung Änderungen beobachtet werden.

Bei den *Menshutkin-Komplexen* ist dies in der Tat im IR- und Ramanspektrum beobachtet worden. Es treten in der Donator-Komponente Intensitätsänderungen und Verschiebungen auf [78] sowie aufgrund der Symmetrieerniedrigung als Folge der Wechselwirkung auch IR-verbotene Banden [79], wie in 4.3.2.5 diskutiert wurde.

Die hier dargestellten Unterschiede zwischen den Halogeniden SnCl₄, TiCl₄, TiBr₄, VCl₄, VOCl₃, NbCl₅ und TaCl₅ auf der einen Seite und SbCl₃ andererseits sprechen dafür, daß es sich im ersten Fall um eine $b\pi - a\sigma$-Wechselwirkung und beim SbCl₃ um eine $b\pi - v$-Wechselwirkung handelt.

Von HÜTTMANN [66] wurden auch Versuche durchgeführt, entsprechende Komplexe mit den anderen Halogeniden der erwähnten Metalle nachzuweisen. Spektroskopisch ließen sich für TiJ₄, NbBr₅ und TaBr₅ jedoch keine definierten Komplexe nachweisen.

4.5.4. π-Donator/WCl₆

Von den Halogeniden der Elemente der 6. Gruppe ist nur das Wolframhexachlorid untersucht worden [80]. Auch diese Verbindung schließt sich in ihren Acceptoreigenschaften an die bisher besprochenen Halogenide der Elemente der 4. und 5. Gruppe an. Allerdings ist hier die Übereinstimmung mit den bisher besprochenen Halogeniden nicht so gut. Die lineare Abhängigkeit der Maxima der CT-Banden ist zwar auch hier gegeben, wie aus Abb. 36, S. 105 zu ersehen ist, jedoch tritt eine Abweichung vom parallelen Verlauf im Vergleich zu den anderen Geraden in Abb. 60, S. 167 auf. Trotzdem kann man wohl annehmen, daß der Sekundärkomplex, der sich schließlich bei diesen Komplexen ausbildet, ebenfalls dem Typ entspricht, der mit Ausnahme der *Menshutkin-Komplexe* für alle Komplexe angenommen worden ist, d.h. ein CT-Komplex vom $b\pi - a\sigma$-Typ. Näheres zu den spektroskopischen Untersuchungen an diesen Komplexen s. 4.3.1.7 und [80].

4.5.5. π-Donator/HgX₂

Dieses System ist ebenfalls in den letzten Jahren eingehender untersucht worden. Aufgrund von Löslichkeitsuntersuchungen und der Diskussion von Dipolmomenten [81, 82] sowie UV-spektroskopischen Messungen [83] ist auch hier eine Wechselwirkung zwischen HgCl₂, HgBr₂ und HgJ₂ als Acceptoren und einigen Aromaten als π-Donatoren nachgewiesen worden (vgl. 4.3.1.9).

Das Dipolmoment von 1 Debye, von verschiedenen Autoren für HgCl₂ in Benzol und Dioxan gemessen [84, 85, 86], wurde von ELIEZER ausführlich diskutiert und eine gewinkelte Gestalt für die in Aromaten gelöste HgX₂-Molekel aufgrund der Wechselwirkung mit dem Lösungsmittel gefordert [81]. Neuere UV-Messungen lassen Maxima von MV-Banden erkennen, deren Lage eine lineare Abhängigkeit von der Ionisierungsenergie erkennen läßt. Ein Vergleich mit den Geraden, die an den Systemen der Abb. 60 gefunden worden sind, zeigt, daß die Gerade hier nur sehr flach verläuft und zu hohen Anregungsenergien verschoben ist. Wenn diese lineare Abhängigkeit auch für CT-Komplexe spricht, so sind diese offensichtlich in ihrem Typus nicht mit den bisher besprochenen zu vergleichen.

Die Komplexe mit $HgCl_2$, $HgBr_2$ und HgJ_2 unterscheiden sich in der Lage der CT-Banden nur sehr wenig. Die Verschiebung zum Roten beträgt für den Komplex mit HgJ_2 maximal 300 cm^{-1} gegenüber der Lage der CT-Bande im Komplex mit $HgCl_2$. Jedoch nimmt die Intensität der CT-Banden in der Reihenfolge $HgCl_2 < HgBr_2 < HgJ_2$ um eine Zehnerpotenz zu. Die Intensitätsänderung beim Wechsel des Donators ist dagegen relativ gering und zeigt auch keinen eindeutigen Gang. Aus Tabelle 24, S. 110 ist dies unmittelbar an den aufgeführten scheinbaren Extinktionskoeffizienten zu erkennen. Aus der Zunahme der Intensität könnte man zunächst auf eine in der Reihenfolge $HgCl_2 < HgBr_2 < HgJ_2$ anwachsende Wechselwirkung schließen [84], jedoch muß aus der Löslichkeit der Quecksilberhalogenide auf die umgekehrte Reihenfolge geschlossen werden. D.h. aber, daß die Wechselwirkung in der Reihenfolge $HgCl_2 > HgBr_2 > HgJ_2$ abnimmt. Eine Erklärung dieses Verhaltens ergibt sich, wenn man einen Kontakt-CT-Komplex annimmt [85 bis 88], bei dem im allgemeinen höhere Intensitäten in den CT-Banden beobachtet werden [84]. Für den gemessenen Extinktionskoeffizient ε_g in einem derartigen System gilt:

$$\varepsilon_g = \varepsilon_{AD}\left[1 + \frac{\alpha \cdot \dfrac{\varepsilon_K}{\varepsilon_{AD}}}{K_C^{AD}}\right] \tag{2}$$

ε_{AD} ist der wahre Extinktionskoeffizient eines 1:1-CT-Komplexes, ε_K ist der Extinktionskoeffizient des Kontaktkomplexes, α ein Maß für die relative Zahl der Kontakte, die ein Molekül einer Spezies gleichzeitig mit einem Molekül der zweiten Komponente eingehen kann. α hängt weitgehend von dem Verhältnis der Konzentrationen der beiden Komponenten ab, so daß, wenn z.B. die Donatorkonzentration sehr groß gegenüber der Acceptorkonzentration ist ([D] $\gg$ [A]), α die durchschnittliche Anzahl der Kontaktstellen eines Donatormoleküls um das Acceptormolekül herum angibt, d.h., α wird eine Zahl > 1 sein. Aus der obigen Formel ersieht man, daß mit abnehmendem K_C^{AD} der gemessene scheinbare Extinktionskoeffizient anwächst. Legt man dieses Modell zugrunde, so kann man abschätzen, daß wegen der starken Intensitätszunahme in der Reihe $HgCl_2 < HgBr_2 < HgJ_2$ die Bildungskonstante K_C^{AD} eines 1:1-CT-Komplexes abnehmen muß, so daß eine Übereinstimmung mit den Ergebnissen der Löslichkeitsuntersuchungen besteht. Für den hier vorliegenden CT-Komplex muß deshalb die Beteiligung von Kontakt-

CT-Komplexen angenommen werden [83]. Das bedeutet aber, daß die Acceptorstärke in der Reihenfolge $HgCl_2 > HgBr_2 > HgJ_2$ abnimmt. Im Vergleich zu den anderen Systemen liegt hier also in der Tat ein anderer Mechanismus vor.

4.5.6. Elektronenaffinitäten der Metallhalogenide

Wie aus der Diskussion der Elektronenspektren zu ersehen war, erfüllen eine Reihe von CT-Komplexen der Metallhalogenide mit π-Donatoren für die Maxima der zugehörigen Banden in guter Näherung eine lineare Abhängigkeit von der Ionisierungsenergie der Donatorkomponente. D.h., man kann den Zusammenhang (1) durch die einfache Beziehung ausdrücken [51]:

$$h\,\nu_{CT} = a\,I_D + b\,.\tag{3}$$

In der Größe b ist im wesentlichen die Differenz zwischen der Elektronenaffinität E_A und der klassischen Coulombenergie E_C zwischen D^+ und A^- sowie der übrigen VAN DER WAALSschen Wechselwirkungskräfte W_o enthalten, wobei E_c und W_o zu E zusammengefaßt werden:

$$E = W_O - E_C\,.$$

Somit wird

$$h\,\nu_{CT} = a\,I_D - (E_A - E)\,.\tag{4}$$

Gln. (3) und (4) gelten in guter Näherung, wenn die Ionisationspotentiale der Donatoren $\geqslant$ 7,5 eV sind. So wie bei konstantem Acceptor die Ionisierungsenergie in einer einfachen linearen Beziehung die Lage der CT-Bande für verschiedene Donatoren bestimmt, sollte auch umgekehrt bei konstantem Donator die Lage der CT-Bande durch die Elektronenaffinität gegeben sein, wenn für die CT-Komplexe mit unterschiedlichem Acceptor eine gleichartige Wechselwirkung angenommen werden kann. Diese Bedingung ist dann erfüllt, wenn die für verschiedene Acceptorsysteme dargestellte Abhängigkeit der CT-Maxima von der Ionisierungsenergie Geraden liefert, die parallel zueinander verschoben sind. Von BRIEGLEB [51] wurde dieser Zusammenhang ausführlich an einem sehr großen Material überprüft und für die klassischen CT-Komplexe die Elektronenaffinitäten der Acceptoren ermittelt. Ausgehend von Gl. (4) ergibt sich für zwei Komplexe i, k mit demselben Donator, aber unterschiedlichem Acceptor:

$$[h\,\nu_{CT}]_i - [h\,\nu_{CT}]_k = E_{A,k} - E_{A,i}\,.\tag{5}$$

Aufgrund dieser Beziehung kann man daher versuchen, für die hier vorliegende Wechselwirkung aus den spektroskopischen Messungen die

Elektronenaffinitäten der Metallhalogenide zu bestimmen. In Abb. 60 sind die linearen Abhängigkeiten $h\nu_{CT} = f(I_D)$ für einige Systeme in einer Darstellung zusammengefaßt. Aus dieser Abbildung ist deutlich zu erkennen, daß im Rahmen der hier vorliegenden Genauigkeit, bedingt durch die Streuung der Ionisierungsenergien der Donatoren, durchaus von einem parallelen Verlauf der charakteristischen Geraden gesprochen werden kann. Abweichungen treten, wenn auch schwach, für die Komplexe mit WCl_6 und besonders stark für die Komplexe mit $HgCl_2$ auf. Für die Komplexe, die parallelen Verlauf zeigen, kann man daher Gl. (5) unmittelbar anwenden. Normiert man auf $E_A = 2$ eV als die Elektronenaffinität des $TiCl_4$, so ergeben sich praktisch mit einer Streuung von

Tabelle 33 Relative Elektronenaffinitäten einiger Metallhalogenide, bezogen auf $TiCl_4$-CT-Komplexe $E_A = 2$ eV, Daten berechnet aus den Messungen nach [48, 66, 80]

Acceptor	 Donator	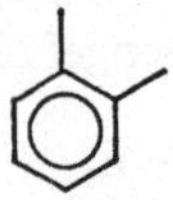	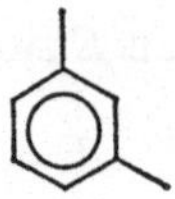		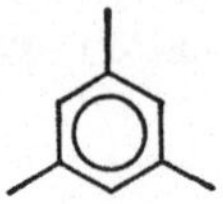
$TiCl_4$	2,00	2,00	2,00	2,00	2,00
$TiBr_4$	2,08	2,04	2,00	2,13	2,23
VCl_4	2,65	2,39	2,39	2,52	2,48
$VOCl_3$	2,47	—	—	2,40	2,42
$NbCl_5$	2,33	2,37	2,30	2,42	2,26
$TaCl_5$	1,83	1,64	—	1,68	1,72
WCl_6[a]	2,71	—	2,53	2,57	2,46

Acceptor	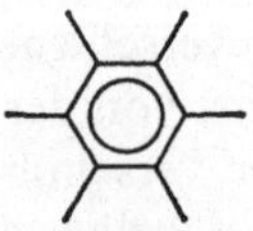 Donator	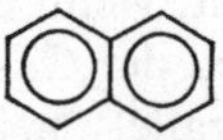	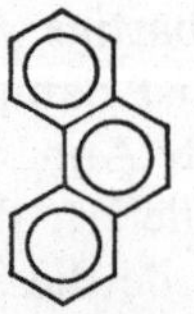	$\overline{E}_A$ [eV]
$TiCl_4$	2,00	2,00	2,00	2,00
$TiBr_4$	2,14	2,00	2,13	2,10
VCl_4	2,40	2,52	—	2,48
$VOCl_3$	—	2,64	2,72	2,53
$NbCl_5$	2,22	2,11	2,41	2,33
$TaCl_5$	1,76	1,80	1,79	1,75
WCl_6[a]	—	2,48	—	2,55

[a] Daten für Sekundärkomplex.

$\pm$ 0,1 bis 0,15 eV um einen Mittelwert für die verschiedenen Donatoren die in Tabelle 33 zusammengestellten Werte.

Von KRAUSS u. Mitarb. [66, 67, 75] wurde analog zu dieser Abschätzung die Elektronenaffinität auf die Elektronenaffinität des Acceptors p-Chloranil in CT-Komplexen mit denselben Donatoren bezogen. Für die Elektronenaffinität des p-Chloranils wurde ein Wert von $E_A = 1{,}37$ eV benutzt [51]. Um den Absolutwert abzuschätzen, kann man diesen Wert benutzen. Dann ergeben sich die im folgenden zusammengestellten Werte für die Elektronenaffinitäten des $TiCl_4$ bei verschiedenen Donatoren.

Aromat					
$E_A(TiCl_4)$	1,51	1,61	1,59	1,22	1,57 eV
Aromat					
$E_A(TiCl_4)$	1,52	1,34	1,44	1,22	1,29 eV

Der Mittelwert ergibt sich hieraus zu $E_A(TiCl_4) = 1{,}43$ eV. Will man dagegen auf einen Acceptor mit vergleichbarer Struktur beziehen, so bietet sich hierfür CCl_4 an, dessen Elektronenaffinität mit 0,6 eV angegeben wird [51]. Hier besteht aber die Schwierigkeit, daß die CT-Bande nicht genau bestimmt werden kann. Schätzt man die Lage als in der Eigenabsorption des Donators liegend für den Komplex $CCl_4 \cdot C_6H_6$ ab, so kann man einen Wert von $\lambda_{CT,\,max} \sim 260$ nm entsprechend $\tilde{v}_{CT} \simeq 38\,500$ cm^{-1} und $h \cdot v_{CT} \simeq 4{,}8$ eV annehmen. Damit ergibt sich dann für $TiCl_4$ aus dem hv_{CT}-Wert des Komplexes $TiCl_4 \cdot C_6H_6 : E_A(TiCl_4) = 1{,}99$ eV, d.h. ein Wert, der mit dem Bezugswert der Tabelle 33 übereinstimmt.

Eine erste Abschätzung der Elektronenaffinitäten der übrigen Metallhalogenide Al_2Br_6, Ga_2Cl_6, Ga_2Br_6, $HgCl_2$, $HgBr_2$ und HgJ_2 zeigt an Hand der relativ hohen Anregungsenergien der zugehörigen CT-Komplexe, daß die Elektronenaffinitäten wesentlich kleiner sein sollten. Im Falle der Quecksilberhalogenide zeigt die Abb. 60, daß in Gl. (3) bzw. (4) ein anderer a-Wert eingesetzt werden muß. Das bedeutet aber, daß die Komplexe nicht mehr vergleichbar hinsichtlich ihres Typs sind. Ein Bezug auf die Elektronegativität des $TiCl_4$-Komplexes kann deshalb nur einen groben Richtwert liefern. In Tabelle 34 sind die Elektronenaffinitäten der Metallhalogenide, bezogen auf p-Chloranil und CCl_4 zusammengestellt. Für den $SnCl_4$-Komplex mit Benzol wurde näherungsweise ein Wert von $\tilde{v}_{CT} \simeq 33000$ cm^{-1} entsprechend $h\nu_{CT} = 4{,}4$ eV angenommen.

Tabelle 34　Elektronenaffinitäten einiger Metallhalogenide aus optischen Daten zugehöriger CT-Komplexe s. Text

Acceptor	E_A, bezogen auf p-Chloranil [eV]	E_A, bezogen auf CCl_4 [eV]
$SnCl_4$	~0,7	~1,3
$TiCl_4$	1,43	1,99
$TiBr_4$	1,53	2,09
VCl_4	1,91	2,47
$VOCl_3$	2,04	2,53
$NbCl_5$	1,76	2,32
$TaCl_5$	1,18	1,74
WCl_6	1,98	2,54
HgX_2	<1	<1

4.5.7. Literatur

1. ELEY, D. D., TAYLOR, J. H., WALLWORK, C.: J. Chem. Soc. 3867 (1961).
2. a) HULME, R., SZYMANSKI, J. T.: Acta Cryst. B **25**, 753 (1969). b) DEMALDÉ, A., MANGIA, A., NARDELLI, M., PELIZZI, G., VIDONI TANI, M. E.: Acta Cryst. B **28**, 147 (1972).
3. BRIEGLEB, G.: Elektronen-Donator-Acceptor-Komplexe. In: Molekülverbindungen und Koordinationsverbindungen i. E., Berlin-Göttingen-Heidelberg: Springer 1961.
4. MULLIKEN, R., PERSON, W. B.: Molecular complexes. New York-London-Sidney-Toronto: Interscience Publ. John Wiley & Sons 1969.
5. FOSTER, R.: Organic charge-transfer complexes. London-New York: Academic Press 1969.
6. DALLINGA, G.: Proc. Symp. Co-ordination Chemistry. Danish chem. Soc. 134 (1954).
7. SANG UP CHOI, BROWN, H. C.: J. Am. Chem. Soc. **88**, 903 (1966).
8. STAATS, G.: Dissertation. Bergakademie Clausthal 1962.
9. DEL PINO, C., GREENWOOD, N. N.: Anal. Fiz. Quim. Ser. B **61**, 1211 (1965).
10. COSTANZO, S. J., JURINSKII, N. B.: Tetrahedron **23**, 2571 (1967).
11. MULLIKEN, R. S.: J. Am. Chem. Soc. **74**, 811 (1952).
12. SMITH, H. G., RUNDLE, R. E.: J. Am. Chem. Soc. **80**, 5075 (1958).

13. ANDREWS, L. J., KEEFER, R. M.: Molecular complexes in organic chemistry, pp. 62—69. San Francisco: Holden Day 1964.
14. CHATT, J., DUNCANSON, L. A.: J. Chem. Soc. 2939 (1953).
15. CHATT, J., VENANZI, L. M.: J. Chem. Soc. 4735 (1957).
16. IBERS, J. A., SNYDER, R. G.: Acta Cryst. 15, 923 (1962).
17. HENDE, J. H. VAN DEN, BAIRD, W. C., Jr.: J. Am. Chem. Soc. 85, 1009 (1963).
18. FISCHER, E. O., WERNER, H.: Metall-π-Komplexe mit di- und oligoolefinischen Liganden, S. 4f. Weinheim: Verlag Chemie 1963.
19. TAUFEN, H. J., MURRAY, M. J., CLEVELAND, F. F.: J. Am. Chem. Soc. 63, 3500 (1941).
20. ALEXANDER, R. A., BAENZIGER, N. C., CARPENTER, C., DOYLE, J. R.: J. Am. Chem. Soc. 82, 535 (1960).
21. ABEL, E. W., BENNET, M. A., WILKINSON, G.: J. Chem. Soc. 3178 (1959).
22. SANG UP CHOI: Diss. Abstract 19, 38 (1958). Thesis Purdue University, Lafayette, Indiana. – SANG UP CHOI, BROWN, H. C.: The catalytic halides XXXIV. Private Mitteilung. Veröffentlichung in Vorbereitung.
23. PERKAMPUS, H.-H., BAUMGARTEN, E.: Z. Physik. Chem., N. F. 40, 144 (1964).
24. TURNER, R. W., AMMA, E. L.: J. Am. Chem. Soc. 88, 3243 (1966).
25. TURNER, R. W., AMMA, E. L.: J. Am. Chem. Soc. 85, 4046 (1963).
26. ORTH, G.: Dissertation. TU Braunschweig (1967).
27. FINCH, A., HYAMS, J. J., STEELE, D.: Trans. Faraday Soc. 61, 398 (1965).
28. FINCH, A., GATES, P. N., STEELE, D.: Trans. Faraday Soc. 61, 2623 (1965).
29. FAIRBROTHER, F., NIXON, J. F.: J. Chem. Soc. 3224 (1958).
30. PERKAMPUS, H.-H., WEISS, W.: Ber. Bunsenges. Physikal. Chemie 75, 446 (1971).
31. SCHEIBE, G.: Chem. Ber. 58, 586 (1925).
    SCHEIBE, G., BACKENKÖHLER, F., ROSENBERG, A.: Chem. Ber. 59/2, 2617 (1926).
32. DÖRR, F., BUTTGEREIT, G.: Ber. Bunsenges. Physikal. Chemie 67, 867 (1963).
33. KAPUSTINSKII, A. F.: Bull. Acad. Sci. USSR 435, (1947).
34. EBERT, L., TSCHAMBER, H.: Monatsh. Chem. 80, 473 (1949).
35. EGAN, C. J., LUTHY, R. V.: Ind. Eng. Chem. 47, 250 (1955).
36. LUTHY, R. V.: U. S. Patent 2.855.444 (1958).
37. GOATES, J. R., SULLIVAN, R. J., OTT, J. B.: J. Phys. Chem. 63, 589 (1959).
38. RASTOGI, R. P., NIGAM, R. K.: Trans. Faraday Soc. 55, 2005 (1959).
39. OTT, J. B., GOATES, J. R., BUDGE, A. H.: J. Phys. Chem. 66, 1387 (1962).
40. GOATES, J. R., OTT, J. B., MANGELSON, N. F.: J. Chem. Eng. Data 9, 330 (1964).
41. TSUBOMURA, H.: Bull. Chem. Soc. Japan 27, 1 (1954).
42. COMYNS, A. F., HOWALD, R. A., WILLARD, J. E.: J. Am. Chem. Soc. 78, 3989 (1956).
43. GOATES, J. R., OTT, J. B., MANGELSON, N. F., JENSEN, R.: J. Phys. Chem. 68, 2617 (1964).
44. MYHER, J. J., RUSSEL, H. E.: Can. J. Chem. 42, 1555 (1964).
45. MINC, S., KECKI, Z., IZDEBSKA, B.: Rozniki. Chem. Ann. Soc. Chim. Pol. 39, 625 (1965).
46. ELLIOTT, B., EVANS, A. G., OWEN, D. E.: J. Chem. Soc. 689 (1962).
47. KRAUSS, H. L., HÜTTMANN, H.: Z. Naturforsch. 18 b, 976 (1963).
48. DIJKGRAAF, J. C.: J. Phys. Chem. 69, 660 (1965).
49. OTT, J. B., GOATES, J. R., JENSEN, R. J., MANGELSON, N. F.: J. Inorg. Nucl. Chem. 27, 2005 (1965).
50. BRIEGLEB, G., CZEKALLA, J., REUSS, G.: Z. Physik. Chem., N. F. 30, 316 (1961).
51. BRIEGLEB, G.: Z. Angew. Chemie 76, 326 (1964).
52. KRAUSS, H. L., HÜTTMANN, H., DEFFNER, U.: Z. Anorg. Chem. Allgem. Chem. 341, 164 (1965).

53. TRAMER, A.: Bull. Acad. Sci. Pol., Ser. Sci. Math., Astron. Phys. **13**, 751 (1965).
54. DONALD, A., BAHNIK, A., BENNETT, W. E., PERSON, W. B.: J. Phys. Chem. **73**, 2309 (1969).
55. STRIETER, F. J., TEMPLETON, D. H.: J. Chem. Phys. **37**, 161 (1962).
56. BRIEGLEB, G.: Loc. cit. [3], S. 75.
57. BRIEGLEB, G., CZEKALLA, J.: Z. Elektrochem. **63**, 6 (1959).
58. ULICH, H., HERTEL, E., NESPITAL, W.: Z. Physik. Chem. B **17**, 369 (1932).
59. TSUBORUMA, H.: Bull. Chem. Soc. Japan **27**, 1 (1954).
60. KORTÜM, G., WALZ, H.: Z. Elektrochem. **57**, 73 (1953).
61. BRIEGLEB, G.: Loc. cit. [3], S. 14ff.
62. FAIRBROTHER, F.: Nature **160**, 87 (1947); J. Chem. Soc. 1051 (1948).
63. KRAUSS, H. L., GNATZ, G.: Chem. Ber. **95**, 1023 (1962).
64. KRAUSS, H. L., HÜTTMANN, H.: Z. Naturforsch. **18** b, 976 (1963).
65. KRAUSS, H. L., DEFFNER, U.: Z. Naturforsch. **19** b, 1 (1964).
66. HÜTTMANN, H.: Dissertation, TH München 1966.
67. KRAUSS, H. L., HÜTTMANN, H.: Z. Naturforsch. **21** b, 490 (1966).
68. KEPERT, D. L., NYHOLM, R. S.: J. Chem. Soc. 2871 (1965).
69. COTTON, F. A., WILKINSON, G.: Anorganische Chemie (übersetzt von H. P. FRITZ), S. 863. Weinheim: Verlag Chemie 1968.
70. PAULING, L.: Die Natur der chemischen Bindung (übersetzt von H. NOLLER), S. 171. Weinheim: Verlag Chemie 1962.
71. EWENS, R. V. G., LISTER, M. W.: Trans. Faraday Soc. **34**, 1358 (1938).
72. ROUAULT, M.: Ann. Phys. (Paris) **14**, 78 (1940).
    OHLBERG, S. M.: J. Am. Chem. Soc. **81**, 811 (1959).
73. GILLESPIE, R. I., NYHOLM, R. S.: Quart. Rev. (London) **11**, 368 (1957).
74. LINDQUIST, I., NIGGLI, A.: J. Inorg. Nucl. Chem. **2**, 345 (1956).
75. KRAUSS, H. L., HÜTTMANN, H., DEFFNER, U.: Z. Anorg. Chem. Allgem. Chem. **341**, 164 (1965).
76. CULLINANE, N. M., CHARD, S. I., LEYSHON, D. M.: J. Chem. Soc. 4106 (1952).
77. GOATES, J. R., OTT, J. B., MANGELSON, N. F., JENSEN, R. J.: J. Phys. Chem. **68**, 2617 (1964).
78. RASKIN, SH. SH.: DOKL. Akad. Nauk. SSSR **123**, 645 (1958).
79. PERKAMPUS, H.-H., BAUMGARTEN, E.: Z. Physik. Chem., N. F. **39**, 1 (1963).
80. KRAUSS, H. L., OSTERMAIER, G.: Staatsexamensarbeit G. OSTERMEIER. TH München 1968.
81. ELIEZER, I.: J. Chem. Phys. **41**, 3276 (1964).
82. ELIEZER, I.: J. Chem. Phys. **42**, 3625 (1965).
83. ELIEZER, I., AVINUR, P.: Persönliche Mitteilung. Manuskript im Druck.
84. FOSTER, R.: Loc. cit. [5], S. 72ff.
85. EVANS, D. F.: J. Chem. Phys. **23**, 1424 (1955).
86. EVANS, D. F.: J. Chem. Soc. 4229 (1957).
87. MULLIKEN, R. S.: Rec. Trav. Chim. **75**, 845 (1956).
88. ORGEL, L. E., MULLIKEN, R. S.: J. Am. Chem. Soc. **79**, 4839 (1957).

5. σ-Komplexe

5.1. Allgemeines

Der σ-Komplex unterscheidet sich von dem bisher diskutierten π-Komplex dadurch, daß sich eine echte Bindung zwischen Donator und Acceptor ausbildet, die jedoch eine erhebliche Polarität aufweist. Es handelt sich daher nicht um eine Substitution an einem π-Elektronensystem, wenngleich derartige σ-Komplexe ohne Zweifel als Übergangszustände bei Substitutions- und Reaktionsmechanismen angenommen werden müssen. Hierbei handelt es sich in den meisten Fällen um C−C-Bindungen und C−H-Bindungen, die nach Ablauf der Reaktion in der substituierten Ausgangsverbindung vorliegen, wie es z.B. im Verlauf der *Friedel-Crafts-Reaktion* formulierbar ist [1 bis 6]. Allerdings liegt hierbei immer ein ternäres System vor [7], bei dem ein positiv geladener σ-Komplex durch ein Anion stabilisiert wird, wie es auch beim Proton-Additions-Komplex der Fall ist. Bei den positiv geladenen Komplexen, die als intermediäre Komplexe innerhalb der Reaktionsmechanismen formuliert werden, handelt es sich daher immer um Proton-Additions-Komplexe, die in 3. bereits besprochen und auch an anderer Stelle diskutiert worden sind [8, 9]. Einen ausführlichen und allgemeinen Überblick über die Bedeutung intermediärer Komplexe bei organisch-chemischen Reaktionen gab BANTHORPE [10]. Neben den Kation-σ-Komplexen sind in den letzten Jahren auch die Anion-σ-Komplexe in ihrer Bedeutung zunehmend erkannt und infolgedessen auch eingehend studiert worden. Einen Überblick über diese Komplexe gibt STRAUSS [11].

Beiden Arten von σ-Komplexen ist jedoch gemeinsam, daß sie nicht zwischen neutralen Verbindungen gebildet werden, sondern daß eine der Komponenten stets eine Kationsäure oder ein Carboniumion als Lewissäure bzw. eine Anionenbase oder ein Carbanion als Lewisbase ist. Neben dem Carboniumion als Lewissäure existieren eine Reihe von organischen elektrisch-neutralen Verbindungen, die bezüglich einer Base als Lewissäuren fungieren. Die bekanntesten sind Derivate der 1,1-Äthylendicarbonsäure, in denen die OH-Gruppen der Karboxylgruppe verestert oder substituiert sind [12].

Für die σ-Komplexe, die im Zusammenhang einer Diskussion über die

Wechselwirkung von Metallhalogeniden mit π-Donatoren zu besprechen sind, gilt jedoch, daß π-Donator wie Acceptor elektrisch-neutrale Verbindungen sind. Da der Acceptor als Metallhalogenid aufgrund der Elektronenlücke eine Lewissäure darstellt, kommt es bei der Bildung eines σ-Komplexes zur Ausbildung eines Zwitterions mit der positiven Ladung in der aromatischen und der negativen Ladung in dem Metallhalogenid entsprechend der Struktur I.

Die aromatische Komponente besitzt demnach die gleiche π-Elektronenverteilung wie der Proton-Additions-Komplex II. Dies hat zur Folge, daß die Elektronenspektren der σ-Komplexe I sich nur wenig von denen der Proton-Additions-Komplexe unterscheiden. Da die meisten Metallhalogenide mit Feuchtigkeitsspuren unter Bildung von Halogenwasserstoff reagieren, kann es in schlecht getrockneten Lösungsmitteln oder bei unzulänglich getrockneten Aromaten zur Bildung von Proton-Additions-Komplexen an Stelle der σ-Komplexe kommen, was zur Folge hat, daß das Elektronenspektrum nicht immer ein eindeutiger Beweis für das Vorliegen eines σ-Komplexes ist. Die experimentellen Schwierigkeiten, die hier auftreten, sind daher sicher ein Grund dafür, daß im Vergleich zu den π-Komplexen und den Proton-Additions-Komplexen bisher relativ wenig Untersuchungen zum σ-Komplex durchgeführt worden sind.

5.2. σ-Komplexe von Olefinen

Untersuchungen über die Wechselwirkung von Bortrifluorid mit einigen einfachen Mono-Olefinen wurden von NAKANE, WATANABE u.a. durchgeführt [13, 14, 15]. Die Autoren kamen aufgrund eines Isotopieeffektes beim Austausch von BF_3 zwischen der kondensierten und der Gasphase und von UV-Spektren zu dem Schluß, daß sich zwischen einem polaren Mono-Olefin und BF_3 bei tiefen Temperaturen ein σ-Komplex ausbildet, während unpolare Olefine nur einen lockeren π-Komplex ergeben. Untersucht wurden die Systeme:

Äthylen/BF_3, Isopropylen/BF_3, Buten-1/BF_3,
cis-Buten-2/BF_3 und trans-Buten-2/BF_3.

Bestimmt wurde die Gleichgewichtskonstante der folgenden Austauschreaktion:

$$^{10}\mathrm{BF}_{3(\mathrm{Gas})} + [^{11}\mathrm{BF}_3 \cdot Y]_{\mathrm{fl}} \rightleftharpoons {}^{11}\mathrm{BF}_{3(\mathrm{Gas})} + [^{10}\mathrm{BF}_3 \cdot Y]_{\mathrm{fl}}$$

Bei 162 K beträgt die Konstante bei Abwesenheit einer Wechselwirkung $1{,}011 \pm 0{,}002$. Dieser Wert wurde zwischen flüssigem $^{11}\mathrm{BF}_3$ und gasförmigem $^{10}\mathrm{BF}_3$ sowie zwischen $^{11}\mathrm{BF}_3$ in einem Lösungsmittel Y ohne Wechselwirkung und $^{10}\mathrm{BF}_3$ in der Gasphase bestimmt. Tritt zwischen BF_3 und dem Lösungsmittel Y eine Wechselwirkung ein, so nimmt der Wert zu. Dies ist nicht nur der Fall bei Lösungsmitteln mit n-Donatoren wie Äthern, Alkoholen, Thioäthern und Aminen [16 bis 19], sondern auch bei einigen Olefinen [13, 14, 15].

Von UREY [18] wurde dieser Austauschvorgang durch die zugehörigen Zustandsfunktionen des gasförmigen BF_3 und des flüssigen BF_3-Komplexes ausgedrückt und konnte durch den Isotopieeffekt der B-F-Schwingungen erklärt werden. An Komplexen mit Lösungsmitteln mit n-Donator-Eigenschaften wurde die theoretische Berechnung über das Verhältnis der Zustandssummen mit Hilfe von IR- und Ramandaten von PALKO [16] durchgeführt und mit den experimentellen Ergebnissen verglichen. Entscheidend hierbei ist eine Schwächung der B-F-Kraftkonstanten und eine Aufweitung der B-F-Bindung als Folge des Überganges von der planaren Struktur des BF_3-Moleküls in eine pyramidale Struktur entsprechend einer sp^3-Hybridisierung. D.h., die Gleichgewichtskonstante des Isotopenaustausches zwischen der gasförmigen und flüssigen Phase hängt somit entscheidend von der B-F-Kraftkonstanten und praktisch kaum von der Kraftkonstanten der Bindung ab, die zwischen der BF_3-Molekel und dem Donator gebildet wird. Daß diese Folgerung richtig ist, zeigen die experimentellen Ergebnisse, da die Gleichgewichtskonstante dann am größten ist, wenn die stabilsten Komplexe vorliegen, wie z.B. im Fall $\mathrm{CH}_3\mathrm{F}/\mathrm{BF}_3$ und n-Donatoren/BF_3, d.h. immer dann, wenn die pyramidale Struktur der BF_3-Molekel nahezu ideal ausgebildet ist. Für diesen Fall ist der K-Wert von NAKANE u. Mitarb. [15] zu 1,082 bei 161 K abgeschätzt worden. Für die polaren Mono-Olefine werden bei 161 K K-Werte für den Austausch von 1,018 gefunden. Dies bedeutet, daß diese Olefine nur einen schwachen σ-Komplex mit BF_3 bei tiefen Temperaturen bilden. Bei unpolaren Mono-Olefinen wie Äthylen und trans-Buten-2 liegt der K-Wert dagegen bei 1,011, d.h. bei dem Wert, der auch für den Austausch ohne Wechselwirkung gefunden wurde. Für polare Mono-Olefine schlagen deshalb NAKANE u. Mitarb. [14, 15] die folgenden Strukturen vor:

$$\mathrm{R}-\overset{\oplus}{\mathrm{C}}\mathrm{H}-\mathrm{CH}_2-\overset{\ominus}{\mathrm{B}}\mathrm{F}_3 \qquad \text{a)}$$

$$\mathrm{R}-\overset{\delta^+}{\mathrm{C}}\mathrm{H}=\mathrm{CH}_2 \rightarrow \overset{\delta^-}{\mathrm{B}}\mathrm{F}_3 \qquad \text{b)}$$

Für unpolare Mono-Olefine dagegen die Struktur

$$R \cdot CH = CH_2 \cdot BF_3 \hspace{4cm} c)$$

In diesem Komplex soll BF_3 weitgehend eine planare Struktur besitzen, d.h., das freie Orbital des Boratoms wird nicht in seiner Acceptorfähigkeit beansprucht.

Unterstützt wurden diese Untersuchungen durch UV-Messungen bei ca. 100 K. Beim System Propylen/BF_3 im Verhältnis 1:1 beobachteten die Autoren bei 100 und 160 K das Verschwinden der $T_R \leftarrow N$-Übergänge im Bereich von 40000 bis 46000 cm^{-1} als Folge der Wechselwirkung [14].

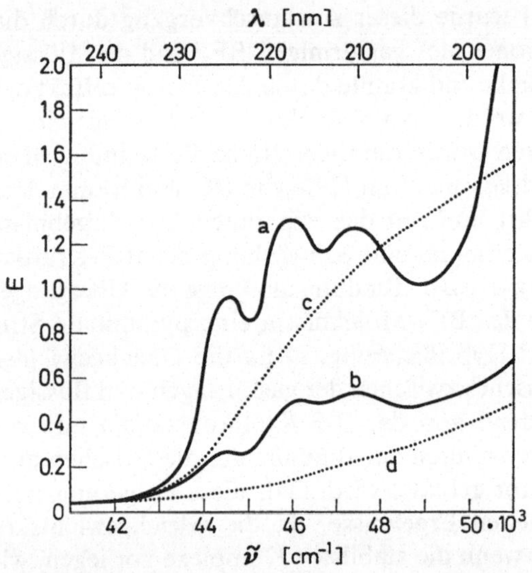

Abb. 61. Elektronenanregungsspektrum des Buten-1 in flüssigem Methan (———) und BF_3 (- - -) als Lösungsmittel nach [15]. Molenbruch des Buten-1: a $0{,}33 \cdot 10^{-2}$, b $0{,}2 \cdot 10^{-2}$, c $1{,}89 \cdot 10^{-2}$, d $< 0{,}13 \cdot 10^{-2}$

Die zu größeren Wellenzahlen sich anschließende $N \leftarrow V$-Absorption wurde bei diesen Untersuchungen nicht vermessen, jedoch deutet der steile Anstieg oberhalb 45000 cm^{-1} darauf hin, daß dieser Übergang nicht nennenswert beeinflußt wurde. Am System Buten-1 in BF_3 konnte bei $\sim$ 140 K der $N \leftarrow V$-Übergang vermessen werden. In flüssigem Methan als Lösungsmittel werden beim Buten-1 drei Maxima im Bereich des langwelligen Teiles der $N - V$-Bande beobachtet. In flüssigem BF_3 verschwindet diese Struktur, und die Intensität nimmt ab. Dieses Verhalten zeigt auch Äthylen gelöst in Methan und BF_3. Abb. 61 zeigt das

Absorptionsspektrum des Buten-1 in Methan und BF_3 gelöst. Man erkennt aus dieser Abbildung, daß die Feinstruktur verlorengeht, daß aber gleichzeitig aufgrund der schwachen Schulter mit einer geringfügigen hypsochromen Verschiebung dieses Überganges zu rechnen ist. Diese Beeinflussung wird durch die Komplexbildung erklärt. In Kombination mit dem Isotopenaustausch

$$^{11}BF_3 \rightleftharpoons {}^{10}BF_3,$$

der bei Äthylen als Lösungsmittel praktisch keine Änderung der Gleichgewichtskonstanten ergab, folgern die Autoren für unpolare Mono-Olefine wie Äthylen und trans-Buten-2 einen π-Komplex sowie für die polaren Mono-Olefine einen σ-Komplex bei tiefen Temperaturen. Aufgrund des spektroskopischen Befundes, daß die $N \leftarrow V$-Absorption, die charakteristisch für die isolierte Doppelbindung ist, erhalten bleibt, abgesehen vom Verlust der Feinstruktur und einer hypsochromen Verschiebung, schlagen die Autoren für den σ-Komplex die polarisierte Struktur (b) vor [14, 15] im Gegensatz zur PRICE und CISKOWSKI [20], die aufgrund reaktionsmechanistischer Betrachtungen die Struktur (a) vorgeschlagen hatten. Die Struktur (b) würde der Beobachtung von PERKAMPUS und WEISS [21] entsprechen, daß die C=C-Valenzschwingung der Mono-Olefine bei der Wechselwirkung mit Aluminiumbromid um ca. $50\ \mathrm{cm}^{-1}$ zu kleineren Wellenzahlen verschoben wird.

Die Wechselwirkung von Polyenen, insbesondere von Carotinen mit BF_3 ist oft untersucht worden und hat zu einer speziellen präparativen Technik in der Chemie der Carotinoide geführt. STRAIN [22, 23] beobachtete, daß Bortrifluorid und Antimontrichlorid mit Carotinen instabile blaue Farbstoffe ergeben, die bei Einwirkung von Alkoholen in gelb gefärbte Produkte umgewandelt werden. LEWIS [24] beobachtete ebenfalls, daß 1,1-Diphenyläthylen mit Bortrichlorid in Petroläther eine intensive rote Farbe lieferte. β-Carotin gab bei tiefer Temperatur mit Bortrichlorid sofort eine blau gefärbte Lösung, aus der nach wenigen Sekunden ein grüner Niederschlag ausfiel. Beim Diphenyldodecahexaen resultierte bei tiefer Temperatur eine Orangefarbe, die bei Erwärmen auf ca. 200 K in eine blaue Farbe umschlug. Beim erneuten Einkühlen kehrte jedoch die Orangefarbe wieder [24].

In der Carotinreihe wurde die Reaktion mit BF_3 und die anschließende Spaltung des Komplexes eingehender von ZECHMEISTER u. Mitarb. [25 bis 28] untersucht. Die Autoren fanden, daß bei der Spaltung des Komplexes drei Reaktionswege z.T. nebeneinander beschritten werden. Neben der Einführung einer Hydroxygruppe bei der Spaltung mit Wasser kann eine Dehydrierung und Isomerisierung des eingesetzten Carotins erfolgen. Bei einer Alkoholyse mit Methanol wird an Stelle der OH-Gruppe

eine Methoxygruppe eingeführt. Das Reaktionsschema kann folgendermaßen zusammengefaßt werden:

β-Carotin

$-H_2$ | BF_3

$F_3\overset{\ominus}{B}$

blauer
Komplex

H—OH

NH_3

OH

a)

b)

Die Tatsache, daß bei der Spaltung des blauen Komplexes mit Ammoniak
ein Retro-Dehydro-Carotin erhalten wird, führte zu dem Schluß, daß
primär unter Einwirkung von BF_3 eine Dehydrierung des β-Carotins zum
3,4-Dehydro-β-carotin erfolgt und daß dieses dann erst den blauen Komplex liefert. Bestätigt wird dieses durch Parallelversuche mit direkt einge-
setztem 3,4-Dehydro-β-carotin. Auch hier bildet sich der blaue Komplex
mit BF_3, und die Hydrolyse führt dann zum 4-Hydroxy-β-carotin (a) wie
oben. Ähnliche Dehydrierungsreaktionen sind auch mit anderen Metallhalogeniden vom Lewissäuretyp, insbesondere mit Antimontrichlorid beobachtet worden [29]. Die Reaktion mit Antimontrichlorid führt ebenfalls zu einem blauen Komplex. Die hier auftretende Farbe wird bekanntlich zur analytischen Bestimmung der Vitamine A und D und β-Carotin
benutzt [30 bis 33]. Von BRÜGGEMANN u. Mitarb. wurde jedoch nachgewiesen, daß die Farbreaktion ausschließlich mit Antimonpentachlorid
stattfindet [34, 35]. Die Literaturangaben bezüglich Antimontrichlorid
sind darauf zurückzuführen, daß das handelsübliche $SbCl_3$ stets mit $SbCl_5$
verunreinigt ist. Im allgemeinen mußte die analytische Bestimmung mit
einem großen Überschuß an $SbCl_3$ durchgeführt werden, während bei
Verwendung von $SbCl_5$ die stöchiometrische Menge des Reagenzes aus-
reichte. Bei der Komplexbildung handelt es sich mit Sicherheit um die
Ausbildung eines Carboniumions, d. h. um einen Proton-Additions-Komplex, der durch ein $SbCl_6^{(-)}$ bzw. $SbCl_5OH^{\ominus}$-Ion als Gegenion stabilisiert wird. Da die analytische Reaktion z. T. bei Gegenwart von HCl
durchgeführt wird, ist es verständlich, daß das eigentliche reagierende
Agens die komplexe Säure $HSbCl_6$ ist. Auch mit $FeCl_3$ bei Gegenwart
von HCl und $AsCl_3$ bei Gegenwart von HCl und einer oxydierenden
Komponente wie Kaliumbichromat wird die Bildung des blauen Komplexes mit Vitamin A beobachtet [35].

Im Gegensatz zu den BF_3-Anlagerungskomplexen sind diese Proton-Additions-Komplexe wesentlich beständiger, worauf auch letztlich die analytische Anwendung dieser Komplexbildung bei Normaltemperatur beruht.

Eine analoge Blaufärbung wurde von TAMAS und BODEA [36] bei der Einwirkung von Titantetrachlorid auf β-Carotin beobachtet. Die Komplexverbindung scheidet sich aus einer Benzollösung als amorpher Niederschlag ab. In Chloroform ist dieser Komplex, wie auch Komplexe mit anderen Carotinen, löslich. Die Absorptionsmaxima dieser Komplexe liegen um $21\,500$ cm^{-1} entsprechend 465 nm. Sie zeigen nur eine Bande im Sichtbaren. Die Feinstruktur des Carotins ist verschwunden. Aufgrund der analogen Spaltungsreaktionen, wie bei den BF_3-Komplexen, wird von den Autoren eine ähnliche Struktur vorgeschlagen:

$$\text{(Struktur mit } TiCl_4^{\ominus}) \longrightarrow \left[\text{(Struktur mit } TiCl_3)\right] + Cl^{\ominus}$$

Seine besondere Stabilität verdankt dieser σ-Komplex der Fähigkeit, ein Chloridion abzuspalten. Die Autoren belegen diese Struktur durch Leitfähigkeitsmessungen am festen Komplex. Mit einer spezifischen Leitfähigkeit von 10^{-10} Ohm$^{-1} \cdot$ cm^{-1} bei 250 K liegen Halbleitereigenschaften vor.

5.3. σ-Komplexe von Aromaten

Erste Untersuchungen über die Bildung kovalenter Komplexe zwischen Aromaten und BF_3 in 1,2-Dichloräthan als Lösungsmittel wurden von AALBERSBERG, HOIJTINK, MACKOR und WEIJLAND [37] durchgeführt. Die Autoren arbeiteten im Hochvakuum, um den störenden Einfluß von Feuchtigkeitsspuren ausschalten zu können. An Hand der UV-Spektren konnte das Auftreten von σ-Komplexen nachgewiesen werden. Die resultierenden Spektren ähneln denen der Proton-Additions-Komplexe in der Lage und Struktur der Maxima. Dies ist nach den einleitenden Bemerkungen zu erwarten, da die Elektronenstruktur der beiden σ-Komplexe gleich ist. Aufgrund des Feuchtigkeitsausschlusses durch die sorgfältige Arbeitsweise kann das Vorliegen eines Proton-Additions-Komplexes jedoch ausgeschlossen werden, so daß die Spektren eindeutig einem σ-Komplex $Ar\overset{\oplus}{H}-\overset{\ominus}{BF_3}$ zugeordnet werden können. Die Stabilität dieser σ-Komplexe nimmt mit zunehmender Basizität der kondensierten Aromaten zu. So bildet 1,2-Benzanthracen keinen σ-Komplex, jedoch Anthracen, Tetracen und 3,4-Benzpyren. Mit Perylen konnte ebenfalls kein σ-Komplex nachgewiesen werden, obwohl entsprechend der Basizität eine Bildung hier möglich wäre. Das bedeutet, daß hierbei offensichtlich auch sterische Effekte noch zu berücksichtigen sind. Die quantitative Auswertung der Messungen bei 293 K ergab die folgende prozentuale Zusammensetzung der Lösungen.

Tabelle 35 Prozentuale Zusammensetzung der Lösung einiger Aromaten in
1,2-Dichlor-äthan bei 1 Atm. BF_3 [37, 45]

| Aromat (ArH) | Vor der Bestrahlung | | | Nach der Bestrahlung | | |
	ArH %	ArH-BF_3 %	ArH$^+$ %	ArH %	ArH-BF_3 %	ArH$^+$ %
1,2-Benzanthracen	98	2	1	92	3	1
Anthracen	55	25	20	35	35	30
Perylen	100	1	1	1	1	98
Tetracen	5	70	25	2	5	93
3,4-Benzpyren	58	40	2	56	40	~ 5

Neben dem σ-Komplex liegen in diesen Lösungen auch noch die einfach positiven Ionen der Aromaten vor. Auch deren prozentualer Anteil ist in Tabelle 35 mit aufgeführt. Interessant ist, daß durch Bestrahlung der Lösungen die Konzentration dieser Ionen vergrößert wird, wie die Zahlen in der letzten Spalte der Tabelle andeuten. Das bedeutet zunächst, daß bei der Wechselwirkung zwischen Aromat und Lewissäure zwei Gleichgewichte zu berücksichtigen sind.

$$\text{ArH} + \text{BF}_3 \rightleftharpoons \overset{\oplus}{\text{ArH}} - \overset{\ominus}{\text{BF}_3} \tag{1}$$

und

$$\text{ArH} + \text{BF}_3 \rightleftharpoons \text{ArH}^+ + \text{BF}_3^- \tag{2}$$

Bei Bestrahlung nimmt das Gleichgewicht (2) zu, wie aus den Werten der Tabelle zu ersehen ist.

Die Verknüpfung beider Gleichgewichte zeigt, daß auch das Gleichgewicht zwischen σ-Komplex und einfach positivem Ion des Aromaten zu berücksichtigen ist:

$$\overset{\oplus}{\text{ArH}} - \overset{\ominus}{\text{BF}_3} \rightleftharpoons \text{ArH}^+ + \text{BF}_3^- \tag{3}$$

An Stelle von BF_3 können auch andere starke Lewissäuren wie PF_5 und $SbCl_5$ verwendet werden, bei denen nach der Bestrahlung in 1,2-Dichloräthan als Lösungsmittel ebenfalls die einfach positiven Ionen der Aromaten vorliegen. Besonders extrem ist dieser Fall beim Perylen ausgeprägt, da hier kein σ-Komplex gebildet wird, aber bei Belichtung praktisch ausschließlich das positive Perylenium-Ion (vgl. Tabelle 35) vorliegt.

Für eine größere Zahl von kondensierten Aromaten wurden die Elektronenanregungsspektren des Systems $ArH/AlCl_3$ im festen Zustand von PERKAMPUS und KRANZ [38, 39] vermessen. Auch hierbei wurde im Hochvakuum gearbeitet, wobei die Komponenten Aromat und Aluminiumchlorid auf eine gekühlte Quarzplatte sublimiert wurden [40]. Die in diese Untersuchungen eingesetzten aromatischen Kohlenwasserstoffe waren durch Umkristallisieren, Chromatographie und letztlich durch Umsublimieren im Hochvakuum gereinigt worden. Aluminiumchlorid wurde im Vakuum hergestellt und im Hochvakuum durch mehrmalige Umsublimation gereinigt und auf Ampullen abgefüllt. Aufgrund dieser Arbeitstechnik kann man auch bei diesen Untersuchungen Feuchtigkeitsspuren weitgehend ausschließen [41]. Die so gemessenen Spektren entsprechen im Fall des Anthracens und Tetracens denen, die im System Aromat/BF_3 in 1,2-Dichloräthan von AALBERSBERG u. Mitarb. [37] gemessen worden sind, und andererseits den Proton-Additions-Komplexen, die z. T. in System HF/BF_3/Aromat bei tiefer Temperatur bestimmt worden sind [41]. In Tabelle 36 sind die Maxima dieser Festkörperspektren denen der Proton-Additions-Komplexe gegenübergestellt.

Tabelle 36 Vergleich der Maxima der σ-Komplexe einiger Aromaten mit Aluminiumchlorid [39] mit den Proton-Additions-Komplexen dieser Aromaten [42]

Aromat	$\tilde{\nu}_{max}$ [cm^{-1}] σ-Komplex $_{fest}$	$\tilde{\nu}_{max}$ [cm^{-1}] Proton-Additions-Komplex
Benzol	24300 30000	— 27000
Naphthalin	20500 26500	— 25000
Anthracen	23900	24500
Tetracen	17000 22000	16900 22350
Phenanthren	15300 19700	— 19600
Pyren	20800 15700	20500 —
Perylen	20150	21000

In Abb. 62 sind die Festkörperspektren der Systeme Anthracen/$AlCl_3$ und Tetracen/$AlCl_3$ im Vergleich zu den Festkörperspektren der reinen Aromatenfilme vor der Wechselwirkung dargestellt.

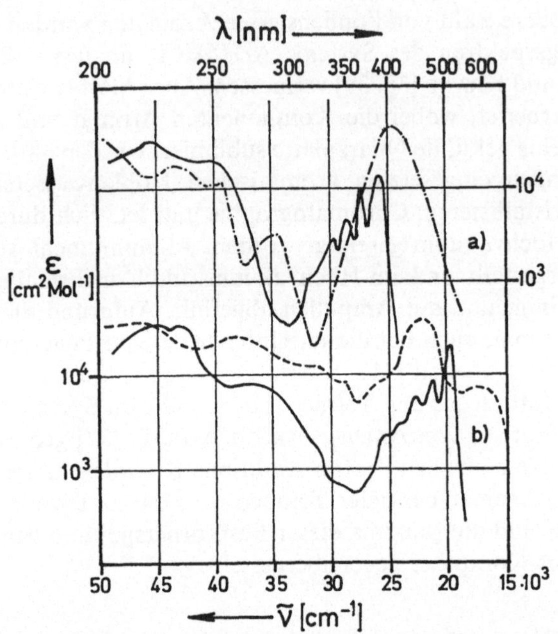

Abb. 62 a u. b. Festkörperspektren des Anthracens a und Tetracens b (ausgezogene Kurve) sowie ihrer σ-Komplexe mit $AlCl_3$ (gestrichelt) bei 100 K [39]

Die Tatsache der guten Übereinstimmung zwischen den Spektren der σ-Komplexe und der Proton-Additions-Komplexe läßt unmittelbar erkennen, wie schwierig bei dieser Wechselwirkung eine exakte Zuordnung der Spektren zu den vorliegenden Komplexen ist. Es bedarf deshalb extremer Arbeitsbedingungen, um eine möglichst zuverlässige Aussage ableiten zu können.

Nach diesen Untersuchungen kann man daher in Analogie zum Proton-Additions-Komplex (a) den σ-Komplex (b) formulieren:

Die Ähnlichkeit beider Komplexe in ihren Spektren bedeutet ferner, daß die Anlagerung des Metallhalogenids an der gleichen basischsten Stelle des Aromaten erfolgt, an der auch das Proton addiert wird.

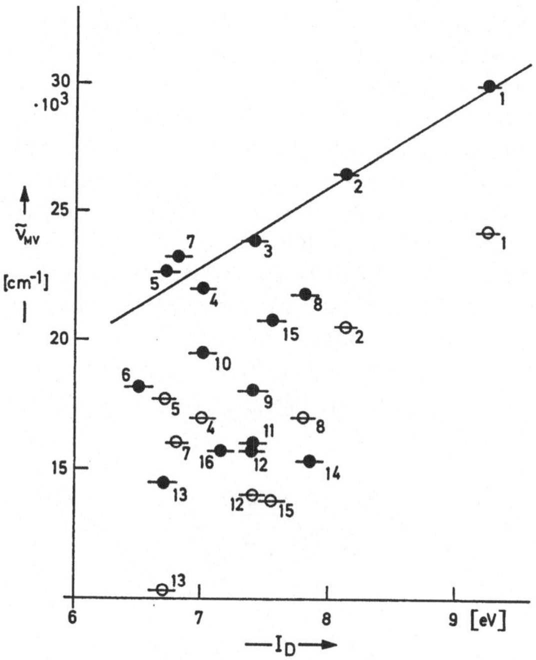

Abb. 63. Maxima der σ-Komplexbanden einiger Aromaten-AlCl₃-Systeme als Funktion der Ionisierungsenergien [39]. ●Hauptbande, ○Vorbande
1 Benzol, *2* Naphthalin, *3* Anthracen, *4* Tetracen, *5* Pentacen, *6* 1,2-Benzanthracen, *7* 1,2-Benzpentacen, *8* Triphenylen, *9* 1,2,3,4-Dibenzanthracen, *10* 1,2,3,4-Dibenztetracen, *11* 1,2,7,8-Dibenzanthracen, *12* 1,2,5,6-Dibenzanthracen, *13* 1,2,8,9-Dibenzpentacen, *14* Phenanthren, *15* Pyren, *16* Perylen

Zum Beweis, daß es sich bei dieser Wechselwirkung um keine CT-Wechselwirkung handelt, wie sie im vorigen Abschnitt diskutiert wurde, kann man einmal die Ähnlichkeit dieser Spektren mit denen der Proton-Additions-Komplexe heranziehen, zum anderen aber auch die in Abb. 63 dargestellte Auftragung der Maxima der MV-Banden in Abhängigkeit von der Ionisierungsenergie der Aromaten. Man erkennt, daß von einer linearen Abhängigkeit nur für die Komplexe mit Benzol, Naphthalin, Anthracen, Tetracen und Pentacen gesprochen werden kann. Alle anderen Punkte liegen unterhalb dieser Geraden, und von einem einfachen Zusammenhang kann folglich nicht gesprochen werden. Dies gilt auch für die als Kreise eingezeichneten Maxima der Vorbanden, die z. T. bei den Proton-Additions-Komplexen nicht beachtet werden und ein Hinweis auf das Vorliegen von einfach positiven Aromatenionen sind, die im allgemeinen in ihren Spektren unterhalb 15000 cm⁻¹ ausgeprägte Maxima aufweisen [42 bis 45].

Im Infrarotspektrum konnten PERKAMPUS und BAUMGARTEN [46] die
Bildung von σ-Komplexen zwischen Methylbenzolen und Aluminiumbromid, Galliumchlorid sowie Galliumbromid nachweisen. Es zeigte sich,
daß besonders bei Galliumchlorid nach der Wechselwirkung IR-Spektren
auftreten, die nur durch die Ausbildung eines σ-Komplexes gedeutet werden konnten. Das Vorliegen eines Proton-Additions-Komplexes kann
hierbei mit Sicherheit ausgeschlossen werden, da die gemessenen IR-
Spektren sich sehr stark von den IR-Spektren der Proton-Additions-
Komplexe unterscheiden. In Abb. 64 sind das IR-Spektrum des σ-Komplexes und das des Proton-Additions-Komplexes von Toluol einander
gegenübergestellt. Man erkennt auf den ersten Blick, daß der σ-Komplex
erhebliche Änderungen im IR-Spektrum gegenüber dem des Proton-
Additions-Komplexes aufweist. Da auch in beiden Fällen außerordent-

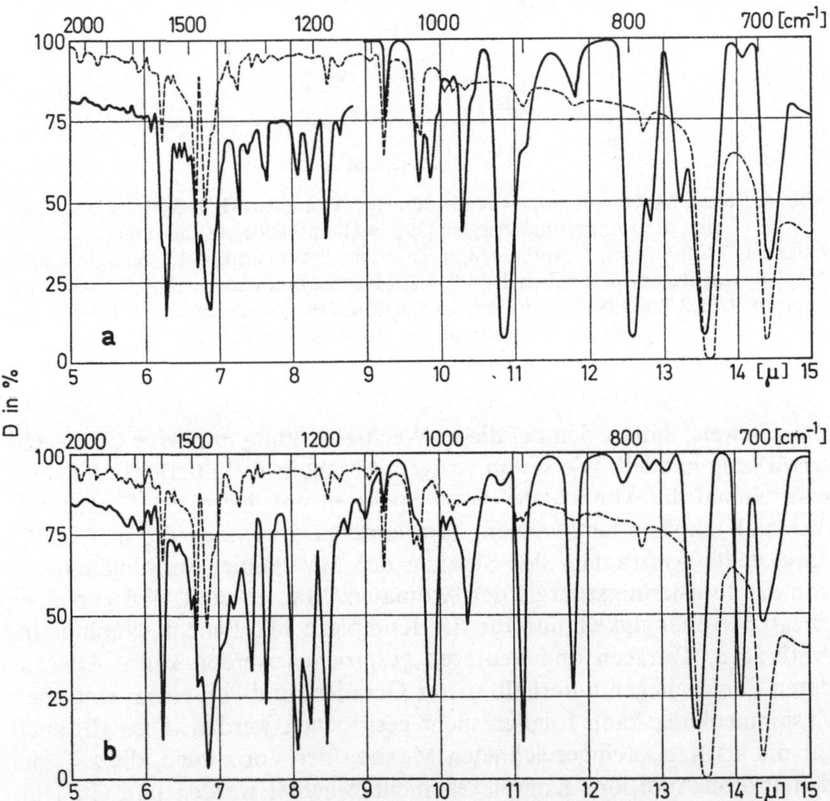

Abb. 64 a u. b. IR-Spektren. a des σ-Komplexes Toluol · GaCl₃ (durchgezogene
Kurve) und des Toluols, glasartig (gestrichelt), b des Proton-Additions-Komplexes
des Toluols (durchgezogene Kurve) und des Toluols, glasartig (gestrichelt)

lich starke Änderungen im Vergleich zum IR-Spektrum des festen Toluols beobachtet werden, scheidet eine schache Wechselwirkung, wie im Fall der CT-Komplexe des vorhergehenden Abschnittes 4.3.2 diskutiert, hier aus. Ferner kann man zeigen, daß durch nachträgliche Einwirkung von Chlorwasserstoffgas auf den Film das IR-Spektrum des σ-Komplexes in das des Proton-Additions-Komplexes umgewandelt wird.

Analog wie bei den IR-Spektren dieser Komplexe [47, 48] kann man auch hier eine Zuordnung der neu auftretenden Schwingungen vornehmen, die teilweise als IR-inaktive Schwingungen des jeweiligen Methylbenzols gedeutet werden können und bei der Wechselwirkung durch Erniedrigung der Symmetrie IR-aktiv werden. Außerdem entsprechen die Effekte, die hier beobachtet werden, auch direkten Substitutionseffekten. Dies macht sich besonders deutlich im Bereich der nichtebenen CH-Deformationsschwingungen (γ_{CH}) bemerkbar. Die genaue Analyse dieses Bereiches ergibt, daß die Lage der γ_{CH}-Schwingungen im σ-Komplex der Lage dieser Schwingungen des jeweils eine Methylgruppe mehr enthaltenden Methylbenzols entspricht, d.h., der σ-Komplex Benzol-$GaCl_3$ entspricht dem Toluol usw. Daraus lassen sich weiterhin die Struktur der σ-Komplexe und das Vorliegen isomerer Komplexe ableiten. Diese Verhältnisse sind in Tabelle 37 dargestellt. Wie man daraus ersehen kann, ist die Übereinstimmung zwischen den γ_{CH}-Schwingungen der σ-Komplexe und den γ_{CH}-Schwingungen des nächst höher methylierten Methylbenzols sehr gut. Die Addition erfolgt auch hier wieder an den Stellen der höchsten Basizität der Methylbenzole, wie bei den Proton-Additions-Komplexen. Obwohl daher die Addition des Protons und der Lewissäure an der gleichen Stelle des jeweiligen aromatischen Systems erfolgt, unterscheiden sich die IR-Spektren in der Lage der neu auftretenden Banden so stark, daß beide Arten der Wechselwirkung ohne Schwierigkeit voneinander unterschieden werden können. Es hängt dies sicherlich mit von dem Unterschied der addierten Massen ab, der zwischen einem Proton und der $GaCl_3$-Molekel beträchtlich ist. Daher ist auch zu verstehen, daß die Addition einer $GaCl_3$-Molekel ein IR-Spektrum liefert, das dem des nächst höheren methylsubstituierten Benzolderivates ähnelt.

Bemerkenswert ist, daß im Falle des Aluminiumchlorids keine Wechselwirkung der hier besprochenen Art festgestellt werden konnte. Aluminiumbromid ergab nur beim Mesitylen einen σ-Komplex, während Galliumchlorid mit allen Methylbenzolen einen σ-Komplex lieferte. Beim Benzol und Hexamethylbenzol war die Wechselwirkung nur sehr schwach. Im ersteren Fall liegt dies an der geringen Basizität, im zweiten Fall dürften sterische Faktoren die Addition der Lewissäuremolekel behindern. Mit Galliumbromid konnte der σ-Komplex nur beim m-Xylol, Durol und Mesitylen nachgewiesen werden. Daraus ist zu folgern, daß Gallium-

chlorid eine stärkere Lewissäure ist als Galliumbromid. Die Tatsache, daß
Aluminiumchlorid keine Wechselwirkung zu erkennen gibt, kann auch
auf die größere Dissoziationsenergie der dimeren Molekel zurückzuführen
sein, die in die Energiebilanz der Bildung der σ-Komplexe mit eingeht.
Bezüglich der Elektronenaffinität kann man deshalb nur aussagen, daß
sie beim Galliumchlorid größer als beim Galliumbromid sein wird.

Tabelle 37 Vergleich der γ_{CH}-Schwingungen der σ-Komplexe ArH-GaCl$_3^{\ominus}$ (ArH$^{\oplus}$) mit den
γ_{CH}-Schwingungen vergleichbarer Methylbenzole [46]. In Klammer hinter
den Wellenzahlen sind jeweils die Bezugszahlen der freien benachbarten
H-Atome angegeben

σ-Komplex	$\tilde{\nu}_{CH}$ [cm^{-1}]	Aromat	$\tilde{\nu}_{CH}$ [cm^{-1}]
 H–GaCl$_3$ (Benzol-Komplex)	733 (5)	 Toluol (CH$_3$)	730 (5)
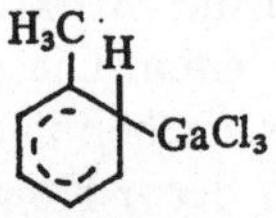 H$_3$C, H, GaCl$_3$	736 (4)	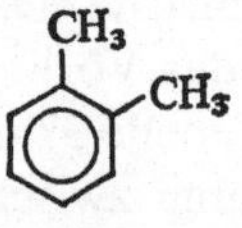 o-Xylol (CH$_3$, CH$_3$)	743 (4)
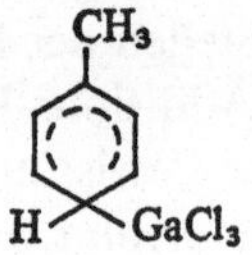 CH$_3$, H–GaCl$_3$	794 (2)	 p-Xylol (CH$_3$, CH$_3$)	796 (2)
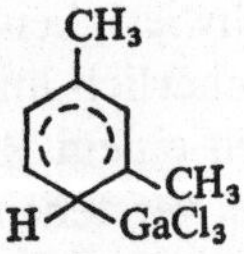 CH$_3$, CH$_3$, H–GaCl$_3$	816 (2) / 894 (1)	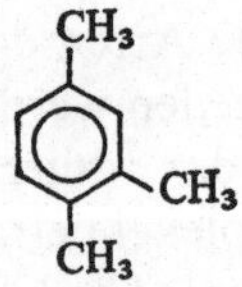 1,2,4-Trimethylbenzol (CH$_3$, CH$_3$, CH$_3$)	812 (2) / 880 (1)
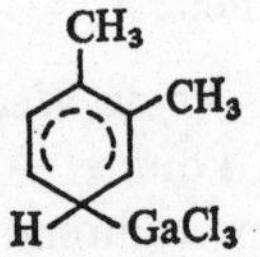 CH$_3$, CH$_3$, H–GaCl$_3$	817 (2)	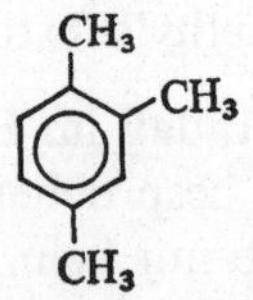 1,2,4-Trimethylbenzol (CH$_3$, CH$_3$, CH$_3$)	812 (2)
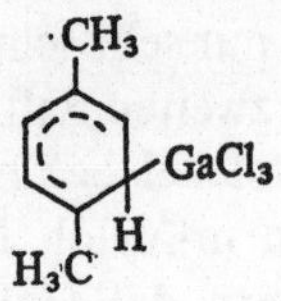 CH$_3$, GaCl$_3$, H$_3$C, H	831 (2)	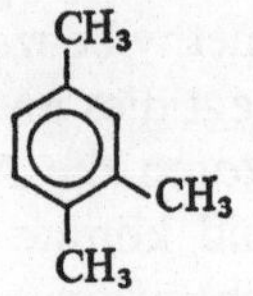 1,2,4-Trimethylbenzol (CH$_3$, CH$_3$, CH$_3$)	812 (2)

Tabelle 37 (Fortsetzung)

σ-Komplex	$\tilde{\nu}_{CH}$ [cm^{-1}]	Aromat	$\tilde{\nu}_{CH}$ [cm^{-1}]
(Struktur)	828 (2)	(Struktur)	805 (2)
(Struktur)	870 (1)	(Struktur)	870 (1)
(Struktur)	864 (1)	(Struktur)	883 (1)
(Struktur)	906 (1)	(Struktur)	892 (1)

5.4. Literatur

1. BROWN, H. C., PEARSALL, H. W., EDDY, L. P., WALLACE, W. J., GRAYSON, M., LE ROI NELSON, K.: Ind. Eng. Chem. **45**, 1462 (1963).
2. GORE, P. H.: Chem. Rev. **55**, 229 (1955).
3. ROBERTS, R. M.: Chem. Eng. News **43**, 96 (1965).
4. OLAH, G. A., Edit.: Friedel-crafts and related reactions, vol II, p. 3f; vol III, 2, p. 1003f. New York-London: Interscience Publ. John Wiley & Sons 1963, 1964.
5. BROWN, H. C., STOCK, L. M.: J. Am. Chem. Soc. **84**, 3298 (1962).
6. SANG UP CHOI, BROWN, H. C.: J. Am. Chem. Soc. **85**, 2596 (1963).
7. PERKAMPUS, H.-H., BAUMGARTEN, E.: Ber. Bunsenges. physikal. Chem. **68**, 496 (1964).
8. PERKAMPUS, H.-H., BAUMGARTEN, E.: Angew. Chem. **76**, 965 (1964).
9. PERKAMPUS, H.-H., in: Advances in physical organic chemistry (ed. V. GOLD), vol. IV, p. 195ff. London-New York: Academic Press 1966.
10. BANTHORPE, D. V.: Chem. Rev. **70**, 295 (1970).
11. STRAUSS, M. J.: Chem. Rev. **70**, 667 (1970).
12. KUNZ, F. J., MARGARETHA, P., POLANSKY, O. E.: Chimia **24**, 165 (1970).
13. NAKANE, R., WATANABE, T., KURIHARA, O.: Bull. Chem. Soc. Japan **35**, 1747 (1962).
14. NAKANE, R., WATANABE, T., KURIHARA, O., OYAMA, T.: Bull. Chem. Soc. Japan **36**, 1376 (1963).

15. NAKANE, R., WATANABE, T., OYAMA, T.: Bull. Chem. Soc. Japan **37**, 381 (1964).
16. PALKO, A., BEGUN, G., LANDAU, L.: J. Chem. Phys. **37**, 552 (1962).
17. KISELER, B.: Kernenergie **4**, 421 (1961).
18. UREY, H.: J. Chem. Soc. 562 (1947).
19. HEALY, R., PALKO, A.: J. Chem. Phys. **28**, 211 (1958).
20. PRICE, C. C., CISKOWSKI, J. M.: J. Am. Chem. Soc. **60**, 2499 (1938).
21. PERKAMPUS, H.-H., WEISS, W.: Ber. Bunsenges. physikal. Chem. **75**, 446 (1971).
22. STRAIN, H. H.: J. Biol. Chem. **111**, 85 (1935).
23. STRAIN, H. H.: J. Am. Chem. Soc. **63**, 3448 (1941).
24. LEWIS, G. N., SEABORG, G. T.: J. Am. Chem. Soc. **61**, 1886 (1939).
25. WALLCAVE, L., LEEMANN, J., ZECHMEISTER, L.: Proc. Nat. Acad. Sci. U.S. **39**, 604 (1953).
26. WALLCAVE, L., ZECHMEISTER, L.: J,. Am. Chem. Soc. **75**, 4495 (1953).
27. PETRACEK, J., ZECHMEISTER, L.: J. Am. Chem. Soc. **78**, 3188 (1956).
28. BUSCH, W. V., ZECHMEISTER, L.: J. Am. Chem. Soc. **80**, 2991 (1958).
29. KARRER, P., SCHWAB, G.: Helv. Chim. Acta **23**, 578 (1940).
30. CARR, F. H., PRICÉ, K. A.: Biochem. J. **20**, 497 (1926).
31. BROCKMANN, H., CHEN, H.: Z. Physiol. Chem. **241**, 104 (1936).
32. NIELD, C., RUSSEL, W., ZIMMERLI, A.: J. Biol. Chem. **136**, 73 (1940).
33. MÜLLER, B. P.: Mitt. Geb. Lebensm. Hyg. **40**, 376 (1949).
34. BRÜGGEMANN, J., KRAUSS, W., TIEWS, J.: Naturwissenschaften **38**, 562 (1951).
35. BRÜGGEMANN, J., KRAUSS, W., TIEWS, J.: Chem. Ber. **85**, 315 (1952).
36. TAMAS, V., BODEA, C.: Rev. Romaine Chim. **12**, 1517 (1967).
37. AALBERSBERG, W. J., HOIJTINK, G. J., MACKOR, E. L., WEIJLAND, W. P.: J. Chem. Soc. 3055 (1959).
38. PERKAMPUS, H.-H., KRANZ, TH.: Z. Physik. Chem., N. F. **34**, 213 (1962).
39. PERKAMPUS, H.-H., KRANZ, TH.: Z. Physik. Chem., N. F. **38**, 295 (1963).
40. PERKAMPUS, H.-H.: Z. Physik. Chem. N. F. **13**, 278 (1957); **19**, 206 (1959).
41. KRANZ, TH.: Dissertation. TH Hannover 1963.
42. DALLINGA, G., MACKOR, E. L., VERRIJN STUART, A. A.: Mol. Phys. **1**, 123 (1958).
43. AALBERSBERG, W. J., HOIJTINK, G. J., MACKOR, E. L., WEIJLAND, W. P.: J. Chem. Soc., 3049 (1959).
44. WEIJLAND, W. P.: Academisch Proefschrift Vrije Universiteit te Amsterdam 1958.
45. AALBERSBERG, W. J.: Academisch Proefschrift Vrije Universiteit te Amsterdam 1960.
46. PERKAMPUS, H.-H., BAUMGARTEN, E.: Z. Physik. Chem., N. F. **40**, 144 (1964).
47. PERKAMPUS, H.-H., BAUMGARTEN, E.: Ber. Bunsenges. physikal. Chem. **67**, 576 (1963).
48. PERKAMPUS, H.-H., BAUMGARTEN, E.: Ber. Bunsenges. physikal. Chem. **68**, 70 (1964).

6. Register

6.1. Verzeichnis der behandelten Metallhalogenide

6.3. Namenverzeichnis

Die *kursiven* Seitenzahlen beziehen sich auf die Literatur am Ende der Kapitel

Editors: J. D. Dunitz;
P. Hemmerich; J. A. Ibers;
C. K. Jørgensen; J. B. Neilands;
R. S. Nyholm; D. Reinen;
R. J. P. Williams

STRUCTURE AND BONDING

Volume 11:
58 figs. III, 170 pages. 1972
DM 54,–; US $22.20
ISBN 3-540-05830-3

Contents: A. J. Thomson;
R. J. P. Williams; S. Reslova:
The Chemistry of Complexes
Related to cis-Pt $(NH_3)_2$ Cl_2.
An Anti-Tumour Drug. –
J. M. Wood; D. G. Brown: The
Chemistry of Vitamin B_{12}-
Enzymes. – R. C. Bray;
J. C. Swann: Molybdenum-
Containing Enzymes. – J. B.
Neilands: Evolution of Biolo-
gical Iron Binding Centers.

Volume 12: Progress in Theory.
37 figs. III, 295 pages. 1972
DM 72,–; US $29.60
ISBN 3-540-05901-6

Contents: P. v. Herigonte:
Electron Correlation in the
Seventies. – D. W. Smith:
Ligand Field Splittings in
Copper (II) Compounds. –
U. Mayer; V. Gutmann:
Phenomenological Approach to
Cation-Solvent Interactions. –
J. C. Speakman: Acid Salts of
Carboxylic Acids, Crystals with
some „Very Short" Hydrogen
Bonds. – S. E. Harnung;
C. E. Schäffer: Phase-fixed
$3\text{-}\Gamma$ 'Symbols and Coupling
Coefficients for the Point
Groups. – S. E. Harnung;
C. E. Schäffer: Real Irreducible
Tensorial Sets and their Appli-
cation to Ligand-Field Theory.

Volume 13:
70 figs. III, 253 pages. 1973
DM 72,–; US $29.60
ISBN 3-540-06125-8

Contents: R. A. Penneman;
R. R. Ryan; A. Rosenzweig:
Structural Systematics in
Actinide Fluoride Complexes. –
R. Reisfeld: Spectra and
Energy Transfer of Rare Earths
in Inorganic Glasses. – J. Felsche:
The Crystal Chemistry of the
Rare-Earth Silicates. C. K.
C. K. Jørgensen: The Inner
Mechanism of Rare Earths
Elucidated by Photo-Electron
Spectra.

Volume 14:
52 figs. III, 172 pages. 1973
DM 56,–; US $23.–
ISBN 3-540-06162-2

Contents: A. Ludi; H. U. Güdel:
Structural Chemistry of Poly-
nuclear Transition Metal
Cyanides. – A. Müller;
E. Diemann; C. K. Jørgensen:
Electronic Spectra of Tetrahedral
Oxo, Thio and Seleno Com-
plexes Formed by Elements of
the Transition Groups. –
B. J. Hathaway: The Evidence
for 'Out-of-the-Plane' Bonding
in Axial Complexes of the
Copper (II) Ion. – C. E. Schäffer:
Two Symmetry Parameteriza-
tions of the Angular-Overlap
Model of the Ligand-Field.
Relation to the Crystal-Field
Model. – B. Magyar: Salze-
bullioskopie. III. – U. Müller:
Strukturchemie der Azide.

Volume 15: Coordinative Interactions.
59 figs. III, 188 pages. 1973
DM 56,–; US $23.–
ISBN 3-540-06410-9

Contents: R. J. P. Williams,
Sir Ronald Nyholm;
D. I. Hall; J. H. Ling;
R. S. Nyholm: Metal Complexes
of Chelating Olefin-Group V
Ligands. – E. C. Baughan:
Structural Radii, Electron-Cloud
Radii, Ionic Radii and Solvation.
– R. S. Drago: Quantitative
Evaluation and Prediction of
Donor-Acceptor Interactions. –
V. Gutman: Redox Properties:
Changes Effected by Coordi-
nation. – S. Ahrland: Thermo-
dynamics of the Stepwise For-
mation of Metal-Ion Complexes
in Aqueous Solution.

Volume 16: Alkali Metal Complexes with Organic Ligands
57 figs. III, 189 pages. 1973
DM 56,–; US $ 23.–
ISBN 3-540-06423-0

Contents: J. -M. Lehn: Design
of Organic Complexing Agents.
Strategies towards Properties.
M. Truter: Structures of Organic
Complexes with Alkali Metal
Ions. – W. Simon; W. E. Morf;
P. C. Meier: Specificity for
Alkali and Alkaline Earth
Cations of Synthetic and Natural
Organic Complexing Agents
in Membranes. – R. M. Izatt;
D. J. Eatough; J. J. Christensen:
Thermodynamics of Cation-Mac-
rocyclic Compound Interaction.

Springer-Verlag
Berlin · Heidelberg · New York

M. Schlosser:
Struktur und Reaktivität polarer Organometalle

Eine Einführung in die Chemie organischer Alkali- und Erdalkalimetall-Verbindungen

Von Professor Dr. Manfred Schlosser, Institut de Chimie Organique de l'Université Lausanne.

29 Abbildungen. XI, 187 Seiten. 1973
(Organische Chemie in Einzeldarstellungen,
Bd. 14) . Gebunden DM 78,–; US $32.–

Preisänderungen vorbehalten

Bitte Prospekt anfordern

„Mit Organometallen ist nichts unmöglich — aber auch nichts voraussagbar", so lautet, auf einen knappen Nenner gebracht, ein verbreitetes Vorurteil.

Damit will der Autor aufräumen. Er zeigt, daß alles mit rechten Dingen zugeht. Da wird zunächst die Struktur organometallischer Verbindungen — im Kristall und in Lösung — unter die Lupe genommen und als Folge des unbefriedigten Koordinationsstrebens des Metalls begreiflich gemacht. Die mangelnde „Sympathie" zwischen den Bindungspartnern Metall und Kohlenstoff vermag auch die vielen eigenartigen Solvationsphänomene und das Streben zur Ionenpaar-Bildung zu erklären. Danach werden ausführlich die sterischen, induktiven und mesomeren Effekte behandelt, die über die Basizität eines Organometalls und somit dessen „chemisches Potential" entscheiden. Darauf baut dann die abschließende, umfassende Diskussion des reaktiven Verhaltens organometallischer Verbindungen auf. Besonders eindrucksvoll ist das Schlußkapitel, worin gezeigt wird, wie detaillierte mechanistische Kenntnisse das Instrumentarium organometallischer Reaktionen vollendet zu beherrschen erlauben.

**Springer-Verlag
Berlin Heidelberg New York**